第二次全国（R&D）资源清查

2009
山西省第二次 R&D 资源清查
资料汇编

下卷

山西省第二次 R&D 资源清查领导小组办公室

中国统计出版社
China Statistics Press

（京）新登字 041 号

图书在版编目（CIP）数据

2009 山西省第二次 R&D 资源清查资料汇编 / 山西省统计局，山西省第二次 R&D 资源清查领导小组办公室编．-- 北京：中国统计出版社，2011.11

ISBN 978-7-5037-6392-2

Ⅰ．①2… Ⅱ．①山… ②山… Ⅲ．①科技统计－统计资料－汇编－山西省－ 2009 Ⅳ．① G322.725

中国版本图书馆 CIP 数据核字 (2011) 第 201978 号

2009 山西省第二次 R&D 资源清查资料汇编

作　　者 / 山西省统计局　山西省第二次 R&D 资源清查领导小组办公室
责任编辑 / 佘竞雄
责任校对 / 徐永库　魏钦涛
封面设计 / 赵智学
出版发行 / 中国统计出版社
通信地址 / 北京市西城区月坛南街 57 号　邮编 100826
办公地址 / 北京市丰台区西三环南路甲 6 号
电　　话 / (010)63376907
E－mail / yearbook@gj.stats.cn
印　　刷 / 山西三和印刷有限责任公司
经　　销 / 新华书店
开　　本 / 890×1240 毫米　1/16
字　　数 / 1400 千字
印　　张 / 44.75
版　　别 / 2011 年 10 月第 1 版
版　　次 / 2011 年 10 月第 1 次印刷
书　　号 / ISBN 978-7-5037-6392-2/G・202
定　　价 / 390.00 元（上、下卷）

《2009山西省第二次R&D资源清查资料汇编》

2-24 各地区港澳台商投资企业基本情况 …… 33
2-25 各地区外商投资企业基本情况 …… 33
2-26 各地区分行业基本情况 …… 34

三、R&D 人员情况

3-1 企业 R&D 人员 …… 50
3-2 大中型企业 R&D 人员 …… 51
3-3 大型企业 R&D 人员 …… 52
3-4 中型企业 R&D 人员 …… 53
3-5 小型企业 R&D 人员 …… 54
3-6 按行业分企业 R&D 人员 …… 55
3-7 按行业分大中型企业 R&D 人员 …… 56
3-8 按行业分大型企业 R&D 人员 …… 57
3-9 按行业分中型企业 R&D 人员 …… 58
3-10 按行业分小型企业 R&D 人员 …… 59
3-11 按行业分国有控股企业 R&D 人员 …… 60
3-12 按行业分内资企业 R&D 人员 …… 61
3-13 按行业分国有企业 R&D 人员 …… 62
3-14 按行业分港澳台商投资企业 R&D 人员 …… 63
3-15 按行业分外商投资企业 R&D 人员 …… 64
3-16 各地区企业 R&D 人员 …… 65
3-17 各地区大中型企业 R&D 人员 …… 65
3-18 各地区大型企业 R&D 人员 …… 66
3-19 各地区中型企业 R&D 人员 …… 66
3-20 各地区小型企业 R&D 人员 …… 67
3-21 各地区国有控股企业 R&D 人员 …… 67
3-22 各地区内资企业 R&D 人员 …… 68
3-23 各地区国有企业 R&D 人员 …… 68
3-24 各地区港澳台商投资企业 R&D 人员 …… 69
3-25 各地区外商投资企业 R&D 人员 …… 69
3-26 各地区分行业企业 R&D 人员 …… 70

四、R&D 经费情况

R&D 经费内部支出情况

4-1-1 企业 R&D 经费内部支出 …… 83
4-1-2 大中型企业 R&D 经费内部支出 …… 84
4-1-3 大型企业 R&D 经费内部支出 …… 85

4-1-4 中型企业 R&D 经费内部支出 …… 86
4-1-5 小型企业 R&D 经费内部支出 …… 87
4-1-6 按行业分企业 R&D 经费内部支出 …… 88
4-1-7 按行业分大中型企业 R&D 经费内部支出 …… 89
4-1-8 按行业分大型企业 R&D 经费内部支出 …… 90
4-1-9 按行业分中型企业 R&D 经费内部支出 …… 91
4-1-10 按行业分小型企业 R&D 经费内部支出 …… 92
4-1-11 按行业分国有控股企业 R&D 经费内部支出 …… 93
4-1-12 按行业分内资企业 R&D 经费内部支出 …… 94
4-1-13 按行业分国有企业 R&D 经费内部支出 …… 95
4-1-14 按行业分港澳台商投资企业 R&D 经费内部支出 …… 96
4-1-15 按行业分外商投资企业 R&D 经费内部支出 …… 97
4-1-16 各地区企业 R&D 经费内部支出 …… 98
4-1-17 各地区大中型企业 R&D 经费内部支出 …… 98
4-1-18 各地区大型企业 R&D 经费内部支出 …… 99
4-1-19 各地区中型企业 R&D 经费内部支出 …… 99
4-1-20 各地区小型企业 R&D 经费内部支出 …… 100
4-1-21 各地区国有控股企业 R&D 经费内部支出 …… 100
4-1-22 各地区内资企业 R&D 经费内部支出 …… 101
4-1-23 各地区国有企业 R&D 经费内部支出 …… 101
4-1-24 各地区港澳台商投资企业 R&D 经费内部支出 …… 102
4-1-25 各地区外商投资企业 R&D 经费内部支出 …… 102
4-1-26 各地区分行业企业 R&D 经费内部支出 …… 103

R&D 经费外部支出情况

4-2-1 企业 R&D 经费外部支出 …… 116
4-2-2 大中型企业 R&D 经费外部支出 …… 117
4-2-3 大型企业 R&D 经费外部支出 …… 118
4-2-4 中型企业 R&D 经费外部支出 …… 119
4-2-5 小型企业 R&D 经费外部支出 …… 120
4-2-6 按行业分企业 R&D 经费外部支出 …… 121
4-2-7 按行业分大中型企业 R&D 经费外部支出 …… 122
4-2-8 按行业分大型企业 R&D 经费外部支出 …… 123
4-2-9 按行业分中型企业 R&D 经费外部支出 …… 124
4-2-10 按行业分小型企业 R&D 经费外部支出 …… 125
4-2-11 按行业分国有控股企业 R&D 经费外部支出 …… 126

4-2-12 按行业分内资企业 R&D 经费外部支出 …… 127
4-2-13 按行业分国有企业 R&D 经费外部支出 …… 128
4-2-14 按行业分港澳台商投资企业 R&D 经费外部支出 …… 129
4-2-15 按行业分外商投资企业 R&D 经费外部支出 …… 130
4-2-16 各地区企业 R&D 经费外部支出 …… 131
4-2-17 各地区大中型企业 R&D 经费外部支出 …… 131
4-2-18 各地区大型企业 R&D 经费外部支出 …… 132
4-2-19 各地区中型企业 R&D 经费外部支出 …… 132
4-2-20 各地区小型企业 R&D 经费外部支出 …… 133
4-2-21 各地区国有控股企业 R&D 经费外部支出 …… 133
4-2-22 各地区内资企业 R&D 经费外部支出 …… 134
4-2-23 各地区国有企业 R&D 经费外部支出 …… 134
4-2-24 各地区港澳台商投资企业 R&D 经费外部支出 …… 135
4-2-25 各地区外商投资企业 R&D 经费外部支出 …… 135
4-2-26 各地区分行业企业 R&D 经费外部支出 …… 136

五、R&D 项目情况

全部 R&D 项目情况

5-1-1 企业 R&D 项目情况 …… 146
5-1-2 大中型企业 R&D 项目情况 …… 147
5-1-3 大型企业 R&D 项目情况 …… 148
5-1-4 中型企业 R&D 项目情况 …… 149
5-1-5 小型企业 R&D 项目情况 …… 150
5-1-6 按行业分企业 R&D 项目情况 …… 151
5-1-7 按行业分大中型企业 R&D 项目情况 …… 152
5-1-8 按行业分大型企业 R&D 项目情况 …… 153
5-1-9 按行业分中型企业 R&D 项目情况 …… 154
5-1-10 按行业分小型企业 R&D 项目情况 …… 155
5-1-11 按行业分国有控股企业 R&D 项目情况 …… 156
5-1-12 按行业分内资企业 R&D 项目情况 …… 157
5-1-13 按行业分国有企业 R&D 项目情况 …… 158
5-1-14 按行业分港澳台商投资企业 R&D 项目情况 …… 159
5-1-15 按行业分外商投资企业 R&D 项目情况 …… 160
5-1-16 各地区企业 R&D 项目情况 …… 161
5-1-17 各地区大中型企业 R&D 项目情况 …… 161
5-1-18 各地区大型企业 R&D 项目情况 …… 162

5-1-19 各地区中型企业 R&D 项目情况 …… 162
5-1-20 各地区小型企业 R&D 项目情况 …… 163
5-1-21 各地区国有控股企业 R&D 项目情况 …… 163
5-1-22 各地区内资企业 R&D 项目情况 …… 164
5-1-23 各地区国有企业 R&D 项目情况 …… 164
5-1-24 各地区港澳台商投资企业 R&D 项目情况 …… 165
5-1-25 各地区外商投资企业 R&D 项目情况 …… 165
5-1-26 各地区分行业企业 R&D 项目情况 …… 166

限额以上 R&D 项目情况

5-2-1 企业限额以上 R&D 项目情况 …… 179
5-2-2 大中型企业限额以上 R&D 项目情况 …… 180
5-2-3 大型企业限额以上 R&D 项目情况 …… 181
5-2-4 中型企业限额以上 R&D 项目情况 …… 182
5-2-5 小型企业限额以上 R&D 项目情况 …… 183
5-2-6 国有控股企业限额以上 R&D 项目情况 …… 184
5-2-7 内资企业限额以上 R&D 项目情况 …… 185
5-2-8 国有企业限额以上 R&D 项目情况 …… 186
5-2-9 港澳台商投资企业限额以上 R&D 项目情况 …… 187
5-2-10 外商投资企业限额以上 R&D 项目情况 …… 188
5-2-11 分行业企业限额以上 R&D 项目情况 …… 189
5-2-12 分地区企业限额以上 R&D 项目情况 …… 215

六、企业办研发机构情况

6-1 企业办研发机构 …… 226
6-2 大中型企业办研发机构 …… 227
6-3 大型企业办研发机构 …… 228
6-4 中型企业办研发机构 …… 229
6-5 小型企业办研发机构 …… 230
6-6 按行业分企业办研发机构 …… 231
6-7 按行业分大中型企业办研发机构 …… 232
6-8 按行业分大型企业办研发机构 …… 233
6-9 按行业分中型企业办研发机构 …… 234
6-10 按行业分小型企业办研发机构 …… 235
6-11 按行业分国有控股企业办研发机构 …… 236
6-12 按行业分内资企业办研发机构 …… 237

6-13 按行业分国有企业办研发机构 …… 238
6-14 按行业分港澳台商投资企业办研发机构 …… 239
6-15 按行业分外商投资企业办研发机构 …… 240
6-16 各地区企业办研发机构 …… 241
6-17 各地区大中型企业办研发机构 …… 241
6-18 各地区大型企业办研发机构 …… 242
6-19 各地区中型企业办研发机构 …… 242
6-20 各地区小型企业办研发机构 …… 243
6-21 各地区国有控股企业办研发机构 …… 243
6-22 各地区内资企业办研发机构 …… 244
6-23 各地区国有企业办研发机构 …… 244
6-24 各地区港澳台商投资企业办研发机构 …… 245
6-25 各地区外商投资企业办研发机构 …… 245
6-26 各地区分行业企业办研发机构 …… 246

七、新产品开发和生产情况

7-1 企业新产品开发和生产 …… 257
7-2 大中型企业新产品开发和生产 …… 258
7-3 大型企业新产品开发和生产 …… 259
7-4 中型企业新产品开发和生产 …… 260
7-5 小型企业新产品开发和生产 …… 261
7-6 按行业分企业新产品开发和生产 …… 262
7-7 按行业分大中型企业新产品开发和生产 …… 263
7-8 按行业分大型企业新产品开发和生产 …… 264
7-9 按行业分中型企业新产品开发和生产 …… 265
7-10 按行业分小型企业新产品开发和生产 …… 266
7-11 按行业分国有控股企业新产品开发和生产 …… 267
7-12 按行业分内资企业新产品开发和生产 …… 268
7-13 按行业分国有企业新产品开发和生产 …… 269
7-14 按行业分港澳台商投资企业新产品开发和生产 …… 270
7-15 按行业分外商投资企业新产品开发和生产 …… 271
7-16 各地区企业新产品开发和生产 …… 272
7-17 各地区大中型企业新产品开发和生产 …… 272
7-18 各地区大型企业新产品开发和生产 …… 273
7-19 各地区中型企业新产品开发和生产 …… 273

7-20 各地区小型企业新产品开发和生产 …… 274
7-21 各地区国有控股企业新产品开发和生产 …… 274
7-22 各地区内资企业新产品开发和生产 …… 275
7-23 各地区国有企业新产品开发和生产 …… 275
7-24 各地区港澳台商投资企业新产品开发和生产 …… 276
7-25 各地区外商投资企业新产品开发和生产 …… 276
7-26 各地区分行业新产品开发和生产 …… 277

八、专利情况

8-1 企业专利 …… 291
8-2 大中型企业专利 …… 292
8-3 大型企业专利 …… 293
8-4 中型企业专利 …… 294
8-5 小型企业专利 …… 295
8-6 按行业分企业专利 …… 296
8-7 按行业分大中型企业专利 …… 297
8-8 按行业分大型企业专利 …… 298
8-9 按行业分中型企业专利 …… 299
8-10 按行业分小型企业专利 …… 300
8-11 按行业分国有控股企业专利 …… 301
8-12 按行业分内资企业专利 …… 302
8-13 按行业分国有企业专利 …… 303
8-14 按行业分港澳台商投资企业专利 …… 304
8-15 按行业分外商投资企业专利 …… 305
8-16 各地区企业专利 …… 306
8-17 各地区大中型企业专利 …… 306
8-18 各地区大型企业专利 …… 307
8-19 各地区中型企业专利 …… 307
8-20 各地区小型企业专利 …… 308
8-21 各地区国有控股企业专利 …… 308
8-22 各地区内资企业专利 …… 309
8-23 各地区国有企业专利 …… 309
8-24 各地区港澳台商投资企业专利 …… 310
8-25 各地区外商投资企业专利 …… 310
8-26 各地区分行业企业专利 …… 311

11-13 R&D 经费内部支出按活动类型分……411
11-14 R&D 经费内部支出按费用类别分……412
11-15 R&D 经费外部支出按流向分……414
11-16 R&D 课题人员和经费……416
11-17 R&D 课题经费按活动类型分……419
11-18 R&D 课题投入人员按活动类型分……420
11-19 专利及专利所有权转让……421
11-20 论文、著作及其他科技成果……422

十二、自然科学与技术领域研究机构

12-1 自然科学与技术领域机构从业人员和科技活动人员按性别和工作性质分……423
12-2 自然科学与技术领域机构科技活动人员按学历和职称分……425
12-3 自然科学与技术领域机构科技活动收入按来源分……426
12-4 自然科学与技术领域机构科技经费内部支出按费用类别分……428
12-5 自然科学与技术领域机构科研仪器设备……430
12-6 自然科学与技术领域机构课题人员与经费……431
12-7 自然科学与技术领域机构各类 R&D 人员人数……435
12-8 自然科学与技术领域机构各类 R&D 人员折合全时工作量……436
12-9 自然科学与技术领域机构 R&D 经费内部支出按来源分布……438
12-10 自然科学与技术领域机构 R&D 经费内部支出按活动类型分……439
12-11 自然科学与技术领域机构 R&D 经费内部支出按费用类别分……440
12-12 自然科学与技术领域机构 R&D 经费外部支出按流向分……442
12-13 自然科学与技术领域机构 R&D 课题人员和经费……444
12-14 自然科学与技术领域机构 R&D 课题经费按活动类型分类……448
12-15 自然科学与技术领域机构 R&D 课题投入人员按活动类型分……449
12-16 自然科学与技术领域机构专利及专利所有权转让……450
12-17 自然科学与技术领域机构论文、著作及其他科技成果……452

十三、社会与人文科学领域研究机构

13-1 社会与人文科学领域机构从业人员和科技活动人员按性别和工作性质分……454
13-2 社会与人文科学领域机构科技活动人员按学历和职称分……455
13-3 社会与人文科学领域机构科技活动收入按来源分……456
13-4 社会与人文科学领域机构科技经费内部支出按费用类别分……457
13-5 社会与人文科学领域机构科研仪器设备……458
13-6 社会与人文科学领域机构课题人员与经费……459

13-7 社会与人文科学领域机构各类 R&D 人员人数 …… 460
13-8 社会与人文科学领域机构各类 R&D 人员折合全时工作量 …… 461
13-9 社会与人文科学领域机构 R&D 经费支出按来源分布 …… 462
13-10 社会与人文科学领域机构 R&D 经费内部支出按活动类型分 …… 463
13-11 社会与人文科学领域机构 R&D 经费内部支出按费用类别分 …… 464
13-12 社会与人文科学领域机构 R&D 课题人员和经费 …… 465
13-13 社会与人文科学领域机构 R&D 课题经费按活动类型分类 …… 466
13-14 社会与人文科学领域机构 R&D 课题投入人员按活动类型分组 …… 466
13-15 社会与人文科学领域机构论文、著作、标准和集成电路布图设计登记 …… 467

十四、科技信息和文献机构

14-1 科技信息和文献机构从业人员和科技活动人员按性别和工作性质分 …… 468
14-2 科技信息和文献机构科技活动人员按学历和职称分 …… 468
14-3 科技信息和文献机构科技活动收入按来源分 …… 469
14-4 科技信息和文献机构科技经费内部支出按费用类别分 …… 469
14-5 科技信息和文献机构科研仪器设备 …… 470
14-6 科技信息和文献机构课题人员与经费 …… 471
14-7 科技信息和文献机构各类 R&D 人员人数 …… 472
14-8 科技信息和文献机构各类 R&D 人员折合全时工作量 …… 472
14-9 科技信息和文献机构 R&D 经费支出按来源分布 …… 473
14-10 科技信息和文献机构 R&D 经费内部支出按活动类型分 …… 473
14-11 科技信息和文献机构 R&D 经费内部支出按费用类别分 …… 474
14-12 科技信息和文献机构论文、著作、标准和集成电路布图设计登记 …… 474
14-13 科技信息和文献机构 R&D 课题人员和经费 …… 475
14-14 科技信息和文献机构 R&D 课题经费按活动类型分类 …… 476
14-15 科技信息和文献机构 R&D 课题投入人员按活动类型分类 …… 476

第三部分 高等学校

十五、高等学校

15-1 地方高等学校及附院科技活动概况（一） …… 478
15-2 地方高等学校及附院科技活动概况（二） …… 480
15-3 地方高等学校及附院科技人力概况（一） …… 482

15-4 地方高等学校及附院科技人力概况（二）……484
15-5 地方高等学校及附院科技经费……485
15-6 地方高等学校及附院经费……485
15-7 地方高等学校及附院 R&D 成果应用及科技服务经费……486
15-8 地方高等学校及附院研究与发展机构……486
15-9 地方高等学校及附院研究与发展项目……486
15-10 地方高等学校及附院 R&D 成果应用及科技服务项目……487
15-11 地方高等学校及附院国际科技交流……487
15-12 地方高等学校及附院科技成果获奖……487
15-13 地方高等学校及附院科技成果……488
15-14 地方高等学校及附院技术转让……488
15-15 高等人文、社会科学活动人员情况（一）……489
15-16 高等人文、社会科学活动人员情况（二）……490
15-17 高等人文、社会科学研究与发展人员情况（一）……491
15-18 高等人文、社会科学研究与发展人员情况（二）……492
15-19 高等人文、社会科学研究与发展机构情况（一）……493
15-20 高等人文、社会科学研究与发展机构情况（二）……494
15-21 高等人文、社会科学研究与发展机构情况（三）……495
15-22 高等人文、社会科学研究课题情况（一）……496
15-23 高等人文、社会科学研究课题情况（二）……498
15-24 高等人文、社会科学研究课题情况（三）……500
15-25 高等人文、社会科学研究课题情况（四）……501
15-26 高等人文、社会科学学术交流情况……502
15-27 高等人文、社会科学研究成果情况（一）……503
15-28 高等人文、社会科学研究成果情况（二）……504
15-29 高等人文、社会科学研究成果情况（三）……506
15-30 高等人文、社会科学研究成果情况（四）……507
15-31 高等人文、社会科学研究与发展经费情况……508

附录 主要统计指标解释

主要统计指标解释……511

第一部分

工业企业

综合

企业基本情况

R&D人员情况

R&D经费情况

R&D项目情况

企业办研发机构情况

新产品开发和生产情况

专利情况

政府相关政策落实情况

技术获取和技术改造情况

1-1 按企业规模分工业企业R&D及相关活动情况

指 标	单位	合计	大型	中型	小型
一、企业基本情况					
企业数	个	4023	127	876	3020
#有R&D活动的企业	个	262	52	96	114
#有研发机构的企业	个	220	54	93	73
年末从业人员数	人	2111055	1077004	654207	379844
主营业务收入	万元	91429896	47556356	29491480	14382060
二、R&D人员情况					
R&D人员	人	40963	32455	6047	2461
#女性	人	8502	6593	1456	453
R&D人员全时当量	人年	32703	26302	4509	1892
三、R&D经费情况					
R&D经费内部支出	万元	603934	488646	84334	30953
#经常性支出	万元	499753	405448	66341	27964
资产性支出	万元	104180	83198	17994	2989
#政府资金	万元	22770	16067	4504	2200
企业资金	万元	577811	471121	78113	28576
R&D经费外部支出	万元	44606	39578	4087	942
四、R&D项目情况					
项目数	项	2044	1231	577	236
参加项目人员	人	33487	27034	4656	1797
项目经费	万元	500082	400933	73347	25802
五、企业办研发机构情况					
机构数	个	261	65	109	87
机构人员数	人	19297	13405	4400	1492
#博士	人	232	146	59	27
硕士	人	1719	1196	420	103
机构经费支出	万元	295849	230136	50154	15559
仪器和设备原价	万元	301652	195490	78744	27418
六、新产品开发和生产情况					
新产品开发项目数	项	2019	1069	612	338
新产品开发经费支出	万元	668441	551298	79241	37902
新产品销售收入	万元	6296160	5559092	522755	214313
#新产品出口	万元	1222522	1198354	17783	6385
七、自主知识产权及相关情况					
专利申请数	件	1798	1097	328	373
#发明专利	件	694	394	120	180
有效发明专利数	件	856	461	220	175
专利所有权转让及许可数	件	74	32	35	7
专利所有权转让及许可收入	万元	2142	212	30	1900
拥有注册商标数	件	1549	882	204	463
形成国家或行业标准数	项	406	261	35	110
八、政府相关政策落实情况					
使用来自政府部门的科技活动资金	万元	52108	40046	8111	3951
研究开发费用加计扣除减免税	万元	92313	85215	5896	1203
高新技术企业减免税	万元	4863	1078	2846	939
九、技术获取和技术改造情况					
引进国外技术经费支出	万元	56557	50287	5014	1257
引进技术消化吸收经费支出	万元	116530	112414	650	3466
购买国内技术经费支出	万元	29508	25914	2281	1313
技术改造经费支出	万元	1217882	1067372	103856	46655

1-3 按行业分工业企业

指　　标	单位	采矿业	制造业	农副食品加工业	食品制造业
一、企业基本情况					
企业数	个	1292	2601	158	104
#有R&D活动的企业	个	29	225	3	4
#有研发机构的企业	个	21	193	5	7
年末从业人员数	人	954282	1069316	24536	18830
主营业务收入	万元	34689410	47531341	1293106	537806
二、R&D人员情况					
R&D人员	人	22449	18208	51	118
#女性	人	3795	4660	10	24
R&D人员全时当量	人年	17784	14706	50	45
三、R&D经费情况					
R&D经费内部支出	万元	157225	445355	603	2113
#经常性支出	万元	149025	349518	597	1990
资产性支出	万元	8200	95837	5	123
#政府资金	万元	3686	19085	73	88
企业资金	万元	153539	422918	530	2025
R&D经费外部支出	万元	30666	13269		525
四、R&D项目情况					
项目数	项	520	1495	3	10
参加项目人员	人	19776	13491	41	99
项目经费	万元	135808	363435	362	2062
五、企业办研发机构情况					
机构数	个	22	233	5	9
机构人员数	人	4080	14740	49	206
#博士	人	90	140		7
硕士	人	538	1086	5	17
机构经费支出	万元	110571	181458	472	4006
仪器和设备原价	万元	57655	232614	223	1625
六、新产品开发和生产情况					
新产品开发项目数	项	216	1672	16	18
新产品开发经费支出	万元	66535	565662	1555	5552
新产品销售收入	万元	3013702	3263861	20680	17803
#新产品出口	万元	730643	491879	792	1172
七、自主知识产权及相关情况					
专利申请数	件	171	1573	25	59
#发明专利	件	60	608	1	13
有效发明专利数	件	71	763	1	29
专利所有权转让及许可数	项	2	72		1
专利所有权转让及许可收入	万元	202	1940		
拥有注册商标数	件	184	1365	25	239
形成国家或行业标准数	项	33	373	21	8
八、政府相关政策落实情况					
使用来自政府部门的科技活动资金	万元	12058	39949	218	345
研究开发费用加计扣除减免税	万元	7421	80870	243	
高新技术企业减免税	万元		4863		
九、技术获取和技术改造情况					
引进国外技术经费支出	万元	46205	10352		
引进技术消化吸收经费支出	万元	104047	12354	91	44
购买国内技术经费支出	万元	16286	13042		182
技术改造经费支出	万元	560425	620585	3796	636

R&D及相关活动情况

饮 料 制造业	烟 草 制品业	纺织业	纺织服装、 鞋、帽 制造业	皮革、毛皮、 羽毛(绒) 及其制品业	木材加工及 木、竹、藤、 棕、草制品业	家 具 制造业
62	1	42	15	1	6	7
4	1	3	1			
6		1				
19168	1242	15707	7290	35	1260	395
789775	234795	168903	112010	510	53842	7360
364	46	52	18			
184	33	11	6			
342	44	46	12			
10864	665	1056	350			
10516	665	724	350			
348		331				
60		60	10			
10804	665	979	340			
152		12				
18	5	7	1			
324	41	41	18			
877	665	986	350			
6		1				
348		35				
1						
12						
4190		200				
989		260				
21	2	10				
12126	279	1546				
160195		8819	200			
12780		376				
20		8				
10		6				
8	1	11				
2						
196	50	16	4			3
5		3				
118		210	10			20
18		68				
		36				
57						
107						
374						
3599	901	1160				

1–3 续

指　　标	单位	造纸及纸制品业	印刷业和记录媒介的复制	文教体育用品制造业	石油加工、炼焦及核燃料加工业
一、企业基本情况					
企业数	个	34	25	11	221
#有R&D活动的企业	个		1	1	9
#有研发机构的企业	个			2	11
年末从业人员数	人	5091	5094	2169	172327
主营业务收入	万元	81690	89751	49439	11042138
二、R&D人员情况					
R&D人员	人		40	117	981
#女性	人		5	35	160
R&D人员全时当量	人年		8	106	607
三、R&D经费情况					
R&D经费内部支出	万元		111	514	27712
#经常性支出	万元		111	476	18667
资产性支出	万元			38	9046
#政府资金	万元			205	2110
企业资金	万元		111	309	25602
R&D经费外部支出	万元			20	2289
四、R&D项目情况					
项目数	项		5	2	47
参加项目人员	人		14	111	736
项目经费	万元		111	514	18511
五、企业办研发机构情况					
机构数	个			2	14
机构人员数	人			125	585
#博士	人				6
硕士	人				65
机构经费支出	万元			524	6202
仪器和设备原价	万元			817	9242
六、新产品开发和生产情况					
新产品开发项目数	项	1	5		11
新产品开发经费支出	万元	107	111		9533
新产品销售收入	万元		891	5618	310
#新产品出口	万元			3958	
七、自主知识产权及相关情况					
专利申请数	件		2	5	42
#发明专利	件		1		20
有效发明专利数	件			2	25
专利所有权转让及许可数	项				1
专利所有权转让及许可收入	万元				30
拥有注册商标数	件	2		3	5
形成国家或行业标准数	项				18
八、政府相关政策落实情况					
使用来自政府部门的科技活动资金	万元			205	3760
研究开发费用加计扣除减免税	万元				210
高新技术企业减免税	万元				
九、技术获取和技术改造情况					
引进国外技术经费支出	万元				400
引进技术消化吸收经费支出	万元			21	8055
购买国内技术经费支出	万元		99		1802
技术改造经费支出	万元	4	3	5	11869

表1

化学原料及化学制品制造业	医药制造业	化学纤维制造业	橡胶制品业	塑料制品业	非金属矿物制品业	黑色金属冶炼及压延加工业
259	105	3	19	51	453	175
25	21		5	1	28	8
25	17		3	1	21	8
114701	26783	430	5170	8158	101197	169153
4378905	673410	9517	231177	232154	1932310	15525923
2655	1353		159	4	692	3434
760	521		61		115	577
2347	953		113	1	576	3103
38592	8104		3201	50	5769	178872
32582	7221		2057	30	5267	127323
6010	883		1144	20	501	51549
686	491				427	571
37843	7612		3201	50	5341	178301
1810	828				54	1191
179	154		21	1	39	104
2145	862		125	2	419	2608
28649	7018		2919	50	5088	175430
32	17		3	2	21	8
2729	867		183	11	521	1222
39	14				7	19
137	77		8		26	86
38395	4579		4482	1583	5111	20902
38744	11706		2698	834	3585	17786
151	151		32	3	58	108
31909	8412		6039	1622	6083	193928
264982	53898		5165	23042	69989	897831
16461	2100		1959	65	2531	310621
82	76			7	34	379
47	23			3	25	124
43	57		10	9	15	117
2	2				2	28
10	500				1400	
237	400		10	3	30	8
29	207		4		23	2
3445	967			325	637	1806
953	344				151	14555
293	1406				158	
6768	1350					
1386	501			6	49	
4737	1638				108	1106
58212	2425		139	236	11574	438559

1-3 续

指　　标	单位	有色金属冶炼及压延加工业	金属制品业	通用设备制造业	专用设备制造业
一、企业基本情况					
企业数	个	110	101	297	129
#有R&D活动的企业	个	9	4	27	32
#有研发机构的企业	个	9	2	21	23
年末从业人员数	人	71013	18144	60484	103174
主营业务收入	万元	2746462	388807	1377553	2989776
二、R&D人员情况					
R&D人员	人	650	53	1129	3284
#女性	人	56	10	365	896
R&D人员全时当量	人年	559	38	774	2655
三、R&D经费情况					
R&D经费内部支出	万元	7320	987	13277	93477
#经常性支出	万元	5997	658	11599	83947
资产性支出	万元	1323	329	1679	9530
#政府资金	万元	681	76	405	9764
企业资金	万元	6640	911	12859	83349
R&D经费外部支出	万元	557	45	177	2364
四、R&D项目情况					
项目数	项	45	12	232	387
参加项目人员	人	504	33	884	2191
项目经费	万元	5109	665	11701	70453
五、企业办研发机构情况					
机构数	个	9	4	21	39
机构人员数	人	599	30	1011	3824
#博士	人	11	2	10	10
硕士	人	32	2	36	360
机构经费支出	万元	5214	60	5730	52698
仪器和设备原价	万元	8813	469	13150	41348
六、新产品开发和生产情况					
新产品开发项目数	项	36	18	222	554
新产品开发经费支出	万元	7799	1986	13253	199030
新产品销售收入	万元	101288	893	171009	848392
#新产品出口	万元			6803	125196
七、自主知识产权及相关情况					
专利申请数	件	36	11	84	404
#发明专利	件	22	2	41	161
有效发明专利数	件	66	6	56	178
专利所有权转让及许可数	项	34			
专利所有权转让及许可收入	万元				
拥有注册商标数	件	14	4	24	57
形成国家或行业标准数	项	2	2	10	30
八、政府相关政策落实情况					
使用来自政府部门的科技活动资金	万元	1696	90	1046	20146
研究开发费用加计扣除减免税	万元	664		297	57809
高新技术企业减免税	万元	444		7	379
九、技术获取和技术改造情况					
引进国外技术经费支出	万元	317		160	650
引进技术消化吸收经费支出	万元			621	1168
购买国内技术经费支出	万元	15		613	2013
技术改造经费支出	万元	33478	5062	15550	22747

表2

交通运输设备制造业	电气机械及器材制造业	通信设备、计算机及其他电子设备制造业	仪器仪表及文化、办公用机械制造业	工艺品及其他制造业	电力、燃气及水的生产和供应业
85	67	28	19	13	130
13	8	9	8		8
13	8	4	6		6
33717	15395	61473	4510	2670	87457
951416	556392	900700	141874	33841	9209145
1125	841	543	499		306
264	277	172	118		47
745	723	360	499		213
27134	13891	3919	6776		1353
14778	13450	3900	6614		1210
12356	441	19	163		143
1015	530	668	1166		
24944	13361	3250	3894		1353
2798	241	167	40		672
95	63	29	36		29
826	602	434	431		220
11084	13047	2390	5394		839
14	11	6	9		6
913	728	479	275		477
3	1	6	4		2
60	76	54	33		95
16061	5532	2184	3335		3820
28122	19917	31040	1247		11382
96	77	30	52		131
35904	15839	4420	8631		36244
284864	175200	129209	23584		18597
6528	455	81			
75	173	10	41		54
26	49	4	30		26
52	43	9	25		22
6	11	9	9		
	7	2			
1952	620	710	1622		101
4280	202	77	1001		4022
775	10	545	808		
	150	500			
	85	110	110		130
	95	260			180
8915	1048	95	574		36873

1-4 各地区工业企业

指标名称	计量单位	太原市	大同市	阳泉市	长治市
一、企业基本情况					
企业数	个	486	219	171	417
#有R&D活动的企业	个	77	11	19	29
#有研发机构的企业	个	59	11	18	30
年末从业人员数	人	365163	231010	188331	236060
主营业务收入	万元	20575556	5549394	4667179	10864856
二、R&D人员情况					
R&D人员	人	11963	7990	3708	6562
#女性	人	2200	2657	174	904
R&D人员全时当量	人年	9867	7608	1404	5706
三、R&D经费情况					
R&D经费内部支出	万元	304389	41744	29695	59242
#经常性支出	万元	236601	40949	29195	52050
资产性支出	万元	67788	795	500	7191
#政府资金	万元	8510	843	376	3872
企业资金	万元	294133	39726	29319	55115
R&D经费外部支出	万元	5218	5342	2756	10755
四、R&D项目情况					
项目数	项	787	125	138	396
参加项目人员	人	9895	7135	3114	4932
项目经费	万元	262650	33419	28930	41850
五、企业办研发机构情况					
机构数	个	83	11	21	38
机构人员数	人	6431	1451	1281	3730
#博士	人	56	19	15	64
硕士	人	717	66	50	327
机构经费支出	万元	102370	14184	21813	40798
仪器和设备原价	万元	122245	39287	3677	26112
六、新产品开发和生产情况					
新产品开发项目数	项	981	46	146	337
新产品开发经费支出	万元	463193	7049	26687	52296
新产品销售收入	万元	2436710	1604909	248114	306767
#新产品出口	万元	474563	701412	219	4122
七、自主知识产权及相关情况					
专利申请数	件	926	52	55	178
#发明专利	件	349	20	28	78
有效发明专利数	件	373	37	62	62
专利所有权转让及许可数	件	3		1	3
专利所有权转让及许可收入	万元			1400	202
拥有注册商标数	件	267	40	24	290
形成国家或行业标准数	项	89	8	36	5
八、政府相关政策落实情况					
使用来自政府部门的科技活动资金	万元	23929	2006	786	4689
研究开发费用加计扣除减免税	万元	81090	348	1524	4987
高新技术企业减免税	万元	2319		5	545
九、技术获取和技术改造情况					
引进国外技术经费支出	万元	5263	28802		2558
引进技术消化吸收经费支出	万元	10744	8625	7600	889
购买国内技术经费支出	万元	7729	8045		4062
技术改造经费支出	万元	526549	66080	31775	43601

R&D及相关活动情况

晋城市	朔州市	晋中市	运城市	忻州市	临汾市	吕梁市
322	207	584	520	268	455	374
9	6	55	21	6	19	10
16	5	34	16	10	14	7
200704	69042	203793	208065	66593	168791	173503
7237466	6175280	7462127	8264683	2347197	9924182	8361976
2718	169	2469	2967	111	1341	965
544	19	535	957	22	261	229
1625	140	2072	2759	110	765	647
33160	9329	36941	37313	1570	32585	17968
31513	5099	23771	31304	1496	31035	16741
1647	4230	13171	6010	73	1550	1226
2962	34	1235	1884	65	2961	30
30198	9295	35530	35429	1505	29623	17937
9988	3271	215	1624	9	4062	1368
52	38	178	162	9	99	60
2215	146	1982	2256	78	1025	709
25193	9193	32380	26827	1463	28534	9643
17	5	37	16	10	16	7
1005	428	1103	1837	144	1099	788
16	6	12	22	5	9	8
146	56	51	150	19	113	24
23168	36135	14878	13380	1028	17892	10201
13831	9609	24009	35692	5890	20674	626
33	28	217	148	15	45	23
8584	11422	34218	32509	4349	15243	12892
754515	40730	108275	284256	104984	244987	161915
5544		7653	9572		5125	14312
108	9	162	190	14	90	14
35	3	68	62	6	35	10
31	4	92	121	11	53	10
		2	34		28	3
		500			40	
101	38	269	334	7	23	156
17		52	171	13	10	5
10762	139	3102	2349	985	3322	38
2037	22	266	644	100	1246	50
8		76	1194	324	253	139
13853	1200	3948	317	217	400	
83774	2979	312	90	203	1228	87
3437	866	130	2234	185	2748	72
231117	78123	156161	55186	12539	13968	2784

2-1 企业基本情况

项　　目	企业数(个)	# 有R&D活动的企业	#有科技机构的企业	年末从业人员(人)	主营业务收入(万元)
总　　计	**4023**	**262**	**220**	**2111055**	**91429896**
按企业规模分组					
大中型企业	1003	148	147	1731211	77047835
大型企业	127	52	54	1077004	47556356
中型企业	876	96	93	654207	29491480
小型企业	3020	114	73	379844	14382060
按控股情况分组					
国有控股	637	96	86	1178232	52626238
集体控股	461	13	14	171879	3621992
私人控股	2689	135	103	623225	30117448
港澳台商控股	31	3	3	6948	451017
外商控股	71	8	4	84305	2430293
其他	134	7	10	46466	2182907
按登记注册类型分组					
内资企业	3843	242	204	1986670	86120226
国有企业	280	22	18	252016	12526611
集体企业	239	3	2	92720	1674563
股份合作企业	35	1		10273	382683
联营企业	17			5429	103426
有限责任公司	1510	122	97	1166932	49821043
国有独资公司	42	22	17	264611	14554472
股份有限公司	207	28	35	159595	7616117
私营企业	1531	66	52	295475	13860020
其他内资企业	24			4230	135764
港、澳、台商投资企业	58	5	5	18657	1099060
外商投资企业	122	15	11	105728	4210609

2-2 大中型企业基本情况

项　　目	企业数(个)	#有R&D活动的企业	#有科技机构的企业	年末从业人员(人)	主营业务收入(万元)
总　　计	**1003**	**148**	**147**	**1731211**	**77047835**
按控股情况分组					
国有控股	345	85	82	1120320	50556908
集体控股	130	8	9	117983	2360122
私人控股	456	43	45	375096	19906937
港澳台商控股	6	1	1	4384	276327
外商控股	25	6	3	79079	2120148
其他	41	5	7	34349	1827393
按登记注册类型分组					
内资企业	947	136	137	1622761	72499732
国有企业	132	17	15	221644	11664099
集体企业	55	2	2	64810	1072182
股份合作企业	7			5909	231456
联营企业	6			2965	79899
有限责任公司	451	78	70	1022882	44942906
国有独资公司	36	22	17	263325	14541529
股份有限公司	81	22	30	144814	6685846
私营企业	210	17	20	157249	7746789
其他内资企业	5			2488	76555
港、澳、台商投资企业	16	3	4	13399	843811
外商投资企业	40	9	6	95051	3704293

2-3 大型企业基本情况

项 目	企业数(个)	#有R&D活动的企业	#有科技机构的企业	年末从业人员(人)	主营业务收入(万元)
总 计	**127**	**52**	**54**	**1077004**	**47556356**
按控股情况分组					
国有控股	95	46	46	886845	40102214
集体控股	2			29446	160542
私人控股	22	3	5	92800	5714750
港澳台商控股					
外商控股	7	2	2	62787	1249967
其他	1	1	1	5126	328883
按登记注册类型分组					
内资企业	117	48	50	1004441	45758728
国有企业	28	5	5	126048	8360171
集体企业	1			25446	61099
股份合作企业	1			2058	41889
联营企业					
有限责任公司	65	34	35	735832	31748325
国有独资公司	21	16	14	244144	13999132
股份有限公司	15	9	10	87133	3937105
私营企业	7			27924	1610138
其他内资企业					
港、澳、台商投资企业	1	1	1	3159	69311
外商投资企业	9	3	3	69404	1728317

2–4 中型企业基本情况

项　　目	企业数(个)	#有R&D活动的企业	#有科技机构的企业	年末从业人员(人)	主营业务收入(万元)
总　　计	**876**	**96**	**93**	**654207**	**29491480**
按控股情况分组					
国有控股	250	39	36	233475	10454695
集体控股	128	8	9	88537	2199580
私人控股	434	40	40	282296	14192187
港澳台商控股	6	1	1	4384	276327
外商控股	18	4	1	16292	870181
其他	40	4	6	29223	1498510
按登记注册类型分组					
内资企业	830	88	87	618320	26741004
国有企业	104	12	10	95596	3303928
集体企业	54	2	2	39364	1011083
股份合作企业	6			3851	189567
联营企业	6			2965	79899
有限责任公司	386	44	35	287050	13194580
国有独资公司	15	6	3	19181	542397
股份有限公司	66	13	20	57681	2748741
私营企业	203	17	20	129325	6136652
其他内资企业	5			2488	76555
港、澳、台商投资企业	15	2	3	10240	774500
外商投资企业	31	6	3	25647	1975976

2-5 小型企业基本情况

项目	企业数(个)	#有R&D活动的企业	#有科技机构的企业	年末从业人员(人)	主营业务收入(万元)
总计	**3020**	**114**	**73**	**379844**	**14382060**
按控股情况分组					
国有控股	292	11	4	57912	2069330
集体控股	331	5	5	53896	1261870
私人控股	2233	92	58	248129	10210512
港澳台商控股	25	2	2	2564	174690
外商控股	46	2	1	5226	310144
其他	93	2	3	12117	355514
按登记注册类型分组					
内资企业	2896	106	67	363909	13620495
国有企业	148	5	3	30372	862512
集体企业	184	1		27910	602381
股份合作企业	28	1		4364	151227
联营企业	11			2464	23527
有限责任公司	1059	44	27	144050	4878137
国有独资公司	6			1286	12944
股份有限公司	126	6	5	14781	930271
私营企业	1321	49	32	138226	6113231
其他内资企业	19			1742	59210
港、澳、台商投资企业	42	2	1	5258	255249
外商投资企业	82	6	5	10677	506317

2-6 按行业分企业基本情况

行　业	企业数(个)	#有R&D活动的企业	#有科技机构的企业	年末从业人员(人)	主营业务收入(万元)
总　计	**4023**	**262**	**220**	**2111055**	**91429896**
采矿业	1292	29	21	954282	34689410
煤炭开采和洗选业	1115	29	21	924541	33801588
石油和天然气开采业	9			2036	154113
黑色金属矿采选业	146			21816	609864
有色金属矿采选业	9			3463	98044
非金属矿采选业	13			2426	25802
制造业	2601	225	193	1069316	47531341
农副食品加工业	158	3	5	24536	1293106
食品制造业	104	4	7	18830	537806
饮料制造业	62	4	6	19168	789775
烟草制品业	1	1		1242	234795
纺织业	42	3	1	15707	168903
纺织服装、鞋、帽制造业	15	1		7290	112010
皮革、毛皮、羽毛(绒)及其制品业	1			35	510
木材加工及木、竹、藤、棕、草制品业	6			1260	53842
家具制造业	7			395	7360
造纸及纸制品业	34			5091	81690
印刷业和记录媒介的复制	25	1		5094	89751
文教体育用品制造业	11	1	2	2169	49439
石油加工、炼焦及核燃料加工业	221	9	11	172327	11042138
化学原料及化学制品制造业	259	25	25	114701	4378905
医药制造业	105	21	17	26783	673410
化学纤维制造业	3			430	9517
橡胶制品业	19	5	3	5170	231177
塑料制品业	51	1	1	8158	232154
非金属矿物制品业	453	28	21	101197	1932310
黑色金属冶炼及压延加工业	175	8	8	169153	15525923
有色金属冶炼及压延加工业	110	9	9	71013	2746462
金属制品业	101	4	2	18144	388807
通用设备制造业	297	27	21	60484	1377553
专用设备制造业	129	32	23	103174	2989776
交通运输设备制造业	85	13	13	33717	951416
电气机械及器材制造业	67	8	8	15395	556392
通信设备、计算机及其他电子设备制造业	28	9	4	61473	900700
仪器仪表及文化、办公用机械制造业	19	8	6	4510	141874
工艺品及其他制造业	13			2670	33841
电力、燃气及水的生产和供应业	130	8	6	87457	9209145
电力、热力的生产和供应业	98	8	6	74711	8900010
燃气生产和供应业	9			2133	186571
水的生产和供应业	23			10613	122564

2-7 按行业分大中型企业基本情况

行 业	企业数(个)	#有R&D活动的企业	#有科技机构的企业	年末从业人员(人)	主营业务收入(万元)
总 计	**1003**	**148**	**147**	**1731211**	**77047835**
采矿业	342	25	19	843218	28194040
煤炭开采和洗选业	321	25	19	828973	27744981
石油和天然气开采业	3			1560	125391
黑色金属矿采选业	13			9427	224692
有色金属矿采选业	4			2883	93327
非金属矿采选业	1			375	5648
制造业	614	116	123	812580	40752508
农副食品加工业	15			12186	797427
食品制造业	12	1	2	6694	231438
饮料制造业	11	3	3	13111	550185
烟草制品业	1	1		1242	234795
纺织业	10	1	1	10015	110972
纺织服装、鞋、帽制造业	4	1		5570	95476
皮革、毛皮、羽毛(绒)及其制品业					
木材加工及木、竹、藤、棕、草制品业	1			320	38020
家具制造业					
造纸及纸制品业	4			1885	26841
印刷业和记录媒介的复制	4			2058	31708
文教体育用品制造业	1	1	1	763	13143
石油加工、炼焦及核燃料加工业	151	8	10	160792	10276562
化学原料及化学制品制造业	66	13	15	89862	3754352
医药制造业	23	10	11	17174	491306
化学纤维制造业					
橡胶制品业	5	4	3	3605	200049
塑料制品业	5		1	3490	121453
非金属矿物制品业	54	7	11	42031	893418
黑色金属冶炼及压延加工业	82	7	6	154488	14909954
有色金属冶炼及压延加工业	39	7	7	62674	2394025
金属制品业	7			4768	147859
通用设备制造业	36	10	11	28568	696712
专用设备制造业	34	18	16	91663	2685784
交通运输设备制造业	24	9	11	25425	696908
电气机械及器材制造业	10	6	7	9989	370114
通信设备、计算机及其他电子设备制造业	9	6	4	59705	856276
仪器仪表及文化、办公用机械制造业	4	3	3	3317	109812
工艺品及其他制造业	2			1185	17921
电力、燃气及水的生产和供应业	47	7	5	75413	8101288
电力、热力的生产和供应业	38	7	5	66128	7993132
燃气生产和供应业	1			963	4982
水的生产和供应业	8			8322	103174

2-8 按行业分大型企业基本情况

行业	企业数(个)	#有R&D活动的企业	#有科技机构的企业	年末从业人员(人)	主营业务收入(万元)
总计	**127**	**52**	**54**	**1077004**	**47556356**
采矿业	52	14	12	622032	20527178
煤炭开采和洗选业	52	14	12	622032	20527178
石油和天然气开采业					
黑色金属矿采选业					
有色金属矿采选业					
非金属矿采选业					
制造业	68	36	41	411655	21749437
农副食品加工业	2			4521	368721
食品制造业					
饮料制造业	1	1	1	7384	377774
烟草制品业					
纺织业					
纺织服装、鞋、帽制造业	1			2899	45010
皮革、毛皮、羽毛(绒)及其制品业					
木材加工及木、竹、藤、棕、草制品业					
家具制造业					
造纸及纸制品业					
印刷业和记录媒介的复制					
文教体育用品制造业					
石油加工、炼焦及核燃料加工业	8	3	4	49505	2193348
化学原料及化学制品制造业	10	7	8	48334	1710372
医药制造业	2	1	2	4652	168735
化学纤维制造业					
橡胶制品业	1	1	1	2003	48723
塑料制品业					
非金属矿物制品业	2		1	5120	115098
黑色金属冶炼及压延加工业	16	4	5	110833	11859506
有色金属冶炼及压延加工业	6	2	3	35432	1369856
金属制品业					
通用设备制造业	2	2	2	5298	142320
专用设备制造业	10	9	9	69040	2078208
交通运输设备制造业	3	3	3	10621	363206
电气机械及器材制造业	1	1	1	4803	233759
通信设备、计算机及其他电子设备制造业	3	2	1	51210	674803
仪器仪表及文化、办公用机械制造业					
工艺品及其他制造业					
电力、燃气及水的生产和供应业	7	2	1	43317	5279740
电力、热力的生产和供应业	6	2	1	41114	5230761
燃气生产和供应业					
水的生产和供应业	1			2203	48979

2-9 按行业分中型企业基本情况

行业	企业数(个)	#有R&D活动的企业	#有科技机构的企业	年末从业人员(人)	主营业务收入(万元)
总计	**876**	**96**	**93**	**654207**	**29491480**
采矿业	290	11	7	221186	7666861
煤炭开采和洗选业	269	11	7	206941	7217803
石油和天然气开采业	3			1560	125391
黑色金属矿采选业	13			9427	224692
有色金属矿采选业	4			2883	93327
非金属矿采选业	1			375	5648
制造业	546	80	82	400925	19003070
农副食品加工业	13			7665	428706
食品制造业	12	1	2	6694	231438
饮料制造业	10	2	2	5727	172412
烟草制品业	1	1		1242	234795
纺织业	10	1	1	10015	110972
纺织服装、鞋、帽制造业	3	1		2671	50466
皮革、毛皮、羽毛(绒)及其制品业					
木材加工及木、竹、藤、棕、草制品业	1			320	38020
家具制造业					
造纸及纸制品业	4			1885	26841
印刷业和记录媒介的复制	4			2058	31708
文教体育用品制造业	1	1	1	763	13143
石油加工、炼焦及核燃料加工业	143	5	6	111287	8083214
化学原料及化学制品制造业	56	6	7	41528	2043981
医药制造业	21	9	9	12522	322571
化学纤维制造业					
橡胶制品业	4	3	2	1602	151326
塑料制品业	5		1	3490	121453
非金属矿物制品业	52	7	10	36911	778320
黑色金属冶炼及压延加工业	66	3	1	43655	3050448
有色金属冶炼及压延加工业	33	5	4	27242	1024169
金属制品业	7			4768	147859
通用设备制造业	34	8	9	23270	554392
专用设备制造业	24	9	7	22623	607577
交通运输设备制造业	21	6	8	14804	333701
电气机械及器材制造业	9	5	6	5186	136355
通信设备、计算机及其他电子设备制造业	6	4	3	8495	181473
仪器仪表及文化、办公用机械制造业	4	3	3	3317	109812
工艺品及其他制造业	2			1185	17921
电力、燃气及水的生产和供应业	40	5	4	32096	2821548
电力、热力的生产和供应业	32	5	4	25014	2762372
燃气生产和供应业	1			963	4982
水的生产和供应业	7			6119	54195

2-10 按行业分小型企业基本情况

行业	企业数(个)	#有R&D活动的企业	#有科技机构的企业	年末从业人员(人)	主营业务收入(万元)
总计	**3020**	**114**	**73**	**379844**	**14382060**
采矿业	950	4	2	111064	6495371
煤炭开采和洗选业	794	4	2	95568	6056606
石油和天然气开采业	6			476	28721
黑色金属矿采选业	133			12389	385172
有色金属矿采选业	5			580	4717
非金属矿采选业	12			2051	20154
制造业	1987	109	70	256736	6778833
农副食品加工业	143	3	5	12350	495679
食品制造业	92	3	5	12136	306369
饮料制造业	51	1	3	6057	239590
烟草制品业					
纺织业	32	2		5692	57932
纺织服装、鞋、帽制造业	11			1720	16534
皮革、毛皮、羽毛(绒)及其制品业	1			35	510
木材加工及木、竹、藤、棕、草制品业	5			940	15822
家具制造业	7			395	7360
造纸及纸制品业	30			3206	54849
印刷业和记录媒介的复制	21	1		3036	58043
文教体育用品制造业	10		1	1406	36296
石油加工、炼焦及核燃料加工业	70	1	1	11535	765576
化学原料及化学制品制造业	193	12	10	24839	624552
医药制造业	82	11	6	9609	182104
化学纤维制造业	3			430	9517
橡胶制品业	14	1		1565	31128
塑料制品业	46	1		4668	110701
非金属矿物制品业	399	21	10	59166	1038892
黑色金属冶炼及压延加工业	93	1	2	14665	615969
有色金属冶炼及压延加工业	71	2	2	8339	352437
金属制品业	94	4	2	13376	240948
通用设备制造业	261	17	10	31916	680841
专用设备制造业	95	14	7	11511	303991
交通运输设备制造业	61	4	2	8292	254509
电气机械及器材制造业	57	2	1	5406	186278
通信设备、计算机及其他电子设备制造业	19	3		1768	44424
仪器仪表及文化、办公用机械制造业	15	5	3	1193	32062
工艺品及其他制造业	11			1485	15920
电力、燃气及水的生产和供应业	83	1	1	12044	1107857
电力、热力的生产和供应业	60	1	1	8583	906878
燃气生产和供应业	8			1170	181589
水的生产和供应业	15			2291	19390

2-11 按行业分国有控股企业基本情况

行　　业	企业数(个)	#有R&D活动的企业	#有科技机构的企业	年末从业人员(人)	主营业务收入(万元)
总　　计	**637**	**96**	**86**	**1178232**	**52626238**
采矿业	228	21	18	718371	24126726
煤炭开采和洗选业	213	21	18	712163	23851339
石油和天然气开采业	4			1692	126821
黑色金属矿采选业	7			2045	60133
有色金属矿采选业	3			2343	87049
非金属矿采选业	1			128	1385
制造业	319	70	64	379682	19778640
农副食品加工业	15			1485	23361
食品制造业	4			889	5884
饮料制造业	7	1	2	9287	425066
烟草制品业	1	1		1242	234795
纺织业	4		1	6323	31673
纺织服装、鞋、帽制造业	3			3709	53012
皮革、毛皮、羽毛(绒)及其制品业					
木材加工及木、竹、藤、棕、草制品业					
家具制造业	1			126	867
造纸及纸制品业	1			35	1622
印刷业和记录媒介的复制	10			2655	36065
文教体育用品制造业	1			387	2301
石油加工、炼焦及核燃料加工业	17	2	3	33868	1711657
化学原料及化学制品制造业	49	8	9	66624	2493637
医药制造业	13	4	3	5314	91189
化学纤维制造业					
橡胶制品业	3	2	2	2766	151024
塑料制品业	5	1		1422	21685
非金属矿物制品业	47	3	5	17165	345704
黑色金属冶炼及压延加工业	10	4	4	64169	8480845
有色金属冶炼及压延加工业	17	5	4	41866	1804362
金属制品业	3	1		1691	72254
通用设备制造业	29	7	6	21481	374740
专用设备制造业	34	17	13	60769	2381562
交通运输设备制造业	20	5	5	18185	572901
电气机械及器材制造业	13	4	4	9391	311018
通信设备、计算机及其他电子设备制造业	4	3	2	4817	92842
仪器仪表及文化、办公用机械制造业	4	2	1	2381	45781
工艺品及其他制造业	4			1635	12795
废弃资源和废旧材料回收加工业					
电力、燃气及水的生产和供应业	90	5	4	80179	8720873
电力、热力的生产和供应业	64	5	4	68240	8435975
燃气生产和供应业	6			1948	167550
水的生产和供应业	20			9991	117348

2-12 按行业分内资企业基本情况

行业	企业数(个)	#有R&D活动的企业	#有科技机构的企业	年末从业人员(人)	主营业务收入(万元)
总计	**3843**	**242**	**204**	**1986670**	**86120226**
采矿业	1278	29	21	940813	33889558
煤炭开采和洗选业	1106	29	21	911558	33029906
石油和天然气开采业	5			1710	127770
黑色金属矿采选业	146			21816	609864
有色金属矿采选业	9			3463	98044
非金属矿采选业	12			2266	23975
制造业	2444	208	179	966053	43895029
农副食品加工业	154	3	5	23955	1238873
食品制造业	91	4	7	16981	434179
饮料制造业	50	4	6	15972	623086
烟草制品业	1	1		1242	234795
纺织业	41	3	1	15529	163140
纺织服装、鞋、帽制造业	15	1		7290	112010
皮革、毛皮、羽毛(绒)及其制品业	1			35	510
木材加工及木、竹、藤、棕、草制品业	6			1260	53842
家具制造业	7			395	7360
造纸及纸制品业	33			5079	80195
印刷业和记录媒介的复制	23	1		4532	79481
文教体育用品制造业	9	1	2	1974	43797
石油加工、炼焦及核燃料加工业	204	8	9	155653	9547355
化学原料及化学制品制造业	243	23	24	109997	4120990
医药制造业	93	19	14	21446	447872
化学纤维制造业	3			430	9517
橡胶制品业	18	4	3	4860	203166
塑料制品业	47	1	1	7763	214386
非金属矿物制品业	436	26	21	96525	1819213
黑色金属冶炼及压延加工业	174	8	8	169083	15514960
有色金属冶炼及压延加工业	100	9	9	68969	2700605
金属制品业	96	4	2	17841	380188
通用设备制造业	281	26	19	56878	1241779
专用设备制造业	124	30	22	99373	2907266
交通运输设备制造业	79	11	11	31470	837857
电气机械及器材制造业	62	7	7	14666	512883
通信设备、计算机及其他电子设备制造业	25	7	3	10263	225897
仪器仪表及文化、办公用机械制造业	17	7	5	4119	108618
工艺品及其他制造业	11			2473	31209
废弃资源和废旧材料回收加工业					
电力、燃气及水的生产和供应业	121	5	4	79804	8335639
电力、热力的生产和供应业	90	5	4	67185	8041771
燃气生产和供应业	8			2006	171305
水的生产和供应业	23			10613	122564

2-13 按行业分国有企业基本情况

行业	企业数(个)	#有R&D活动的企业	#有科技机构的企业	年末从业人员(人)	主营业务收入(万元)
总计	**280**	**22**	**18**	**252016**	**12526611**
采矿业	103	2	3	115966	4042969
煤炭开采和洗选业	95	2	3	114729	4008797
石油和天然气开采业	2			499	9390
黑色金属矿采选业	5			610	23398
有色金属矿采选业					
非金属矿采选业	1			128	1385
制造业	123	17	13	79734	2516392
农副食品加工业	10			894	17407
食品制造业					
饮料制造业	3		1	1238	8668
烟草制品业					
纺织业					
纺织服装、鞋、帽制造业	2			3255	48703
皮革、毛皮、羽毛(绒)及其制品业					
木材加工及木、竹、藤、棕、草制品业					
家具制造业					
造纸及纸制品业	1			35	1622
印刷业和记录媒介的复制	6			1217	15317
文教体育用品制造业	1			387	2301
石油加工、炼焦及核燃料加工业	4			2512	203611
化学原料及化学制品制造业	11			4321	46777
医药制造业	4			1577	16575
化学纤维制造业					
橡胶制品业	1			82	1609
塑料制品业	1	1		83	1420
非金属矿物制品业	25	2	2	8405	176120
黑色金属冶炼及压延加工业	4	1	1	17707	1071252
有色金属冶炼及压延加工业	2			2013	26674
金属制品业	2	1		1059	30678
通用设备制造业	15	5	3	14603	248785
专用设备制造业	12	2	2	8644	194511
交通运输设备制造业	8	1	1	3377	72919
电气机械及器材制造业	6	2	2	5466	248669
通信设备、计算机及其他电子设备制造业	2	1	1	1565	69141
仪器仪表及文化、办公用机械制造业	2	1		420	4976
工艺品及其他制造业	1			874	8660
废弃资源和废旧材料回收加工业					
电力、燃气及水的生产和供应业	54	3	2	56316	5967250
电力、热力的生产和供应业	33	3	2	47216	5867406
燃气生产和供应业	4			1683	10821
水的生产和供应业	17			7417	89023

2–14 按行业分港澳台商投资企业基本情况

行　业	企业数(个)	#有R&D活动的企业	#有科技机构的企业	年末从业人员(人)	主营业务收入(万元)
总　计	**58**	**5**	**5**	**18657**	**1099060**
采矿业	4			292	24139
煤炭开采和洗选业	2			88	7003
石油和天然气开采业	2			204	17136
黑色金属矿采选业					
有色金属矿采选业					
非金属矿采选业					
制造业	50	4	3	16825	807170
农副食品加工业					
食品制造业	5			520	18019
饮料制造业	2			116	30676
烟草制品业					
纺织业	1			178	5764
纺织服装、鞋、帽制造业					
皮革、毛皮、羽毛(绒)及其制品业					
木材加工及木、竹、藤、棕、草制品业					
家具制造业					
造纸及纸制品业	1			12	1494
印刷业和记录媒介的复制					
文教体育用品制造业					
石油加工、炼焦及核燃料加工业	8	1	1	5792	483417
化学原料及化学制品制造业	5			901	48323
医药制造业	4			1067	30308
化学纤维制造业					
橡胶制品业					
塑料制品业	2			80	2581
非金属矿物制品业	6	1		1221	8370
黑色金属冶炼及压延加工业					
有色金属冶炼及压延加工业	4			1457	31454
金属制品业	2			200	1958
通用设备制造业	5			1410	54093
专用设备制造业	2	1	1	3307	69931
交通运输设备制造业					
电气机械及器材制造业	1	1	1	367	18150
通信设备、计算机及其他电子设备制造业					
仪器仪表及文化、办公用机械制造业					
工艺品及其他制造业	2			197	2632
废弃资源和废旧材料回收加工业					
电力、燃气及水的生产和供应业	4	1	2	1540	267752
电力、热力的生产和供应业	3	1	2	1413	252486
燃气生产和供应业	1			127	15266
水的生产和供应业					

2-15 按行业分外商投资企业基本情况

行业	企业数(个)	#有R&D活动的企业	#有科技机构的企业	年末从业人员(人)	主营业务收入(万元)
总计	**122**	**15**	**11**	**105728**	**4210609**
采矿业	10			13177	775713
煤炭开采和洗选业	7			12895	764679
石油和天然气开采业	2			122	9207
黑色金属矿采选业					
有色金属矿采选业					
非金属矿采选业	1			160	1828
制造业	107	13	11	86438	2829142
农副食品加工业	4			581	54233
食品制造业	8			1329	85608
饮料制造业	10			3080	136013
烟草制品业					
纺织业					
纺织服装、鞋、帽制造业					
皮革、毛皮、羽毛(绒)及其制品业					
木材加工及木、竹、藤、棕、草制品业					
家具制造业					
造纸及纸制品业					
印刷业和记录媒介的复制	2			562	10270
文教体育用品制造业	2			195	5642
石油加工、炼焦及核燃料加工业	9		1	10882	1011366
化学原料及化学制品制造业	11	2	1	3803	209592
医药制造业	8	2	3	4270	195230
化学纤维制造业					
橡胶制品业	1	1		310	28011
塑料制品业	2			315	15187
非金属矿物制品业	11	1		3451	104727
黑色金属冶炼及压延加工业	1			70	10963
有色金属冶炼及压延加工业	6			587	14403
金属制品业	3			103	6662
通用设备制造业	11	1	2	2196	81682
专用设备制造业	3	1		494	12579
交通运输设备制造业	6	2	2	2247	113559
电气机械及器材制造业	4			362	25359
通信设备、计算机及其他电子设备制造业	3	2	1	51210	674803
仪器仪表及文化、办公用机械制造业	2	1	1	391	33256
工艺品及其他制造业					
废弃资源和废旧材料回收加工业					
电力、燃气及水的生产和供应业	5	2		6113	605754
电力、热力的生产和供应业	5	2		6113	605754
燃气生产和供应业					
水的生产和供应业					

2-16 各地区企业基本情况

地　区	企业数(个)	# 有R&D活动的企业	#有科技机构的企业	年末从业人员(人)	主营业务收入(万元)
总　计	**4023**	**262**	**220**	**2111055**	**91429896**
太原市	486	77	59	365163	20575556
大同市	219	11	11	231010	5549394
阳泉市	171	19	18	188331	4667179
长治市	417	29	30	236060	10864856
晋城市	322	9	16	200704	7237466
朔州市	207	6	5	69042	6175280
晋中市	584	55	34	203793	7462127
运城市	520	21	16	208065	8264683
忻州市	268	6	10	66593	2347197
临汾市	455	19	14	168791	9924182
吕梁市	374	10	7	173503	8361976

2-17 各地区大中型企业基本情况

地　区	企业数(个)	#有R&D活动的企业	#有科技机构的企业	年末从业人员(人)	主营业务收入(万元)
总　计	**1003**	**148**	**147**	**1731211**	**77047835**
太原市	105	37	38	323681	18825962
大同市	47	7	9	203539	5172093
阳泉市	45	7	11	169703	4197898
长治市	123	17	19	197429	9201804
晋城市	118	8	11	164841	6581070
朔州市	44	4	2	47247	4464170
晋中市	117	24	18	150250	5495804
运城市	126	17	14	157907	6641048
忻州市	41	5	7	41021	1709134
临汾市	119	13	12	135307	7947261
吕梁市	118	9	6	140286	6811591

2-18 各地区大型企业基本情况

地　区	企业数(个)	#有R&D活动的企业	#有科技机构的企业	年末从业人员(人)	主营业务收入(万元)
总　计	**127**	**52**	**54**	**1077004**	**47556356**
太原市	24	14	15	259885	16092084
大同市	9	5	6	173101	4202142
阳泉市	8	1	2	130818	3364434
长治市	19	9	10	123832	5701395
晋城市	13	3	3	88753	3700547
朔州市	3	1	1	17505	2350386
晋中市	9	5	2	61186	2193045
运城市	15	5	7	80991	3605260
忻州市	2			10329	134144
临汾市	10	6	5	64654	3237442
吕梁市	15	3	3	65950	2975478

2-19 各地区中型企业基本情况

地　区	企业数(个)	#有R&D活动的企业	#有科技机构的企业	年末从业人员(人)	主营业务收入(万元)
总　计	**876**	**96**	**93**	**654207**	**29491480**
太原市	81	23	23	63796	2733879
大同市	38	2	3	30438	969952
阳泉市	37	6	9	38885	833464
长治市	104	8	9	73597	3500410
晋城市	105	5	8	76088	2880523
朔州市	41	3	1	29742	2113783
晋中市	108	19	16	89064	3302759
运城市	111	12	7	76916	3035787
忻州市	39	5	7	30692	1574991
临汾市	109	7	7	70653	4709819
吕梁市	103	6	3	74336	3836113

2-20 各地区小型企业基本情况

地　　区	企业数(个)	#有R&D活动的企业	#有科技机构的企业	年末从业人员(人)	主营业务收入(万元)
总　　计	**3020**	**114**	**73**	**379844**	**14382060**
太原市	381	40	21	41482	1749594
大同市	172	4	2	27471	377300
阳泉市	126	12	7	18628	469281
长治市	294	12	11	38631	1663052
晋城市	204	1	5	35863	656396
朔州市	163	2	3	21795	1711110
晋中市	467	31	16	53543	1966323
运城市	394	4	2	50158	1623636
忻州市	227	1	3	25572	638063
临汾市	336	6	2	33484	1976921
吕梁市	256	1	1	33217	1550385

2-21 各地区国有控股企业基本情况

地　　区	企业数(个)	#有R&D活动的企业	#有科技机构的企业	年末从业人员(人)	主营业务收入(万元)
总　　计	**637**	**96**	**86**	**1178232**	**52626238**
太原市	97	34	28	244399	16767315
大同市	47	7	7	169806	4566973
阳泉市	36	5	8	146344	3763563
长治市	75	12	11	134081	5600852
晋城市	65	3	4	108129	4443657
朔州市	59	3	2	41115	4420053
晋中市	54	12	9	85193	2679684
运城市	61	5	6	77574	2639325
忻州市	41	2	2	29845	1148566
临汾市	58	8	6	79740	3856839
吕梁市	44	5	3	62006	2739413

2-22 各地区内资企业基本情况

地　　区	企业数(个)	#有R&D活动的企业	#有科技机构的企业	年末从业人员(人)	主营业务收入(万元)
总　　计	**3843**	**242**	**204**	**1986670**	**86120226**
太原市	455	72	56	315682	19426601
大同市	205	9	8	224388	5241510
阳泉市	162	19	18	186204	4547519
长治市	410	28	29	231270	10386141
晋城市	308	8	14	181751	6344702
朔州市	203	4	4	67648	6006322
晋中市	546	50	31	187800	6861092
运城市	497	20	15	202757	8059304
忻州市	262	6	10	65678	2329770
临汾市	434	16	12	161894	9447060
吕梁市	361	10	7	161598	7470207

2-23 各地区国有企业基本情况

地　　区	企业数(个)	#有R&D活动的企业	#有科技机构的企业	年末从业人员(人)	主营业务收入(万元)
总　　计	**280**	**22**	**18**	**252016**	**12526611**
太原市	47	10	6	50728	5052403
大同市	26	1	2	21810	650245
阳泉市	14			18567	318299
长治市	36	4	3	44039	2239386
晋城市	22			18459	342547
朔州市	33	1	1	18811	1242808
晋中市	17	3	4	10842	146518
运城市	27	2	1	20913	623443
忻州市	20	1	1	19573	614240
临汾市	18			9746	301418
吕梁市	20			18528	995304

2–24　各地区港澳台商投资企业基本情况

地　区	企业数(个)	#有R&D活动的企业	#有科技机构的企业	年末从业人员(人)	主营业务收入(万元)
总　计	**58**	**5**	**5**	**18657**	**1099060**
太原市	5			402	36532
大同市	2			734	25856
阳泉市	3			452	31059
长治市	2			146	11688
晋城市	3			334	18238
朔州市	1	1	1	36	38945
晋中市	19	3	3	7787	342605
运城市	4			832	22526
忻州市	2			450	5048
临汾市	12	1	1	4520	425105
吕梁市	5			2964	141458

2–25　各地区外商投资企业基本情况

地　区	企业数(个)	#有R&D活动的企业	#有科技机构的企业	年末从业人员(人)	主营业务收入(万元)
总　计	**122**	**15**	**11**	**105728**	**4210609**
太原市	26	5	3	49079	1112423
大同市	12	2	3	5888	282028
阳泉市	6			1675	88601
长治市	5	1	1	4644	467027
晋城市	11	1	2	18619	874526
朔州市	3	1		1358	130013
晋中市	19	2		8206	258431
运城市	19	1	1	4476	182853
忻州市	4			465	12380
临汾市	9	2	1	2377	52017
吕梁市	8			8941	750311

2-26 各地区分行业基本情况

地 区	采矿业				
	企业数(个)	#有R&D活动的企业	#有科技机构的企业	年末从业人员(人)	主营业务收入(万元)
总 计	**1292**	**29**	**21**	**954282**	**34689410**
太原市	42	1	2	83814	1957884
大同市	53	1	1	149022	3662442
阳泉市	57	2	3	156915	3910231
长治市	183	3	3	121068	4655254
晋城市	146	2	3	130382	4262875
朔州市	97	1	1	42946	4985411
晋中市	236	13	5	97504	3384620
运城市	14			3949	330210
忻州市	108	1	1	33033	946772
临汾市	199	1		56743	2820795
吕梁市	157	4	2	78906	3772917

2-26 续表 1

地 区	制造业				
	企业数(个)	#有R&D活动的企业	#有科技机构的企业	年末从业人员(人)	主营业务收入(万元)
总 计	**2601**	**225**	**193**	**1069316**	**47531341**
太原市	433	75	56	240280	13429959
大同市	157	10	10	75656	1379372
阳泉市	104	17	14	25707	450526
长治市	220	25	26	109712	5413599
晋城市	164	7	13	64883	2342720
朔州市	94	1	2	20506	674473
晋中市	339	41	28	100802	3865884
运城市	493	20	16	200471	7524604
忻州市	143	5	9	29648	1095414
临汾市	245	18	14	109132	6966872
吕梁市	209	6	5	92519	4387919

2–26 续表 2

地区	农副食品加工业				
	企业数(个)	#有R&D活动的企业	#有科技机构的企业	年末从业人员(人)	主营业务收入(万元)
总计	**158**	**3**	**5**	**24536**	**1293106**
太原市	14	1	1	2439	160203
大同市	12			1521	25376
阳泉市	3	1		568	4004
长治市	24		3	3881	225068
晋城市	6		1	453	12129
朔州市	6			761	21664
晋中市	14	1		1802	128269
运城市	40			6932	457449
忻州市	16			1909	48713
临汾市	11			998	26287
吕梁市	12			3272	183944

2–26 续表 3

地区	食品制造业				
	企业数(个)	#有R&D活动的企业	#有科技机构的企业	年末从业人员(人)	主营业务收入(万元)
总计	**104**	**4**	**7**	**18830**	**537806**
太原市	14	3	3	4041	138835
大同市	3			498	8777
阳泉市	4			456	18270
长治市	7			949	14419
晋城市	2			236	6485
朔州市	11			2765	127845
晋中市	18	1	4	3367	109275
运城市	35			4511	92309
忻州市	2			321	4273
临汾市	3			1184	8252
吕梁市	5			502	9068

2-26 续表 4

地　区	饮料制造业				
	企业数(个)	#有R&D活动的企业	#有科技机构的企业	年末从业人员(人)	主营业务收入(万元)
总　计	**62**	**4**	**6**	**19168**	**789775**
太原市	5		1	1962	80150
大同市	6			1091	15357
阳泉市	1			133	904
长治市	5			614	21287
晋城市	3	2	2	880	50019
朔州市	3		1	787	34533
晋中市	6			1667	77132
运城市	13	1		1419	87886
忻州市	2		1	392	14814
临汾市	5			619	4894
吕梁市	13	1	1	9604	402799

2-26 续表 5

地　区	烟草制品业				
	企业数(个)	#有R&D活动的企业	#有科技机构的企业	年末从业人员(人)	主营业务收入(万元)
总　计	**1**	**1**		**1242**	**234795**
太原市	1	1		1242	234795
大同市					
阳泉市					
长治市					
晋城市					
朔州市					
晋中市					
运城市					
忻州市					
临汾市					
吕梁市					

2-26 续表 6

地区	纺织业				
	企业数(个)	#有R&D活动的企业	#有科技机构的企业	年末从业人员(人)	主营业务收入(万元)
总计	**42**	**3**	**1**	**15707**	**168903**
太原市	3	1		880	15508
大同市					
阳泉市					
长治市					
晋城市	6		1	3376	20710
朔州市					
晋中市	3	1		1265	10967
运城市	19	1		6168	95095
忻州市	2			3000	12801
临汾市	9			1018	13823
吕梁市					

2-26 续表 7

地区	纺织服装、鞋、帽制造业				
	企业数(个)	#有R&D活动的企业	#有科技机构的企业	年末从业人员(人)	主营业务收入(万元)
总计	**15**	**1**		**7290**	**112010**
太原市	2			1721	30297
大同市	1			182	502
阳泉市					
长治市	1			454	4309
晋城市	2			306	3159
朔州市					
晋中市	1			356	3693
运城市	6	1		4127	67586
忻州市					
临汾市	2			144	2464
吕梁市					

2–26 续表 8

地 区	皮革、皮毛、羽毛(绒)及其制品				
	企业数(个)	#有R&D活动的企业	#有科技机构的企业	年末从业人员(人)	主营业务收入(万元)
总 计	**1**			**35**	**510**
太原市					
大同市	1			35	510
阳泉市					
长治市					
晋城市					
朔州市					
晋中市					
运城市					
忻州市					
临汾市					
吕梁市					

2–26 续表 9

地 区	木材加工及木、竹、藤、棕、草制品业				
	企业数(个)	#有R&D活动的企业	#有科技机构的企业	年末从业人员(人)	主营业务收入(万元)
总 计	**6**			**1260**	**53842**
太原市					
大同市					
阳泉市					
长治市					
晋城市					
朔州市					
晋中市	1			130	1117
运城市	5			1130	52724
忻州市					
临汾市					
吕梁市					

2-26 续表10

地 区	家具制造业				
	企业数(个)	#有R&D活动的企业	#有科技机构的企业	年末从业人员(人)	主营业务收入(万元)
总 计	**7**			**395**	**7360**
太原市	4			247	4021
大同市	1			40	799
阳泉市					
长治市					
晋城市					
朔州市					
晋中市	1			85	2001
运城市					
忻州市					
临汾市	1			23	538
吕梁市					

2-26 续表11

地 区	造纸及纸制品业				
	企业数(个)	#有R&D活动的企业	#有科技机构的企业	年末从业人员(人)	主营业务收入(万元)
总 计	**34**			**5091**	**81690**
太原市	5			1006	24157
大同市	1			12	1494
阳泉市					
长治市	1			125	2200
晋城市	1			100	1046
朔州市	1			50	3769
晋中市	8			972	14247
运城市	14			2028	29544
忻州市					
临汾市	1			609	3934
吕梁市	2			189	1299

2–26 续表 12

地　区	印刷业和记录媒介的复制				
	企业数(个)	#有R&D活动的企业	#有科技机构的企业	年末从业人员(人)	主营业务收入(万元)
总　计	**25**	**1**		**5094**	**89751**
太原市	12	1		2510	41266
大同市	2			493	2338
阳泉市					
长治市	2			244	2375
晋城市	1			80	3388
朔州市					
晋中市	1			136	2155
运城市	5			958	30398
忻州市					
临汾市	1			110	605
吕梁市	1			563	7226

2–26 续表 13

地　区	文教体育用品制造业				
	企业数(个)	#有R&D活动的企业	#有科技机构的企业	年末从业人员(人)	主营业务收入(万元)
总　计	**11**	**1**	**2**	**2169**	**49439**
太原市	1		1	100	19673
大同市					
阳泉市					
长治市	4	1	1	1458	20088
晋城市	1			260	629
朔州市					
晋中市	3			191	2404
运城市					
忻州市					
临汾市	2			160	6646
吕梁市					

2-26　续表 14

地　区	石油加工、炼焦及核燃料加工业				
	企业数(个)	#有R&D活动的企业	#有科技机构的企业	年末从业人员(人)	主营业务收入(万元)
总　计	**221**	**9**	**11**	**172327**	**11042138**
太原市	19	1	2	32513	1533613
大同市	5			754	8946
阳泉市	2	1		1505	50943
长治市	35	1	2	17914	1603067
晋城市	3		1	1158	114429
朔州市	2			1530	141321
晋中市	25	4	3	29851	1745471
运城市	28			18442	1270331
忻州市	5			2914	203344
临汾市	48	2	3	33284	2372050
吕梁市	49			32462	1998623

2-26　续表 15

地　区	化学原料及化学制品制造业				
	企业数(个)	#有R&D活动的企业	#有科技机构的企业	年末从业人员(人)	主营业务收入(万元)
总　计	**259**	**25**	**25**	**114701**	**4378905**
太原市	32	5	4	19796	877295
大同市	18	3	3	6482	72187
阳泉市	12	3	3	4350	58698
长治市	30	2	4	16879	621089
晋城市	24		1	12771	947743
朔州市	11			3359	55676
晋中市	20	4	3	5199	216249
运城市	64	3	3	26350	716267
忻州市	10	1	1	4992	80853
临汾市	16	3	2	7323	319897
吕梁市	22	1	1	7200	412952

2-26 续表 16

地　区	医药制造业				
	企业数(个)	#有R&D活动的企业	#有科技机构的企业	年末从业人员(人)	主营业务收入(万元)
总　计	**105**	**21**	**17**	**26783**	**673410**
太原市	23	5	3	3452	68753
大同市	19	3	2	7118	250715
阳泉市					
长治市	8	5	4	2751	95999
晋城市	5		2	566	13184
朔州市	2			228	2381
晋中市	13	3	2	3262	65023
运城市	19	3	2	6859	126207
忻州市	2		1	545	6817
临汾市	11	1		1522	29384
吕梁市	3	1	1	480	14949

2-26 续表 17

地　区	化学纤维制造业				
	企业数(个)	#有R&D活动的企业	#有科技机构的企业	年末从业人员(人)	主营业务收入(万元)
总　计	**3**			**430**	**9517**
太原市	2			280	8579
大同市	1			150	939
阳泉市					
长治市					
晋城市					
朔州市					
晋中市					
运城市					
忻州市					
临汾市					
吕梁市					

2-26 续表 18

地区	橡胶制品业				
	企业数(个)	#有R&D活动的企业	#有科技机构的企业	年末从业人员(人)	主营业务收入(万元)
总　计	**19**	**5**	**3**	**5170**	**231177**
太原市	3	2	2	2766	151024
大同市					
阳泉市	2			122	3359
长治市	2	2		412	30432
晋城市	1			251	4152
朔州市					
晋中市	4			604	13526
运城市	4			349	4642
忻州市	1	1	1	310	11529
临汾市	2			356	12513
吕梁市					

2-26 续表 19

地区	塑料制品业				
	企业数(个)	#有R&D活动的企业	#有科技机构的企业	年末从业人员(人)	主营业务收入(万元)
总　计	**51**	**1**	**1**	**8158**	**232154**
太原市	16	1		1176	49116
大同市	1			25	502
阳泉市					
长治市	3		1	1744	77292
晋城市	4			692	8380
朔州市					
晋中市	6			513	7792
运城市	16			3358	73266
忻州市					
临汾市	3			455	11298
吕梁市	2			195	4509

2-26　续表20

地　区	非金属矿物制品业 企业数(个)	#有R&D活动的企业	#有科技机构的企业	年末从业人员(人)	主营业务收入(万元)
总　计	**453**	**28**	**21**	**101197**	**1932310**
太原市	38	5	7	10615	256507
大同市	43			10695	321154
阳泉市	48	8	6	11164	168817
长治市	29	3	2	5126	112507
晋城市	36	1		9898	80910
朔州市	47	1	1	7763	163102
晋中市	55	8	4	15513	254823
运城市	70	1	1	16137	254389
忻州市	15	1		2627	32704
临汾市	31			3656	81981
吕梁市	41			8003	205416

2-26　续表21

地　区	黑色金属冶炼及压延加工业制造业 企业数(个)	#有R&D活动的企业	#有科技机构的企业	年末从业人员(人)	主营业务收入(万元)
总　计	**175**	**8**	**8**	**169153**	**15525923**
太原市	22	2	3	34493	6212682
大同市	8			1666	38962
阳泉市	1			311	7945
长治市	14	1	1	30604	2026760
晋城市	28			13019	715940
朔州市	2			843	28150
晋中市	7	1		3472	556985
运城市	19			23835	1594115
忻州市	11			1799	83795
临汾市	43	2	2	39748	3330887
吕梁市	20	2	2	19363	929702

2–26　续表 22

地　区	有色金属冶炼及压延加工业				
	企业数(个)	#有R&D活动的企业	#有科技机构的企业	年末从业人员(人)	主营业务收入(万元)
总　计	**110**	**9**	**9**	**71013**	**2746462**
太原市	19	2	2	4244	127912
大同市	5			1945	62162
阳泉市	3	1	1	1783	39435
长治市	7			1576	27772
晋城市	1			103	5125
朔州市	1			1681	56854
晋中市	8			1055	28961
运城市	48	4	5	49304	1773033
忻州市	3			1991	236138
临汾市	6	1	1	2351	292386
吕梁市	9	1		4980	96685

2–26　续表 23

地　区	金属制品业				
	企业数(个)	#有R&D活动的企业	#有科技机构的企业	年末从业人员(人)	主营业务收入(万元)
总　计	**101**	**4**	**2**	**18144**	**388807**
太原市	36	2		7302	156117
大同市	3			203	3385
阳泉市	5			957	21070
长治市	5	1	1	1192	46065
晋城市	7			1491	46977
朔州市					
晋中市	30			4964	66851
运城市	7			764	23675
忻州市					
临汾市	2	1	1	221	2698
吕梁市	6			1050	21969

2-26 续表 24

地　区	通用设备制造业				
	企业数(个)	#有R&D活动的企业	#有科技机构的企业	年末从业人员(人)	主营业务收入(万元)
总　计	**297**	**27**	**21**	**60484**	**1377553**
太原市	51	5	3	10749	169997
大同市	6	1	1	4291	125603
阳泉市	14	3	3	3117	49013
长治市	18	5	2	5168	93949
晋城市	14		1	2364	46230
朔州市	4			384	9087
晋中市	55	8	5	10208	191782
运城市	32	3	3	9990	240894
忻州市	62	1	3	6844	290312
临汾市	24	1		4429	98151
吕梁市	17			2940	62536

2-26 续表 25

地　区	专用设备制造业				
	企业数(个)	#有R&D活动的企业	#有科技机构的企业	年末从业人员(人)	主营业务收入(万元)
总　计	**129**	**32**	**23**	**103174**	**2989776**
太原市	38	13	8	32030	1850182
大同市	5			26126	68567
阳泉市	3			429	7728
长治市	12	3	3	15105	334089
晋城市	7	2	1	4420	82394
朔州市	2			222	3908
晋中市	33	9	6	12874	195387
运城市	10	1	1	3332	101730
忻州市	9	1	2	1721	63097
临汾市	6	3	2	5859	262149
吕梁市	4			1056	20544

2–26　续表 26

地　　区	交通运输设备制造业				
	企业数(个)	#有R&D活动的企业	#有科技机构的企业	年末从业人员(人)	主营业务收入(万元)
总　　计	**85**	**13**	**13**	**33717**	**951416**
太原市	24	6	5	8484	302405
大同市	10	3	3	10623	336865
阳泉市					
长治市	5			1461	14231
晋城市	4	1	2	2184	31947
朔州市	2			133	26183
晋中市	15	1	1	2275	104951
运城市	16			5854	94324
忻州市					
临汾市	8	2	2	2383	34694
吕梁市	1			320	5818

2–26　续表 27

地　　区	电气机械及器材制造业				
	企业数(个)	#有R&D活动的企业	#有科技机构的企业	年末从业人员(人)	主营业务收入(万元)
总　　计	**67**	**8**	**8**	**15395**	**556392**
太原市	10	4	3	2081	57637
大同市	4			965	22382
阳泉市	5		1	631	18801
长治市	7	1	2	1975	38426
晋城市	5			474	10314
朔州市					
晋中市	9			831	62406
运城市	14	1	1	6551	288705
忻州市	3			283	6224
临汾市	8	2	1	1264	41616
吕梁市	2			340	9881

2–26　续表 28

地　区	通信设备、计算机及其他电子设备制造业				
	企业数(个)	#有R&D活动的企业	#有科技机构的企业	年末从业人员(人)	主营业务收入(万元)
总　计	**28**	**9**	**4**	**61473**	**900700**
太原市	19	7	2	49551	714532
大同市	2		1	741	11852
阳泉市					
长治市	1			80	2176
晋城市	1	1	1	9700	135299
朔州市					
晋中市	1			75	3017
运城市	4	1		1326	33825
忻州市					
临汾市					
吕梁市					

2–26　续表 29

地　区	仪器仪表及文化、办公用机械制造业				
	企业数(个)	#有R&D活动的企业	#有科技机构的企业	年末从业人员(人)	主营业务收入(万元)
总　计	**19**	**8**	**6**	**4510**	**141874**
太原市	18	8	6	4447	141271
大同市					
阳泉市					
长治市					
晋城市	1			63	603
朔州市					
晋中市					
运城市					
忻州市					
临汾市					
吕梁市					

2-26 续表 30

地　区	工艺品及其他制造业				
	企业数(个)	#有R&D活动的企业	#有科技机构的企业	年末从业人员(人)	主营业务收入(万元)
总　计	**13**			**2670**	**33841**
太原市	2			153	3435
大同市					
阳泉市	1			181	1540
长治市					
晋城市	1			38	1531
朔州市					
晋中市	2			135	1402
运城市	5			747	16209
忻州市					
临汾市	2			1416	9724
吕梁市					

2-26 续表 31

地　区	电力、燃气及水的生产和供应业				
	企业数(个)	#有R&D活动的企业	#有科技机构的企业	年末从业人员(人)	主营业务收入(万元)
总　计	**130**	**8**	**6**	**87457**	**9209145**
太原市	11	1	1	41069	5187713
大同市	9			6332	507579
阳泉市	10		1	5709	306423
长治市	14	1	1	5280	796003
晋城市	12			5439	631871
朔州市	16	4	2	5590	515396
晋中市	9	1	1	5487	211623
运城市	13	1		3645	409870
忻州市	17			3912	305012
临汾市	11			2916	136515
吕梁市	8			2078	201140

3-1 企业R&D人员

项目	R&D人员合计(人)	#1.参加项目人员	2.管理和服务人员	#女性	#1.全时人员	2.非全时人员	R&D人员折合全时当量合计(人年)
总计	**40963**	**33487**	**7476**	**8502**	**25513**	**15450**	**32703**
按企业规模分组							
大中型企业	38502	31690	6812	8049	23685	14817	30811
大型企业	32455	27034	5421	6593	19563	12892	26302
中型企业	6047	4656	1391	1456	4122	1925	4509
小型企业	2461	1797	664	453	1828	633	1892
按控股情况分组							
国有控股	34958	29100	5858	7359	21288	13670	27969
集体控股	324	258	66	78	211	113	197
私人控股	4898	3474	1424	915	3422	1476	4052
港澳台商控股	94	78	16	19	84	10	65
外商控股	361	296	65	59	259	102	291
其他	328	281	47	72	249	79	129
按登记注册类型分组							
内资企业	39633	32524	7109	8174	24375	15258	31572
国有企业	2034	1473	561	561	1529	505	1723
集体企业	42	29	13	12	15	27	33
股份合作企业	14	14		2	14		14
有限责任公司	32109	26910	5199	6169	19845	12264	25351
国有独资公司	11758	9122	2636	2065	7443	4315	9564
股份有限公司	3907	3012	895	1181	1901	2006	3287
私营企业	1527	1086	441	249	1071	456	1164
其他内资企业							
港、澳、台商投资企业	509	424	85	150	445	64	407
外商投资企业	821	539	282	178	693	128	724

3-2 大中型企业R&D人员

项 目	R&D人员合计(人)	#1.参加项目人员	2.管理和服务人员	#女性	#1.全时人员	2.非全时人员	R&D人员折合全时当量合计(人年)
总 计	**38502**	**31690**	**6812**	**8049**	**23685**	**14817**	**30811**
按控股情况分组							
国有控股	34537	28836	5701	7267	20959	13578	27569
集体控股	232	176	56	59	134	98	115
私人控股	3083	2135	948	609	2108	975	2728
港澳台商控股	53	50	3	12	43	10	26
外商控股	305	245	60	37	203	102	259
其他	292	248	44	65	238	54	114
按登记注册类型分组							
内资企业	37510	30987	6523	7800	22857	14653	29946
国有企业	1949	1407	542	543	1454	495	1644
集体企业	35	24	11	11	15	20	31
股份合作企业							0
有限责任公司	31141	26250	4891	5986	19186	11955	24587
国有独资公司	11758	9122	2636	2065	7443	4315	9564
股份有限公司	3763	2913	850	1163	1786	1977	3162
私营企业	622	393	229	97	416	206	522
港、澳、台商投资企业	462	388	74	141	409	53	391
外商投资企业	530	315	215	108	419	111	474

3-3 大型企业R&D人员

项　　目	R&D人员合计(人)	#1.参加项目人员	2.管理和服务人员	#女性	#1.全时人员	2.非全时人员	R&D人员折合全时当量合计(人年)
总　　计	**32455**	**27034**	**5421**	**6593**	**19563**	**12892**	**26302**
按控股情况分组							
国有控股	31611	26571	5040	6336	19043	12568	25521
集体控股							
私人控股	726	361	365	251	464	262	714
港澳台商控股							
外商控股	93	82	11	4	38	55	57
其他	25	20	5	2	18	7	10
按登记注册类型分组							
内资企业	32047	26687	5360	6482	19252	12795	25953
国有企业	1024	742	282	249	796	228	863
集体企业							
股份合作企业							
有限责任公司	27983	23621	4362	5294	17126	10857	22470
国有独资公司	11322	8753	2569	1931	7081	4241	9211
股份有限公司	3040	2324	716	939	1330	1710	2620
私营企业							
港、澳、台商投资企业	303	261	42	106	261	42	288
外商投资企业	105	86	19	5	50	55	61

3-4 中型企业R&D人员

项目	R&D人员合计(人)	#1.参加项目人员	2.管理和服务人员	#女性	#1.全时人员	2.非全时人员	R&D人员折合全时当量合计(人年)
总计	**6047**	**4656**	**1391**	**1456**	**4122**	**1925**	**4509**
按控股情况分组							
国有控股	2926	2265	661	931	1916	1010	2048
集体控股	232	176	56	59	134	98	115
私人控股	2357	1774	583	358	1644	713	2014
港澳台商控股	53	50	3	12	43	10	26
外商控股	212	163	49	33	165	47	202
其他	267	228	39	63	220	47	104
按登记注册类型分组							
内资企业	5463	4300	1163	1318	3605	1858	3993
国有企业	925	665	260	294	658	267	781
集体企业	35	24	11	11	15	20	31
股份合作企业							
有限责任公司	3158	2629	529	692	2060	1098	2117
国有独资公司	436	369	67	134	362	74	353
股份有限公司	723	589	134	224	456	267	542
私营企业	622	393	229	97	416	206	522
港、澳、台商投资企业	159	127	32	35	148	11	103
外商投资企业	425	229	196	103	369	56	413

3-5 小型企业R&D人员

项 目	R&D人员合计(人)	#1.参加项目人员	2.管理和服务人员	#女性	#1.全时人员	2.非全时人员	R&D人员折合全时当量合计(人年)
总 计	**2461**	**1797**	**664**	**453**	**1828**	**633**	**1892**
按控股情况分组							
国有控股	421	264	157	92	329	92	400
集体控股	92	82	10	19	77	15	82
私人控股	1815	1339	476	306	1314	501	1324
港澳台商控股	41	28	13	7	41		39
外商控股	56	51	5	22	56		32
其他	36	33	3	7	11	25	15
按登记注册类型分组							
内资企业	2123	1537	586	374	1518	605	1626
国有企业	85	66	19	18	75	10	79
集体企业	7	5	2	1	0	7	2
股份合作企业	14	14		2	14		14
有限责任公司	968	660	308	183	659	309	764
国有独资公司							
股份有限公司	144	99	45	18	115	29	125
私营企业	905	693	212	152	655	250	642
港、澳、台商投资企业	47	36	11	9	36	11	16
外商投资企业	291	224	67	70	274	17	250

3-6 按行业分企业R&D人员

行　业	R&D人员合计(人)	#1.参加项目人员	2.管理和服务人员	#女性	#1.全时人员	2.非全时人员	R&D人员折合全时当量合计(人年)
总　计	**40963**	**33487**	**7476**	**8502**	**25513**	**15450**	**32703**
采矿业	22449	19776	2673	3795	13153	9296	17784
煤炭开采和洗选业	22449	19776	2673	3795	13153	9296	17784
制造业	18208	13491	4717	4660	12305	5903	14706
农副食品加工业	51	41	10	10	46	5	50
食品制造业	118	99	19	24	98	20	45
饮料制造业	364	324	40	184	334	30	342
烟草制品业	46	41	5	33	46	0	44
纺织业	52	41	11	11	26	26	46
纺织服装、鞋、帽制造业	18	18		6	10	8	12
印刷业和记录媒介的复制	40	14	26	5	34	6	8
文教体育用品制造业	117	111	6	35	117		106
石油加工、炼焦及核燃料加工业	981	736	245	160	595	386	607
化学原料及化学制品制造业	2655	2145	510	760	1355	1300	2347
医药制造业	1353	862	491	521	938	415	953
橡胶制品业	159	125	34	61	101	58	113
塑料制品业	4	2	2		2	2	1
非金属矿物制品业	692	419	273	115	474	218	576
黑色金属冶炼及压延加工业	3434	2608	826	577	2177	1257	3103
有色金属冶炼及压延加工业	650	504	146	56	269	381	559
金属制品业	53	33	20	10	34	19	38
通用设备制造业	1129	884	245	365	973	156	774
专用设备制造业	3284	2191	1093	896	2309	975	2655
交通运输设备制造业	1125	826	299	264	845	280	745
电气机械及器材制造业	841	602	239	277	679	162	723
通信设备、计算机及其他电子设备制造业	543	434	109	172	393	150	360
仪器仪表及文化、办公用机械制造业	499	431	68	118	450	49	499
电力、燃气及水的生产和供应业	306	220	86	47	55	251	213
电力、热力的生产和供应业	306	220	86	47	55	251	213

3-7 按行业分大中型企业R&D人员

行业	R&D人员合计(人)	#1.参加项目人员	2.管理和服务人员	#女性	#1.全时人员	2.非全时人员	R&D人员折合全时当量合计(人年)
总　计	**38502**	**31690**	**6812**	**8049**	**23685**	**14817**	**30811**
采矿业	22370	19706	2664	3786	13095	9275	17716
煤炭开采和洗选业	22370	19706	2664	3786	13095	9275	17716
制造业	15829	11767	4062	4216	10538	5291	12883
农副食品加工业							
食品制造业	34	28	6	9	34		22
饮料制造业	356	318	38	182	332	24	336
烟草制品业	46	41	5	33	46		44
纺织业	24	24		2	8	16	24
纺织服装、鞋、帽制造业	18	18		6	10	8	12
印刷业和记录媒介的复制							
文教体育用品制造业	117	111	6	35	117		106
石油加工、炼焦及核燃料加工业	965	721	244	160	580	385	591
化学原料及化学制品制造业	2314	1882	432	701	1078	1236	2060
医药制造业	1112	682	430	447	796	316	790
橡胶制品业	132	111	21	58	76	56	86
塑料制品业							
非金属矿物制品业	344	171	173	55	222	122	294
黑色金属冶炼及压延加工业	3415	2594	821	575	2158	1257	3086
有色金属冶炼及压延加工业	631	488	143	52	255	376	540
金属制品业							
通用设备制造业	851	672	179	326	794	57	621
专用设备制造业	2760	1861	899	790	1879	881	2171
交通运输设备制造业	991	719	272	244	747	244	648
电气机械及器材制造业	820	585	235	275	665	155	719
通信设备、计算机及其他电子设备制造业	487	384	103	161	371	116	321
仪器仪表及文化、办公用机械制造业	412	357	55	105	370	42	412
电力、燃气及水的生产和供应业	303	217	86	47	52	251	212
电力、热力的生产和供应业	303	217	86	47	52	251	212

3-8 按行业分大型企业R&D人员

行业	R&D人员合计(人)	#1.参加项目人员	2.管理和服务人员	#女性	#1.全时人员	2.非全时人员	R&D人员折合全时当量合计(人年)
总计	**32455**	**27034**	**5421**	**6593**	**19563**	**12892**	**26302**
采矿业	22140	19500	2640	3768	12991	9149	17554
煤炭开采和洗选业	22140	19500	2640	3768	12991	9149	17554
制造业	10226	7457	2769	2812	6529	3697	8689
农副食品加工业							
食品制造业							
饮料制造业	301	275	26	154	301		301
烟草制品业							
纺织业							
纺织服装、鞋、帽制造业							
印刷业和记录媒介的复制							
文教体育用品制造业							
石油加工、炼焦及核燃料加工业	682	484	198	93	330	352	372
化学原料及化学制品制造业	2079	1704	375	655	958	1121	1891
医药制造业	468	187	281	219	457	11	468
橡胶制品业	26	26		16	8	18	15
塑料制品业							
非金属矿物制品业							
黑色金属冶炼及压延加工业	2848	2172	676	545	1637	1211	2524
有色金属冶炼及压延加工业	246	175	71	31	94	152	211
金属制品业							
通用设备制造业	212	189	23	75	206	6	96
专用设备制造业	2203	1460	743	689	1545	658	1916
交通运输设备制造业	564	358	206	163	462	102	334
电气机械及器材制造业	504	345	159	168	493	11	504
通信设备、计算机及其他电子设备制造业	93	82	11	4	38	55	57
仪器仪表及文化、办公用机械制造业							
电力、燃气及水的生产和供应业	89	77	12	13	43	46	59
电力、热力的生产和供应业	89	77	12	13	43	46	59

3-9 按行业分中型企业R&D人员

行　　业	R&D人员合计(人)	#1.参加项目人员	2.管理和服务人员	#女性	#1.全时人员	2.非全时人员	R&D人员折合全时当量合计(人年)
总　计	**6047**	**4656**	**1391**	**1456**	**4122**	**1925**	**4509**
采矿业	230	206	24	18	104	126	162
煤炭开采和洗选业	230	206	24	18	104	126	162
制造业	5603	4310	1293	1404	4009	1594	4194
农副食品加工业							
食品制造业	34	28	6	9	34		22
饮料制造业	55	43	12	28	31	24	35
烟草制品业	46	41	5	33	46	0	44
纺织业	24	24		2	8	16	24
纺织服装、鞋、帽制造业	18	18		6	10	8	12
印刷业和记录媒介的复制							
文教体育用品制造业	117	111	6	35	117		106
石油加工、炼焦及核燃料加工业	283	237	46	67	250	33	219
化学原料及化学制品制造业	235	178	57	46	120	115	169
医药制造业	644	495	149	228	339	305	322
橡胶制品业	106	85	21	42	68	38	71
塑料制品业							
非金属矿物制品业	344	171	173	55	222	122	294
黑色金属冶炼及压延加工业	567	422	145	30	521	46	562
有色金属冶炼及压延加工业	385	313	72	21	161	224	329
金属制品业							
通用设备制造业	639	483	156	251	588	51	525
专用设备制造业	557	401	156	101	334	223	255
交通运输设备制造业	427	361	66	81	285	142	314
电气机械及器材制造业	316	240	76	107	172	144	215
通信设备、计算机及其他电子设备制造业	394	302	92	157	333	61	264
仪器仪表及文化、办公用机械制造业	412	357	55	105	370	42	412
电力、燃气及水的生产和供应业	214	140	74	34	9	205	153
电力、热力的生产和供应业	214	140	74	34	9	205	153

3-10 按行业分小型企业R&D人员

行 业	R&D人员合计(人)	#1.参加项目人员	2.管理和服务人员	#女性	#1.全时人员	2.非全时人员	R&D人员折合全时当量合计(人年)
总 计	**2461**	**1797**	**664**	**453**	**1828**	**633**	**1892**
采矿业	79	70	9	9	58	21	68
煤炭开采和洗选业	79	70	9	9	58	21	68
制造业	2379	1724	655	444	1767	612	1823
农副食品加工业	51	41	10	10	46		50
食品制造业	84	71	13	15	64	20	23
饮料制造业	8	6	2	2	2	6	6
烟草制品业							
纺织业	28	17	11	9	18	10	22
纺织服装、鞋、帽制造业							
印刷业和记录媒介的复制	40	14	26	5	34	6	8
文教体育用品制造业							
石油加工、炼焦及核燃料加工业	16	15	1		15	1	16
化学原料及化学制品制造业	341	263	78	59	277	64	287
医药制造业	241	180	61	74	142	99	163
橡胶制品业	27	14	13	3	25	2	27
塑料制品业	4	2	2		2	2	1
非金属矿物制品业	348	248	100	60	252	96	282
黑色金属冶炼及压延加工业	**19**	**14**	**5**	**2**	**19**		**17**
有色金属冶炼及压延加工业	19	16	3	4	14	5	19
金属制品业	53	33	20	10	34	19	38
通用设备制造业	278	212	66	39	179	99	153
专用设备制造业	524	330	194	106	430	94	484
交通运输设备制造业	134	107	27	20	98	36	97
电气机械及器材制造业	21	17	4	2	14	7	4
通信设备、计算机及其他电子设备制造业	56	50	6	11	22	34	39
仪器仪表及文化、办公用机械制造业	87	74	13	13	80	7	87
电力、燃气及水的生产和供应业	3	3			3		1
电力、热力的生产和供应业	3	3			3		1

3-11 按行业分国有控股企业R&D人员

行　业	R&D人员合计(人)	#1.参加项目人员	2.管理和服务人员	#女性	#1.全时人员	2.非全时人员	R&D人员折合全时当量合计(人年)
总　计	**34958**	**29100**	**5858**	**7359**	**21288**	**13670**	**27969**
采矿业	22078	19491	2587	3754	13089	8989	17459
煤炭开采和洗选业	22078	19491	2587	3754	13089	8989	17459
制造业	12599	9414	3185	3561	8155	4444	10310
农副食品加工业							
食品制造业							
饮料制造业	301	275	26	154	301		301
烟草制品业	46	41	5	33	46		44
纺织业							
纺织服装、鞋、帽制造业							
印刷业和记录媒介的复制							
文教体育用品制造业							
石油加工、炼焦及核燃料加工业	657	464	193	91	312	345	362
化学原料及化学制品制造业	2300	1853	447	710	1157	1143	2124
医药制造业	457	356	101	165	204	253	207
橡胶制品业	74	74		46	23	51	31
塑料制品业	4	2	2		2	2	1
非金属矿物制品业	37	25	12	4	31	6	36
黑色金属冶炼及压延加工业	2848	2172	676	545	1637	1211	2524
有色金属冶炼及压延加工业	293	213	80	38	110	183	250
金属制品业	15	10	5	5	10	5	12
通用设备制造业	750	596	154	304	700	50	561
专用设备制造业	2672	1752	920	796	1893	779	2182
交通运输设备制造业	852	601	251	201	647	205	518
电气机械及器材制造业	715	495	220	257	580	135	670
通信设备、计算机及其他电子设备制造业	314	244	70	128	243	71	223
仪器仪表及文化、办公用机械制造业	264	241	23	84	259	5	264
电力、燃气及水的生产和供应业	281	195	86	44	44	237	200
电力、热力的生产和供应业	281	195	86	44	44	237	200

3-12 按行业分内资企业R&D人员

行业	R&D人员合计(人)	#1.参加项目人员	2.管理和服务人员	#女性	#1.全时人员	2.非全时人员	R&D人员折合全时当量合计(人年)
总计	**39633**	**32524**	**7109**	**8174**	**24375**	**15258**	**31572**
采矿业	22449	19776	2673	3795	13153	9296	17784
煤炭开采和洗选业	22449	19776	2673	3795	13153	9296	17784
制造业	16910	12552	4358	4335	11189	5721	13590
农副食品加工业	51	41	10	10	46	5	50
食品制造业	118	99	19	24	98	20	45
饮料制造业	364	324	40	184	334	30	342
烟草制品业	46	41	5	33	46		44
纺织业	52	41	11	11	26	26	46
纺织服装、鞋、帽制造业	18	18		6	10	8	12
印刷业和记录媒介的复制	40	14	26	5	34	6	8
文教体育用品制造业	117	111	6	35	117		106
石油加工、炼焦及核燃料加工业	882	654	228	138	507	375	508
化学原料及化学制品制造业	2480	2019	461	723	1181	1299	2172
医药制造业	1297	811	486	499	882	415	921
橡胶制品业	131	114	17	57	73	58	88
塑料制品业	4	2	2		2	2	1
非金属矿物制品业	489	368	121	64	282	207	402
黑色金属冶炼及压延加工业	3434	2608	826	577	2177	1257	3103
有色金属冶炼及压延加工业	650	504	146	56	269	381	559
金属制品业	53	33	20	10	34	19	38
通用设备制造业	1107	862	245	361	968	139	766
专用设备制造业	2977	1927	1050	790	2044	933	2366
交通运输设备制造业	1033	753	280	229	762	271	655
电气机械及器材制造业	781	557	224	264	619	162	719
通信设备、计算机及其他电子设备制造业	450	352	98	168	355	95	303
仪器仪表及文化、办公用机械制造业	336	299	37	91	323	13	336
电力、燃气及水的生产和供应业	274	196	78	44	33	241	198
电力、热力的生产和供应业	274	196	78	44	33	241	198

3-13 按行业分国有企业R&D人员

行业	R&D人员合计(人)	#1.参加项目人员	2.管理和服务人员	#女性	#1.全时人员	2.非全时人员	R&D人员折合全时当量合计(人年)
总　计	**2034**	**1473**	**561**	**561**	**1529**	**505**	**1723**
采矿业	13	11	2		5	8	5
煤炭开采和洗选业	13	11	2		5	8	5
制造业	1758	1277	481	519	1492	266	1526
农副食品加工业							
食品制造业							
饮料制造业							
烟草制品业							
纺织业							
纺织服装、鞋、帽制造业							
印刷业和记录媒介的复制							
文教体育用品制造业							
石油加工、炼焦及核燃料加工业							
化学原料及化学制品制造业							
医药制造业							
橡胶制品业							
塑料制品业	4	2	2		2	2	1
非金属矿物制品业	29	17	12	3	26	3	29
黑色金属冶炼及压延加工业	230	124	106	12	117	113	177
有色金属冶炼及压延加工业							
金属制品业	15	10	5	5	10	5	12
通用设备制造业	543	416	127	230	523	20	516
专用设备制造业	257	206	51	59	160	97	112
交通运输设备制造业	62	50	12	10	50	12	62
电气机械及器材制造业	507	347	160	169	494	13	506
通信设备、计算机及其他电子设备制造业	74	68	6	21	73	1	74
仪器仪表及文化、办公用机械制造业	37	37		10	37		37
电力、燃气及水的生产和供应业	263	185	78	42	32	231	192
电力、热力的生产和供应业	263	185	78	42	32	231	192

3-14　按行业分港澳台商投资企业R&D人员

行　　业	R&D人员合计(人)	#1.参加项目人员	2.管理和服务人员	#女性	#1.全时人员	2.非全时人员	R&D人员折合全时当量合计(人年)
总　　计	**509**	**424**	**85**	**150**	**445**	**64**	**407**
采矿业							
煤炭开采和洗选业							
制造业	506	421	85	150	442	64	406
农副食品加工业							
食品制造业							
饮料制造业							
烟草制品业							
纺织业							
纺织服装、鞋、帽制造业							
印刷业和记录媒介的复制							
文教体育用品制造业							
石油加工、炼焦及核燃料加工业	99	82	17	22	88	11	99
化学原料及化学制品制造业							
医药制造业							
橡胶制品业							
塑料制品业							
非金属矿物制品业	44	33	11	9	33	11	15
黑色金属冶炼及压延加工业							
有色金属冶炼及压延加工业							
金属制品业							
通用设备制造业							
专用设备制造业	303	261	42	106	261	42	288
交通运输设备制造业							
电气机械及器材制造业	60	45	15	13			4
通信设备、计算机及其他电子设备制造业							
仪器仪表及文化、办公用机械制造业							
电力、燃气及水的生产和供应业	3	3					1
电力、热力的生产和供应业	3	3					1

3-15 按行业分外商投资企业R&D人员

行业	R&D人员合计(人)	#1.参加项目人员	2.管理和服务人员	#女性	#1.全时人员	2.非全时人员	R&D人员折合全时当量合计(人年)
总　计	**821**	**539**	**282**	**178**	**693**	**128**	**724**
采矿业							
煤炭开采和洗选业							
制造业	792	518	274	175	674	118	710
农副食品加工业							
食品制造业							
饮料制造业							
烟草制品业							
纺织业							
纺织服装、鞋、帽制造业							
印刷业和记录媒介的复制							
文教体育用品制造业							
石油加工、炼焦及核燃料加工业							
化学原料及化学制品制造业	175	126	49	37	174	1	175
医药制造业	56	51	5	22	56		32
橡胶制品业	28	11	17	4	28		25
塑料制品业							
非金属矿物制品业	159	18	141	42	159		159
黑色金属冶炼及压延加工业							
有色金属冶炼及压延加工业							
金属制品业							
通用设备制造业	22	22		4	5	17	8
专用设备制造业	4	3	1		4		1
交通运输设备制造业	92	73	19	35	83	9	90
电气机械及器材制造业							
通信设备、计算机及其他电子设备制造业	93	82	11	4	38	55	57
仪器仪表及文化、办公用机械制造业	163	132	31	27	127	36	163
电力、燃气及水的生产和供应业	29	21	8	3	19	10	14
电力、热力的生产和供应业	29	21	8	3	19	10	14

3-16 各地区企业R&D人员

地　区	R&D人员合计(人)	#1.参加项目人员	2.管理和服务人员	#女性	#1.全时人员	2.非全时人员	R&D人员折合全时当量合计(人年)
总　计	**40963**	**33487**	**7476**	**8502**	**25513**	**15450**	**32703**
太原市	11963	9895	2068	2200	5951	6012	9867
大同市	7990	7135	855	2657	7234	756	7608
阳泉市	3708	3114	594	174	1504	2204	1404
长治市	6562	4932	1630	904	3613	2949	5706
晋城市	2718	2215	503	544	1966	752	1625
朔州市	169	146	23	19	84	85	140
晋中市	2469	1982	487	535	2000	469	2072
运城市	2967	2256	711	957	1637	1330	2759
忻州市	111	78	33	22	82	29	110
临汾市	1341	1025	316	261	679	662	765
吕梁市	965	709	256	229	763	202	647

3-17 各地区大中型企业R&D人员

地　区	R&D人员合计(人)	#1.参加项目人员	2.管理和服务人员	#女性	#1.全时人员	2.非全时人员	R&D人员折合全时当量合计(人年)
总　计	38502	31690	6812	8049	23685	14817	30811
太原市	10920	9156	1764	1977	5106	5814	9070
大同市	7779	6977	802	2617	7029	750	7397
阳泉市	3570	3018	552	158	1435	2135	1317
长治市	6363	4813	1550	873	3481	2882	5539
晋城市	2697	2211	486	539	1962	735	1604
朔州市	159	140	19	17	75	84	132
晋中市	1829	1459	370	421	1553	276	1591
运城市	2904	2198	706	948	1600	1304	2714
忻州市	105	74	31	21	77	28	104
临汾市	1262	969	293	257	655	607	731
吕梁市	914	675	239	221	712	202	612

3-18 各地区大型企业R&D人员

地　区	R&D人员合计(人)	#1.参加项目人员	2.管理和服务人员	#女性	#1.全时人员	2.非全时人员	R&D人员折合全时当量合计(人年)
总　计	32455	27034	5421	6593	19563	12892	26302
太原市	8816	7510	1306	1373	3692	5124	7763
大同市	7742	6950	792	2610	7018	724	7369
阳泉市	3287	2792	495	114	1329	1958	1106
长治市	5810	4391	1419	658	3076	2734	5052
晋城市	2609	2144	465	505	1913	696	1545
朔州市	103	85	18	12	67	36	95
晋中市	402	340	62	110	320	82	356
运城市	2138	1611	527	836	1260	878	2103
忻州市							
临汾市	917	677	240	165	361	556	551
吕梁市	631	534	97	210	527	104	362

3-19 各地区中型企业R&D人员

地　区	R&D人员合计(人)	#1.参加项目人员	2.管理和服务人员	#女性	#1.全时人员	2.非全时人员	R&D人员折合全时当量合计(人年)
总　计	6047	4656	1391	1456	4122	1925	4509
太原市	2104	1646	458	604	1414	690	1307
大同市	37	27	10	7	11	26	28
阳泉市	283	226	57	44	106	177	211
长治市	553	422	131	215	405	148	487
晋城市	88	67	21	34	49	39	59
朔州市	56	55	1	5	8	48	37
晋中市	1427	1119	308	311	1233	194	1235
运城市	766	587	179	112	340	426	611
忻州市	105	74	31	21	77	28	104
临汾市	345	292	53	92	294	51	180
吕梁市	283	141	142	11	185	98	250

3-20 各地区小型企业R&D人员

地　区	R&D人员合计(人)	#1.参加项目人员	2.管理和服务人员	#女性	#1.全时人员	2.非全时人员	R&D人员折合全时当量合计(人年)
总　计	2461	1797	664	453	1828	633	1892
太原市	1043	739	304	223	845	198	797
大同市	211	158	53	40	205	6	211
阳泉市	138	96	42	16	69	69	87
长治市	199	119	80	31	132	67	167
晋城市	21	4	17	5	4	17	21
朔州市	10	6	4	2	9	1	8
晋中市	640	523	117	114	447	193	481
运城市	63	58	5	9	37	26	45
忻州市	6	4	2	1	5	1	6
临汾市	79	56	23	4	24	55	34
吕梁市	51	34	17	8	51		35

3-21 各地区国有控股企业R&D人员

地　区	R&D人员合计(人)	#1.参加项目人员	2.管理和服务人员	#女性	#1.全时人员	2.非全时人员	R&D人员折合全时当量合计(人年)
总　计	34958	29100	5858	7359	21288	13670	27969
太原市	10559	8809	1750	1935	4910	5649	8873
大同市	7919	7075	844	2649	7190	729	7546
阳泉市	3437	2899	538	153	1395	2042	1209
长治市	5905	4499	1406	772	3276	2629	5122
晋城市	2565	2108	457	503	1917	648	1535
朔州市	142	123	19	15	68	74	122
晋中市	933	766	167	304	769	164	793
运城市	1823	1504	319	645	803	1020	1749
忻州市	13	9	4	3	9	4	12
临汾市	941	697	244	170	379	562	557
吕梁市	721	611	110	210	572	149	451

3-22 各地区内资企业R&D人员

地区	R&D人员合计(人)	#1.参加项目人员	2.管理和服务人员	#女性	#1.全时人员	2.非全时人员	R&D人员折合全时当量合计(人年)
总计	39633	32524	7109	8174	24375	15258	31572
太原市	11693	9675	2018	2144	5718	5975	9621
大同市	7793	6986	807	2620	7037	756	7411
阳泉市	3708	3114	594	174	1504	2204	1404
长治市	6534	4921	1613	900	3585	2949	5681
晋城市	2660	2168	492	540	1963	697	1603
朔州市	149	126	23	17	74	75	129
晋中市	1852	1584	268	355	1447	405	1507
运城市	2945	2234	711	953	1632	1313	2751
忻州市	111	78	33	22	82	29	110
临汾市	1223	929	294	220	570	653	708
吕梁市	965	709	256	229	763	202	647

3-23 各地区国有企业R&D人员

地区	R&D人员合计(人)	#1.参加项目人员	2.管理和服务人员	#女性	#1.全时人员	2.非全时人员	R&D人员折合全时当量合计(人年)
总计	2034	1473	561	561	1529	505	1723
太原市	397	303	94	107	325	72	356
大同市	54	52	2	15	48	6	54
阳泉市							
长治市	417	287	130	59	239	178	278
晋城市							
朔州市	33	32	1	2	1	32	23
晋中市	471	370	101	182	419	52	390
运城市	657	425	232	196	493	164	618
忻州市	5	4	1		4	1	4
临汾市							
吕梁市							

3-24 各地区港澳台商投资企业R&D人员

地　　区	R&D人员合计(人)	#1.参加项目人员	2.管理和服务人员	#女性	#1.全时人员	2.非全时人员	R&D人员折合全时当量合计(人年)
总　　计	509	424	85	150	445	64	407
太 原 市							
大 同 市							
阳 泉 市							
长 治 市							
晋 城 市							
朔 州 市	3	3			3		1
晋 中 市	446	376	70	137	382	64	402
运 城 市							
忻 州 市							
临 汾 市	60	45	15	13	60		4
吕 梁 市							

3-25 各地区外商投资企业R&D人员

地　　区	R&D人员合计(人)	#1.参加项目人员	2.管理和服务人员	#女性	#1.全时人员	2.非全时人员	R&D人员折合全时当量合计(人年)
总　　计	821	539	282	178	693	128	724
太 原 市	270	220	50	56	233	37	246
大 同 市	197	149	48	37	197		197
阳 泉 市							
长 治 市	28	11	17	4	28		25
晋 城 市	58	47	11	4	3	55	22
朔 州 市	17	17		2	7	10	10
晋 中 市	171	22	149	43	171		163
运 城 市	22	22		4	5	17	8
忻 州 市							
临 汾 市	58	51	7	28	49	9	53
吕 梁 市							

3-26 各地区分行业企业R&D人员

地　区	采矿业						
	R&D人员合计(人)	#1.参加项目人员	2.管理和服务人员	#女性	#1.全时人员	2.非全时人　员	R&D人员折合全时当量合计(人年)
总　　计	**22449**	**19776**	**2673**	**3795**	**13153**	**9296**	**17784**
太 原 市	4279	4185	94	292	837	3442	3784
大 同 市	7066	6517	549	2435	6382	684	6876
阳 泉 市	3293	2798	495	114	1331	1962	1111
长 治 市	4307	3367	940	351	2211	2096	3901
晋 城 市	2551	2097	454	501	1910	641	1523
朔 州 市	103	85	18	12	67	36	95
晋 中 市	270	244	26	28	140	130	186
运 城 市							
忻 州 市	5	4	1		4	1	4
临 汾 市	155	143	12	6	0	155	154
吕 梁 市	420	336	84	56	271	149	150

3-26 续表 1

地　区	制造业						
	R&D人员合计(人)	#1.参加项目人员	2.管理和服务人员	#女性	#1.全时人员	2.非全时人　员	R&D人员折合全时当量合计(人年)
总　　计	**18208**	**13491**	**4717**	**4660**	**12305**	**5903**	**14706**
太 原 市	7607	5637	1970	1896	5083	2524	6028
大 同 市	924	618	306	222	852	72	732
阳 泉 市	415	316	99	60	173	242	293
长 治 市	2250	1560	690	552	1401	849	1803
晋 城 市	167	118	49	43	56	111	102
朔 州 市	7	3	4	2	6	1	7
晋 中 市	2187	1734	453	506	1848	339	1882
运 城 市	2814	2176	638	929	1637	1177	2645
忻 州 市	106	74	32	22	78	28	106
临 汾 市	1186	882	304	255	679	507	611
吕 梁 市	545	373	172	173	492	53	497

3-26 续表 2

地区	农副食品加工业						
	R&D人员合计(人)	#1.参加项目人员	2.管理和服务人员	#女性	#1.全时人员	2.非全时人员	R&D人员折合全时当量合计(人年)
总计	**51**	**41**	**10**	**10**	**46**	**5**	**50**
太原市	40	30	10	7	40		40
大同市							
阳泉市	7	7		2	5	2	7
长治市							
晋城市							
朔州市							
晋中市	4	4		1	1	3	3
运城市							
忻州市							
临汾市							
吕梁市							

3-26 续表 3

地区	食品制造业						
	R&D人员合计(人)	#1.参加项目人员	2.管理和服务人员	#女性	#1.全时人员	2.非全时人员	R&D人员折合全时当量合计(人年)
总计	**118**	**99**	**19**	**24**	**98**	**20**	**45**
太原市	111	92	19	24	96	15	41
大同市							
阳泉市							
长治市							
晋城市							
朔州市							
晋中市	7	7			2	5	4
运城市							
忻州市							
临汾市							
吕梁市							

3–26 续表 4

地 区	饮料制造业						
	R&D人员合计(人)	#1.参加项目人员	2.管理和服务人员	#女性	#1.全时人员	2.非全时人员	R&D人员折合全时当量合计(人年)
总 计	**364**	**324**	**40**	**184**	**334**	**30**	**342**
太 原 市							
大 同 市							
阳 泉 市							
长 治 市							
晋 城 市	55	43	12	28	31	24	35
朔 州 市							
晋 中 市							
运 城 市	8	6	2	2	2	6	6
忻 州 市							
临 汾 市							
吕 梁 市	301	275	26	154	301		301

3–26 续表 5

地 区	烟草制品业						
	R&D人员合计(人)	#1.参加项目人员	2.管理和服务人员	#女性	#1.全时人员	2.非全时人员	R&D人员折合全时当量合计(人年)
总 计	**46**	**41**	**5**	**33**	**46**		**44**
太 原 市	46	41	5	33	46		44
大 同 市							
阳 泉 市							
长 治 市							
晋 城 市							
朔 州 市							
晋 中 市							
运 城 市							
忻 州 市							
临 汾 市							
吕 梁 市							

3-26 续表 6

地 区	纺织业						
	R&D人员合计(人)	#1.参加项目人员	2.管理和服务人员	#女性	#1.全时人员	2.非全时人员	R&D人员折合全时当量合计(人年)
总 计	**52**	**41**	**11**	**11**	**26**	**26**	**46**
太原市	24	14	10	7	18	6	20
大同市							
阳泉市							
长治市							
晋城市							
朔州市							
晋中市	4	3	1	2		4	2
运城市	24	24		2	8	16	24
忻州市							
临汾市							
吕梁市							

3-26 续表 7

地 区	纺织服装、鞋、帽制造业					
	R&D人员合计(人)	#1.参加项目人员	2.管理和服务人员	#1.全时人员	2.非全时人员	R&D人员折合全时当量合计(人年)
总 计	**18**	**18**	**6**	**10**	**8**	**12**
太原市						
大同市						
阳泉市						
长治市						
晋城市						
朔州市						
晋中市						
运城市	18	18	6	10	8	12
忻州市						
临汾市						
吕梁市						

3-26 续表8

地　区	印刷业和记录媒介的复制						
	R&D人员合计(人)	#1.参加项目人员	2.管理和服务人员	#女性	#1.全时人员	2.非全时人员	R&D人员折合全时当量合计(人年)
总　计	**40**	**14**	**26**	**5**	**34**	**6**	**8**
太原市	40	14	26	5	34	6	8
大同市							
阳泉市							
长治市							
晋城市							
朔州市							
晋中市							
运城市							
忻州市							
临汾市							
吕梁市							

3-26 续表9

地　区	文教体育用品制造业						
	R&D人员合计(人)	#1.参加项目人员	2.管理和服务人员	#女性	#1.全时人员	2.非全时人员	R&D人员折合全时当量合计(人年)
总　计	**117**	**111**	**6**	**35**	**117**		**106**
太原市							
大同市							
阳泉市							
长治市	117	111	6	35	117		106
晋城市							
朔州市							
晋中市							
运城市							
忻州市							
临汾市							
吕梁市							

3-26　续表 10

地　区	石油加工、炼焦及核燃料加工业						
	R&D人员合计(人)	#1.参加项目人员	2.管理和服务人员	#女性	#1.全时人员	2.非全时人　员	R&D人员折合全时当量合计(人年)
总　计	**981**	**736**	**245**	**160**	**595**	**386**	**607**
太原市	374	254	120	55	203	171	329
大同市							
阳泉市	18	14	4	2	11	7	18
长治市	16	15	1		15	1	16
晋城市	189	154	35	32	156	33	174
朔州市							
晋中市							
运城市	384	299	85	71	210	174	70
忻州市							
临汾市							
吕梁市							

3-26　续表 11

地　区	化学原料及化学制品制造业						
	R&D人员合计(人)	#1.参加项目人员	2.管理和服务人员	#女性	#1.全时人员	2.非全时人　员	R&D人员折合全时当量合计(人年)
总　计	**2655**	**2145**	**510**	**760**	**1355**	**1300**	**2347**
太原市	217	125	92	50	178	39	187
大同市	350	253	97	75	349	1	350
阳泉市	99	46	53	29	62	37	91
长治市	603	438	165	94	290	313	437
晋城市	67	67		9	47	20	51
朔州市	982	966	16	430	255	727	964
晋中市	33	20	13	9	17	16	33
运城市	278	204	74	64	151	127	231
忻州市	26	26			6	20	3
临汾市							
吕梁市							

3-26　续表 12

地　区	医药制造业						
	R&D人员合计(人)	#1.参加项目人员	2.管理和服务人员	#女性	#1.全时人员	2.非全时人　员	R&D人员折合全时当量合计(人年)
总　计	**1353**	**862**	**491**	**521**	**938**	**415**	**953**
太原市	348	255	93	106	133	215	77
大同市	45	40	5	3	30	15	36
阳泉市							
长治市	304	224	80	146	201	103	259
晋城市							
朔州市							
晋中市	91	85	6	36	51	40	57
运城市	487	205	282	222	472	15	487
忻州市							
临汾市	27	19	8			27	2
吕梁市	51	34	17	8	51		35

3-26　续表 13

地　区	橡胶制品业						
	R&D人员合计(人)	#1.参加项目人员	2.管理和服务人员	#女性	#1.全时人员	2.非全时人　员	R&D人员折合全时当量合计(人年)
总　计	**159**	**125**	**34**	**61**	**101**	**58**	**113**
太原市	74	74		46	23	51	31
大同市							
阳泉市							
长治市	55	25	30	7	53	2	52
晋城市							
朔州市							
晋中市							
运城市							
忻州市	30	26	4	8	25	5	30
临汾市							
吕梁市							

3-26　续表 14

地　区	塑料制品业						
	R&D人员合计(人)	#1.参加项目人员	2.管理和服务人员	#女性	#1.全时人员	2.非全时人　员	R&D人员折合全时当量合计(人年)
总　计	**4**	**2**	**2**		**2**	**2**	**1**
太原市	4	2	2		2	2	1
大同市							
阳泉市							
长治市							
晋城市							
朔州市							
晋中市							
运城市							
忻州市							
临汾市							
吕梁市							

3-26　续表 15

地　区	非金属矿物制品业						
	R&D人员合计(人)	#1.参加项目人员	2.管理和服务人员	#女性	#1.全时人员	2.非全时人　员	R&D人员折合全时当量合计(人年)
总　计	**692**	**419**	**273**	**115**	**474**	**218**	**576**
太原市	93	64	29	21	74	19	62
大同市							
阳泉市	169	145	24	7	54	115	138
长治市	41	15	26	3	14	27	41
晋城市	6	2	4	1		6	6
朔州市	7	3	4	2	6	1	7
晋中市	349	177	172	74	311	38	298
运城市	21	9	12	6	10	11	18
忻州市	6	4	2	1	5	1	6
临汾市							
吕梁市							

3-26 续表16

地 区	黑色金属冶炼及压延加工业						
	R&D人员合计(人)	#1.参加项目人员	2.管理和服务人员	#女性	#1.全时人员	2.非全时人 员	R&D人员折合全时当量合计(人年)
总 计	**3434**	**2608**	**826**	**577**	**2177**	**1257**	**3103**
太 原 市	2531	1975	556	503	1458	1073	2351
大 同 市							
阳 泉 市							
长 治 市	230	124	106	12	117	113	177
晋 城 市							
朔 州 市							
晋 中 市	407	391	16	20	394	13	407
运 城 市							
忻 州 市							
临 汾 市	106	87	19	32	81	25	13
吕 梁 市	160	31	129	10	127	33	155

3-26 续表 17

地 区	有色金属冶炼及压延加工业						
	R&D人员合计(人)	#1.参加项目人员	2.管理和服务人员	#女性	#1.全时人员	2.非全时人 员	R&D人员折合全时当量合计(人年)
总 计	**650**	**504**	**146**	**56**	**269**	**381**	**559**
太 原 市	19	16	3	4	14	5	19
大 同 市							
阳 泉 市	27	21	6	2	7	20	27
长 治 市							
晋 城 市							
朔 州 市							
晋 中 市							
运 城 市	586	450	136	47	236	350	507
忻 州 市							
临 汾 市	11	10	1	2	5	6	3
吕 梁 市	7	7		1	7		3

3-26 续表 18

地　区	金属制品业						
	R&D人员合计(人)	#1.参加项目人员	2.管理和服务人员	#女性	#1.全时人员	2.非全时人　员	R&D人员折合全时当量合计(人年)
总　计	**53**	**33**	**20**	**10**	**34**	**19**	**38**
太原市	22	15	7	6	10	12	14
大同市							
阳泉市							
长治市	16	10	6	3	16		9
晋城市							
朔州市							
晋中市							
运城市							
忻州市							
临汾市	15	8	7	1	8	7	15
吕梁市							

3-26 续表 19

地　区	通用设备制造业						
	R&D人员合计(人)	#1.参加项目人员	2.管理和服务人员	#女性	#1.全时人员	2.非全时人　员	R&D人员折合全时当量合计(人年)
总　计	**1129**	**884**	**245**	**365**	**973**	**156**	**774**
太原市	275	198	77	108	269	6	145
大同市	54	52	2	15	48	6	54
阳泉市	95	83	12	18	34	61	12
长治市	84	52	32	17	59	25	59
晋城市							
朔州市							
晋中市	481	388	93	184	454	27	417
运城市	102	86	16	21	82	20	49
忻州市	29	19	10	1	26	3	29
临汾市	9	6	3	1	1	8	9
吕梁市							

3-26 续表20

地区	专用设备制造业						
	R&D人员合计(人)	#1.参加项目人员	2.管理和服务人员	#女性	#1.全时人员	2.非全时人员	R&D人员折合全时当量合计(人年)
总计	**3284**	**2191**	**1093**	**896**	**2309**	**975**	**2655**
太原市	1855	1199	656	508	1358	497	1467
大同市							
阳泉市							
长治市	670	462	208	201	458	212	537
晋城市	35	15	20	7	11	24	33
朔州市							
晋中市	521	396	125	140	400	121	436
运城市	19	16	3	2	6	13	11
忻州市	8	5	3	3	5	3	8
临汾市	176	98	78	35	71	105	163
吕梁市							

3-26 续表21

地区	交通运输设备制造业						
	R&D人员合计(人)	#1.参加项目人员	2.管理和服务人员	#女性	#1.全时人员	2.非全时人员	R&D人员折合全时当量合计(人年)
总计	**1125**	**826**	**299**	**264**	**845**	**280**	**745**
太原市	468	388	80	90	296	172	314
大同市	475	273	202	129	425	50	292
阳泉市							
长治市							
晋城市	13	11	2	3	11	2	6
朔州市							
晋中市	67	62	5	8	32	35	33
运城市							
忻州市							
临汾市	102	92	10	34	81	21	100
吕梁市							

3–26　续表 22

地　　区	电气机械及器材制造业						
	R&D人员合计(人)	#1.参加项目人员	2.管理和服务人员	#女性	#1.全时人员	2.非全时人　员	R&D人员折合全时当量合计(人年)
总　　计	**841**	**602**	**239**	**277**	**679**	**162**	**723**
太 原 市	145	114	31	60	54	91	104
大 同 市							
阳 泉 市							
长 治 市	114	84	30	34	61	53	110
晋 城 市							
朔 州 市							
晋 中 市							
运 城 市	504	345	159	168	493	11	504
忻 州 市							
临 汾 市	78	59	19	15	71	7	5
吕 梁 市							

3–26　续表 23

地　　区	通信设备、计算机及其他电子设备制造业						
	R&D人员合计(人)	#1.参加项目人员	2.管理和服务人员	#女性	#1.全时人员	2.非全时人　员	R&D人员折合全时当量合计(人年)
总　　计	**543**	**434**	**109**	**172**	**393**	**150**	**360**
太 原 市	422	336	86	145	327	95	275
大 同 市							
阳 泉 市							
长 治 市							
晋 城 市	58	47	11	4	3	55	22
朔 州 市							
晋 中 市							
运 城 市	63	51	12	23	63		63
忻 州 市							
临 汾 市							
吕 梁 市							

3–26 续表 24

地 区	仪器仪表及文化、办公用机械制造业						
	R&D人员合计(人)	#1.参加项目人员	2.管理和服务人员	#女性	#1.全时人员	2.非全时人员	R&D人员折合全时当量合计(人年)
总 计	**499**	**431**	**68**	**118**	**450**	**49**	**499**
太原市	499	431	68	118	450	49	499
大同市							
阳泉市							
长治市							
晋城市							
朔州市							
晋中市							
运城市							
忻州市							
临汾市							
吕梁市							

3–26 续表 25

地 区	电力、燃气及水的生产和供应业						
	R&D人员合计(人)	#1.参加项目人员	2.管理和服务人员	#女性	#1.全时人员	2.非全时人员	R&D人员折合全时当量合计(人年)
总 计	**306**	**220**	**86**	**47**	**55**	**251**	**213**
太原市	77	73	4	12	31	46	55
大同市							
阳泉市							
长治市	5	5		1	1	4	2
晋城市							
朔州市	59	58	1	5	11	48	38
晋中市	12	4	8	1	12		4
运城市	153	80	73	28		153	114
忻州市							
临汾市							
吕梁市							

4-1-1 企业R&D经费内部支出

单位：万元

项目	R&D经费内部支出	经常费支出	#人员劳务费	资产性支出	#仪器设备	#政府资金	企业资金
总计	**603934**	**499753**	**117472**	**104180**	**99815**	**22770**	**577811**
按企业规模分组							
大中型企业	572980	471789	111966	101191	97157	20570	549235
大型企业	488646	405448	96643	83198	79588	16067	471121
中型企业	84334	66341	15323	17994	17569	4504	78113
小型企业	30953	27964	5506	2989	2657	cx	28576
按控股情况分组							
国有控股	521062	434306	104255	86756	82870	17466	500421
集体控股	5116	4403	1315	713	703	283	4832
私人控股	66089	50088	10503	16001	15593	4225	61686
港澳台商控股	1595	1518	130	77	19	30	1565
外商控股	3154	2995	749	159	159	612	2541
其他	6919	6443	520	476	470	154	6765
按登记注册类型分组							
内资企业	590296	490851	115034	99445	95137	21644	565300
国有企业	22005	20408	4778	1597	1422	399	21607
集体企业	459	413	204	46	45		459
股份合作企业	130	98	58	32	32		130
有限责任公司	478037	402958	95352	75079	71538	17397	457415
国有独资公司	299237	251178	45408	48060	45010	7315	290192
股份有限公司	62562	42241	10459	20321	19816	1056	61506
私营企业	27103	24733	4183	2369	2284	2792	24183
港、澳、台商投资企业	8218	3781	1092	4437	4437	424	7794
外商投资企业	5420	5121	1346	299	241	702	4718

4-1-2 大中型企业R&D经费内部支出

单位：万元

项　　目	R&D经费内部支出	经常费支　出	#人员劳务费	资产性支　出	#仪器设备	#政府资金	企业资金
总　　计	**572980**	**471789**	**111966**	**101191**	**97157**	**20570**	**549235**
按控股情况分组							
国有控股	519307	432831	103459	86477	82726	17376	498757
集体控股	3996	3656	1060	340	333	147	3849
私人控股	39648	25830	6250	13818	13547	2324	37324
港澳台商控股	486	483	75	3	3		486
外商控股	2756	2597	649	159	159	570	2186
其他	6787	6392	474	395	389	154	6634
按登记注册类型分组							
内资企业	561144	464535	109805	96609	92575	19516	538453
国有企业	21422	20104	4609	1318	1277	377	21045
集体企业	439	393	195	46	45		439
股份合作企业							
有限责任公司	469233	395425	93366	73808	70324	16434	449624
国有独资公司	299237	251178	45408	48060	45010	7315	290192
股份有限公司	60807	40627	9840	20180	19677	923	59884
私营企业	9242	7985	1795	1257	1252	1782	7461
港、澳、台商投资企业	8137	3716	1071	4421	4421	424	7713
外商投资企业	3700	3538	1091	161	161	630	3069

4-1-3 大型企业R&D经费内部支出

单位：万元

项目	R&D经费内部支出	经常费支出	#人员劳务费	资产性支出	#仪器设备	#政府资金	企业资金
总计	**488646**	**405448**	**96643**	**83198**	**79588**	**16067**	**471121**
按控股情况分组							
国有控股	484041	401153	95289	82888	79289	16000	466584
集体控股							
私人控股	4227	3995	1218	232	222	56	4171
港澳台商控股							
外商控股	287	287	131			3	283
其他	91	14	6	78	78	7	84
按登记注册类型分组							
内资企业	484710	402654	95924	82055	78446	15639	467613
国有企业	15653	15478	2506	175	173	247	15406
集体企业							
股份合作企业							
有限责任公司	418353	354905	85167	63447	60100	14974	401921
国有独资公司	292654	244708	43762	47945	44895	6792	285848
股份有限公司	50704	32271	8251	18433	18173	418	50286
私营企业							
港、澳、台商投资企业	3626	2487	579	1140	1140	424	3202
外商投资企业	310	307	139	2	2	3	306

4-1-4 中型企业R&D经费内部支出

单位：万元

项　　目	R&D经费内部支出	经常费支　出	#人员劳务费	资产性支　出	#仪器设备	#政府资金	企业资金
总　　计	**84334**	**66341**	**15323**	**17994**	**17569**	**4504**	**78113**
按控股情况分组							
国有控股	35266	31678	8170	3588	3436	1376	32173
集体控股	3996	3656	1060	340	333	147	3849
私人控股	35421	21835	5033	13587	13326	2268	33154
港澳台商控股	486	483	75	3	3		486
外商控股	2470	2311	519	159	159	567	1903
其他	6696	6379	468	317	312	146	6550
按登记注册类型分组							
内资企业	76434	61881	13880	14554	14129	3877	70840
国有企业	5769	4626	2104	1142	1104	130	5639
集体企业	439	393	195	46	45		439
股份合作企业							
有限责任公司	50880	40520	8199	10360	10224	1460	47703
国有独资公司	6584	6469	1645	114	114	522	4344
股份有限公司	10103	8356	1589	1748	1504	505	9598
私营企业	9242	7985	1795	1257	1252	1782	7461
港、澳、台商投资企业	4511	1230	491	3281	3281		4511
外商投资企业	3390	3231	952	159	159	627	2763

4-1-5 小型企业R&D经费内部支出

单位：万元

项　目	R&D经费内部支出	经常费支　出	#人员劳务费	资产性支　出	#仪器设备	#政府资金	企业资金
总　计	**30953**	**27964**	**5506**	**2989**	**2657**	**2200**	**28576**
按控股情况分组							
国有控股	1755	1476	797	279	145	90	1664
集体控股	1120	747	255	373	370	136	984
私人控股	26441	24259	4253	2182	2046	1902	24362
港澳台商控股	1109	1035	55	74	16	30	1079
外商控股	397	397	100			42	355
其他	131	50	47	81	81		131
按登记注册类型分组							
内资企业	29152	26317	5229	2836	2562	2128	26847
国有企业	583	304	168	279	145	21	562
集体企业	20	20	10				20
股份合作企业	130	98	58	32	32		130
有限责任公司	8804	7533	1986	1272	1214	963	7791
国有独资公司							
股份有限公司	1754	1614	619	140	139	133	1621
私营企业	17860	16748	2388	1112	1032	1011	16723
港、澳、台商投资企业	81	65	22	16	16		81
外商投资企业	1721	1583	255	138	80	72	1649

4-1-6 按行业分企业R&D经费内部支出

单位：万元

行业	R&D经费内部支出	经常费支出	#人员劳务费	资产性支出	#仪器设备	#政府资金	企业资金
总计	**603934**	**499753**	**117472**	**104180**	**99815**	**22770**	**577811**
采矿业	157225	149025	69299	8200	7869	3686	153539
煤炭开采和洗选业	157225	149025	69299	8200	7869	3686	153539
制造业	445355	349518	47892	95837	91805	19085	422918
农副食品加工业	603	597	186	5	5	73	530
食品制造业	2113	1990	256	123	117	88	2025
饮料制造业	10864	10516	2583	348	345	60	10804
烟草制品业	665	665	211				665
纺织业	1056	724	220	331	331	60	979
纺织服装、鞋、帽制造业	350	350	50			10	340
印刷业和记录媒介的复制	111	111	62				111
文教体育用品制造业	514	476	178	38	38	205	309
石油加工、炼焦及核燃料加工业	27712	18667	2096	9046	8981	2110	25602
化学原料及化学制品制造业	38592	32582	6230	6010	5832	686	37843
医药制造业	8104	7221	1903	883	841	491	7612
橡胶制品业	3201	2057	186	1144	1144		3201
塑料制品业	50	30	9	20	20		50
非金属矿物制品业	5769	5267	1355	501	447	427	5341
黑色金属冶炼及压延加工业	178872	127323	9939	51549	48746	571	178301
有色金属冶炼及压延加工业	7320	5997	763	1323	1290	681	6640
金属制品业	987	658	108	329	160	76	911
通用设备制造业	13277	11599	2538	1679	1638	405	12859
专用设备制造业	93477	83947	12043	9530	9078	9764	83349
交通运输设备制造业	27134	14778	2564	12356	12174	1015	24944
电气机械及器材制造业	13891	13450	2094	441	440	530	13361
通信设备、计算机及其他电子设备制造业	3919	3900	892	19	17	668	3250
仪器仪表及文化、办公用机械制造业	6776	6614	1429	163	163	1166	3894
电力、燃气及水的生产和供应业	1353	1210	281	143	141		1353
电力、热力的生产和供应业	1353	1210	281	143	141		1353

4-1-7 按行业分大中型企业R&D经费内部支出

单位：万元

行 业	R&D经费内部支出	经常费支出	#人员劳务费	资产性支出	#仪器设备	#政府资金	企业资金
总 计	**572980**	**471789**	**111966**	**101191**	**97157**	**20570**	**549235**
采矿业	156049	147932	68752	8118	7789	3676	152374
煤炭开采和洗选业	156049	147932	68752	8118	7789	3676	152374
制造业	415619	322673	42935	92946	89244	16895	395550
农副食品加工业							
食品制造业	1139	1039	102	100	98	53	1086
饮料制造业	10848	10500	2576	348	345	60	10788
烟草制品业	665	665	211				665
纺织业	760	440	160	320	320		760
纺织服装、鞋、帽制造业	350	350	50			10	340
印刷业和记录媒介的复制							
文教体育用品制造业	514	476	178	38	38	205	309
石油加工、炼焦及核燃料加工业	27360	18314	2056	9046	8981	2105	25255
化学原料及化学制品制造业	34866	29578	5414	5288	5131	417	34436
医药制造业	5005	4575	1487	430	419	321	4683
橡胶制品业	3006	1998	163	1009	1009		3006
塑料制品业							
非金属矿物制品业	2864	2669	700	195	182	247	2617
黑色金属冶炼及压延加工业	178510	127134	9903	51376	48576	571	177939
有色金属冶炼及压延加工业	7130	5811	707	1320	1286	680	6450
金属制品业							
通用设备制造业	5767	4463	2134	1304	1265	152	5601
专用设备制造业	88659	79358	10662	9301	8849	9168	79235
交通运输设备制造业	24870	12590	2356	12279	12155	582	23113
电气机械及器材制造业	13584	13143	2046	441	440	526	13058
通信设备、计算机及其他电子设备制造业	3655	3636	845	19	17	668	2987
仪器仪表及文化、办公用机械制造业	6068	5935	1186	133	133	1129	3222
电力、燃气及水的生产和供应业	1312	1184	280	128	125		1312
电力、热力的生产和供应业	1312	1184	280	128	125		1312

4-1-8 按行业分大型企业R&D经费内部支出

单位：万元

行业	R&D经费内部支出	经常费支出	#人员劳务费	资产性支出	#仪器设备	#政府资金	企业资金
总计	**488646**	**405448**	**96643**	**83198**	**79588**	**16067**	**471121**
采矿业	146117	138908	67059	7209	6989	3666	142452
煤炭开采和洗选业	146117	138908	67059	7209	6989	3666	142452
制造业	341586	265622	29421	75964	72576	12401	327728
农副食品加工业							
食品制造业							
饮料制造业	8752	8494	1941	258	258	30	8722
烟草制品业							
纺织业							
纺织服装、鞋、帽制造业							
印刷业和记录媒介的复制							
文教体育用品制造业							
石油加工、炼焦及核燃料加工业	18173	12927	1118	5246	5196	1745	16428
化学原料及化学制品制造业	28822	24671	4775	4150	3994	377	28432
医药制造业	1921	1724	933	197	187	25	1896
橡胶制品业	546	440	42	106	106		546
塑料制品业							
非金属矿物制品业							
黑色金属冶炼及压延加工业	168934	124105	7982	44829	42030	571	168363
有色金属冶炼及压延加工业	1980	815	472	1166	1134	174	1806
金属制品业							
通用设备制造业	733	725	426	8	8	22	697
专用设备制造业	80734	72868	8537	7866	7649	9030	71449
交通运输设备制造业	19181	7154	1477	12027	11905	176	17830
电气机械及器材制造业	11523	11413	1587	110	110	247	11276
通信设备、计算机及其他电子设备制造业	287	287	131			3	283
仪器仪表及文化、办公用机械制造业							
电力、燃气及水的生产和供应业	942	917	162	25	23		942
电力、热力的生产和供应业	942	917	162	25	23		942

4-1-9 按行业分中型企业R&D经费内部支出

单位：万元

行业	R&D经费内部支出	经常费支出	#人员劳务费	资产性支出	#仪器设备	#政府资金	企业资金
总计	**84334**	**66341**	**15323**	**17994**	**17569**	**4504**	**78113**
采矿业	9932	9023	1693	909	799	10	9922
煤炭开采和洗选业	9932	9023	1693	909	799	10	9922
制造业	74033	57051	13513	16982	16667	4494	67822
农副食品加工业							
食品制造业	1139	1039	102	100	98	53	1086
饮料制造业	2096	2006	634	91	88	30	2066
烟草制品业	665	665	211				665
纺织业	760	440	160	320	320		760
纺织服装、鞋、帽制造业	350	350	50			10	340
印刷业和记录媒介的复制							
文教体育用品制造业	514	476	178	38	38	205	309
石油加工、炼焦及核燃料加工业	9187	5387	938	3799	3785	360	8827
化学原料及化学制品制造业	6044	4907	639	1137	1137	40	6004
医药制造业	3084	2851	553	233	232	296	2787
橡胶制品业	2460	1558	121	902	902		2460
塑料制品业							
非金属矿物制品业	2864	2669	700	195	182	247	2617
黑色金属冶炼及压延加工业	9576	3029	1922	6547	6547		9576
有色金属冶炼及压延加工业	5150	4996	235	154	152	507	4643
金属制品业							
通用设备制造业	5034	3738	1708	1296	1257	130	4904
专用设备制造业	7925	6490	2125	1435	1200	139	7787
交通运输设备制造业	5689	5437	878	252	250	405	5283
电气机械及器材制造业	2061	1730	459	331	329	279	1782
通信设备、计算机及其他电子设备制造业	3368	3349	715	19	17	665	2703
仪器仪表及文化、办公用机械制造业	6068	5935	1186	133	133	1129	3222
电力、燃气及水的生产和供应业	369	267	117	103	103		369
电力、热力的生产和供应业	369	267	117	103	103		369

4-1-10 按行业分小型企业R&D经费内部支出

单位：万元

行业	R&D经费内部支出	经常费支出	#人员劳务费	资产性支出	#仪器设备	#政府资金	企业资金
总计	**30953**	**27964**	**5506**	**2989**	**2657**	**2200**	**28576**
采矿业	1176	1093	547	83	80	10	1166
煤炭开采和洗选业	1176	1093	547	83	80	10	1166
制造业	29736	26845	4957	2891	2562	2190	27369
农副食品加工业	603	597	186	5	5	73	530
食品制造业	973	950	154	23	19	35	939
饮料制造业	16	16	8				16
烟草制品业							
纺织业	296	284	60	11	11	60	219
纺织服装、鞋、帽制造业							
印刷业和记录媒介的复制	111	111	62				111
文教体育用品制造业							
石油加工、炼焦及核燃料加工业	353	353	40			5	348
化学原料及化学制品制造业	3726	3004	816	723	701	269	3406
医药制造业	3099	2647	417	452	422	170	2929
橡胶制品业	194	59	23	135	135		194
塑料制品业	50	30	9	20	20		50
非金属矿物制品业	2905	2598	654	307	265	181	2724
黑色金属冶炼及压延加工业	362	189	36	173	170		362
有色金属冶炼及压延加工业	190	186	56	4	4		190
金属制品业	987	658	108	329	160	76	911
通用设备制造业	7510	7136	404	374	373	252	7258
专用设备制造业	4818	4589	1381	229	229	595	4114
交通运输设备制造业	2264	2188	208	76	18	433	1831
电气机械及器材制造业	307	307	48			4	303
通信设备、计算机及其他电子设备制造业	264	264	47				263
仪器仪表及文化、办公用机械制造业	708	679	243	30	30	37	672
电力、燃气及水的生产和供应业	42	26	2	16	16		42
电力、热力的生产和供应业	42	26	2	16	16		42

4-1-11 按行业分国有控股企业R&D经费内部支出

单位：万元

行业	R&D经费内部支出	经常费支出	#人员劳务费	资产性支出	#仪器设备	#政府资金	企业资金
总计	**521062**	**434306**	**104255**	**86756**	**82870**	**17466**	**500421**
采矿业	153062	144944	68446	8118	7789	3655	149407
煤炭开采和洗选业	153062	144944	68446	8118	7789	3655	149407
制造业	366935	288327	35560	78609	75055	13811	349949
农副食品加工业							
食品制造业							
饮料制造业	8752	8494	1941	258	258	30	8722
烟草制品业	665	665	211				665
纺织业							
纺织服装、鞋、帽制造业							
印刷业和记录媒介的复制							
文教体育用品制造业							
石油加工、炼焦及核燃料加工业	18082	12913	1112	5169	5119	1738	16344
化学原料及化学制品制造业	29578	25459	5075	4119	3963	367	29198
医药制造业	2082	1992	406	90	89	173	1908
橡胶制品业	2155	1287	80	869	869		2155
塑料制品业	50	30	9	20	20		50
非金属矿物制品业	870	870	167			20	850
黑色金属冶炼及压延加工业	168934	124105	7982	44829	42030	571	168363
有色金属冶炼及压延加工业	2322	1157	559	1166	1134	181	2142
金属制品业	317	58	13	259	125	1	316
通用设备制造业	5089	3941	1843	1148	1110	152	4923
专用设备制造业	86554	78686	10968	7868	7650	9237	77061
交通运输设备制造业	23722	11458	2121	12264	12140	473	22074
电气机械及器材制造业	12518	12077	1771	441	440	346	12173
通信设备、计算机及其他电子设备制造业	1168	1168	500				1168
仪器仪表及文化、办公用机械制造业	4078	3967	800	111	111	522	1838
电力、燃气及水的生产和供应业	1065	1035	250	30	27		1065
电力、热力的生产和供应业	1065	1035	250	30	27		1065

4-1-12 按行业分内资企业R&D经费内部支出

单位：万元

行业	R&D经费内部支出	经常费支出	#人员劳务费	资产性支出	#仪器设备	#政府资金	企业资金
总计	**590296**	**490851**	**115034**	**99445**	**95137**	**21644**	**565300**
采矿业	157225	149025	69299	8200	7869	3686	153539
煤炭开采和洗选业	157225	149025	69299	8200	7869	3686	153539
制造业	431828	340709	45489	91119	87145	17958	410518
农副食品加工业	603	597	186	5	5	73	530
食品制造业	2113	1990	256	123	117	88	2025
饮料制造业	10864	10516	2583	348	345	60	10804
烟草制品业	665	665	211				665
纺织业	1056	724	220	331	331	60	979
纺织服装、鞋、帽制造业	350	350	50			10	340
印刷业和记录媒介的复制	111	111	62				111
文教体育用品制造业	514	476	178	38	38	205	309
石油加工、炼焦及核燃料加工业	23552	17788	1845	5765	5700	2110	21442
化学原料及化学制品制造业	38495	32487	6169	6008	5830	666	37766
医药制造业	7706	6824	1803	883	841	449	7257
橡胶制品业	2751	1748	128	1004	1004		2751
塑料制品业	50	30	9	20	20		50
非金属矿物制品业	5210	4708	955	501	447	427	4782
黑色金属冶炼及压延加工业	178872	127323	9939	51549	48746	571	178301
有色金属冶炼及压延加工业	7320	5997	763	1323	1290	681	6640
金属制品业	987	658	108	329	160	76	911
通用设备制造业	13150	11552	2492	1599	1558	405	12732
专用设备制造业	89772	81381	11454	8390	7938	9340	80068
交通运输设备制造业	25667	13369	2458	12298	12174	925	23567
电气机械及器材制造业	13540	13099	1853	441	440	530	13010
通信设备、计算机及其他电子设备制造业	3633	3613	761	19	17	665	2967
仪器仪表及文化、办公用机械制造业	4849	4703	1007	146	146	619	2513
电力、燃气及水的生产和供应业	1243	1118	247	125	123		1243
电力、热力的生产和供应业	1243	1118	247	125	123		1243

4-1-13 按行业分国有企业R&D经费内部支出

单位：万元

行业	R&D经费内部支出	经常费支出	#人员劳务费	资产性支出	#仪器设备	#政府资金	企业资金
总计	**22005**	**20408**	**4778**	**1597**	**1422**	**399**	**21607**
采矿业	53	53	7				53
煤炭开采和洗选业	53	53	7				53
制造业	20919	19349	4536	1570	1397	399	20520
农副食品加工业							
食品制造业							
饮料制造业							
烟草制品业							
纺织业							
纺织服装、鞋、帽制造业							
印刷业和记录媒介的复制							
文教体育用品制造业							
石油加工、炼焦及核燃料加工业							
化学原料及化学制品制造业							
医药制造业							
橡胶制品业							
塑料制品业	50	30	9	20	20		50
非金属矿物制品业	130	130	77			20	110
黑色金属冶炼及压延加工业	1403	1403	134				1403
有色金属冶炼及压延加工业							
金属制品业	317	58	13	259	125	1	316
通用设备制造业	4217	3079	1353	1138	1100	130	4087
专用设备制造业	1976	1933	712	43	43		1976
交通运输设备制造业	777	777	340				777
电气机械及器材制造业	11533	11422	1590	110	110	247	11285
通信设备、计算机及其他电子设备制造业	430	430	240				430
仪器仪表及文化、办公用机械制造业	86	86	69				86
电力、燃气及水的生产和供应业	1034	1006	234	27	25		1034
电力、热力的生产和供应业	1034	1006	234	27	25		1034

4-1-14 按行业分港澳台商投资企业R&D经费内部支出

单位：万元

行业	R&D经费内部支出	经常费支出	#人员劳务费	资产性支出	#仪器设备	#政府资金	企业资金
总计	**8218**	**3781**	**1092**	**4437**	**4437**	**424**	**7794**
采矿业							
煤炭开采和洗选业							
制造业	8176	3755	1091	4421	4421	424	7752
农副食品加工业							
食品制造业							
饮料制造业							
烟草制品业							
纺织业							
纺织服装、鞋、帽制造业							
印刷业和记录媒介的复制							
文教体育用品制造业							
石油加工、炼焦及核燃料加工业	4160	879	251	3281	3281		4160
化学原料及化学制品制造业							
医药制造业							
橡胶制品业							
塑料制品业							
非金属矿物制品业	39	39	20				39
黑色金属冶炼及压延加工业							
有色金属冶炼及压延加工业							
金属制品业							
通用设备制造业							
专用设备制造业	3626	2487	579	1140	1140	424	3202
交通运输设备制造业							
电气机械及器材制造业	351	351	241				351
通信设备、计算机及其他电子设备制造业							
仪器仪表及文化、办公用机械制造业							
电力、燃气及水的生产和供应业	42	26	2	16	16		42
电力、热力的生产和供应业	42	26	2	16	16		42

4-1-15 按行业分外商投资企业R&D经费内部支出

单位：万元

行业	R&D经费内部支出	经常费支出	#人员劳务费	资产性支出	#仪器设备	#政府资金	企业资金
总计	**5420**	**5121**	**1346**	**299**	**241**	**702**	**4718**
采矿业							
煤炭开采和洗选业							
制造业	5351	5054	1313	297	239	702	4649
农副食品加工业							
食品制造业							
饮料制造业							
烟草制品业							
纺织业							
纺织服装、鞋、帽制造业							
印刷业和记录媒介的复制							
文教体育用品制造业							
石油加工、炼焦及核燃料加工业							
化学原料及化学制品制造业	97	95	61	2	2	77	
医药制造业	397	397	100			355	
橡胶制品业	449	309	58	140	140	449	
塑料制品业							
非金属矿物制品业	520	520	380			520	
黑色金属冶炼及压延加工业							
有色金属冶炼及压延加工业							
金属制品业							
通用设备制造业	127	47	46	80	80		127
专用设备制造业	79	79	10				79
交通运输设备制造业	1467	1409	106	58		90	1377
电气机械及器材制造业							
通信设备、计算机及其他电子设备制造业	287	287	131			3	283
仪器仪表及文化、办公用机械制造业	1928	1911	422	17	17	547	1381
电力、燃气及水的生产和供应业	69	67	33	2	2		69
电力、热力的生产和供应业	69	67	33	2	2		69

4-1-16 各地区企业R&D经费内部支出

单位：万元

地　区	R&D经费内部支出	经常费支出	#人员劳务费	资产性支出	#仪器设备	#政府资金	企业资金
总　计	**603934**	**499753**	**117472**	**104180**	**99815**	**22770**	**577811**
太原市	304389	236601	24232	67788	64097	8510	294133
大同市	41744	40949	32135	795	707	843	39726
阳泉市	29695	29195	4251	500	495	376	29319
长治市	59242	52050	16193	7191	7021	3872	55115
晋城市	33160	31513	18307	1647	1644	2962	30198
朔州市	9329	5099	1721	4230	4217	34	9295
晋中市	36941	23771	6324	13171	13001	1235	35530
运城市	37313	31304	5678	6010	5882	1884	35429
忻州市	1570	1496	238	73	67	65	1505
临汾市	32585	31035	3872	1550	1494	2961	29623
吕梁市	17968	16741	4523	1226	1191	30	17937

4-1-17 各地区大中型企业R&D经费内部支出

单位：万元

地　区	R&D经费内部支出	经常费支出	#人员劳务费	资产性支出	#仪器设备	#政府资金	企业资金
总　计	**572980**	**471789**	**111966**	**101191**	**97157**	**20570**	**549235**
太原市	294251	227429	21854	66822	63349	7326	285180
大同市	41462	40667	32017	795	707	843	39444
阳泉市	22849	22709	3711	140	137	239	22610
长治市	56990	50227	15878	6763	6629	3608	53126
晋城市	32666	31224	18297	1442	1439	2962	29704
朔州市	8901	4787	1683	4115	4101	34	8868
晋中市	28724	16153	4610	12571	12434	801	27923
运城市	36508	30731	5546	5776	5650	1815	34693
忻州市	1331	1304	220	27	27		1331
临汾市	31743	30229	3768	1515	1494	2913	28830
吕梁市	17556	16329	4383	1226	1191	30	17525

4-1-18 各地区大型企业R&D经费内部支出

单位：万元

地 区	R&D经费内部支出	经常费支出	#人员劳务费	资产性支出	#仪器设备	#政府资金	企业资金
总 计	**488646**	**405448**	**96643**	**83198**	**79588**	**16067**	**471121**
太原市	268109	204992	16484	63117	59909	5296	262786
大同市	41170	40396	31885	775	687	843	39152
阳泉市	19957	19920	2982	37	37	173	19785
长治市	52941	46964	15246	5976	5849	3134	49551
晋城市	29912	28577	17610	1336	1336	2693	27219
朔州市	8797	4687	1614	4110	4097	34	8764
晋中市	5344	4125	699	1220	1220	431	4913
运城市	25153	20172	4683	4981	4859	706	24447
忻州市							
临汾市	27515	26163	3277	1352	1337	2727	24788
吕梁市	9747	9454	2164	293	258	30	9717

4-1-19 各地区中型企业R&D经费内部支出

单位：万元

地 区	R&D经费内部支出	经常费支出	#人员劳务费	资产性支出	#仪器设备	#政府资金	企业资金
总 计	**84334**	**66341**	**15323**	**17994**	**17569**	**4504**	**78113**
太原市	26142	22437	5370	3705	3440	2031	22394
大同市	292	272	132	20	20		292
阳泉市	2892	2790	729	102	100	67	2825
长治市	4049	3263	632	786	780	474	3575
晋城市	2754	2647	687	106	103	268	2486
朔州市	104	100	69	5	5		104
晋中市	23380	12029	3912	11351	11215	370	23010
运城市	11355	10560	863	795	790	1108	10247
忻州市	1331	1304	220	27	27		1331
临汾市	4228	4066	491	162	157	186	4042
吕梁市	7809	6876	2219	933	933		7809

4-1-20 各地区小型企业R&D经费内部支出

单位：万元

地　区	R&D经费内部支出	经常费支　出	#人员劳务费	资产性支　出	#仪器设备	#政府资金	企业资金
总　计	**30953**	**27964**	**5506**	**2989**	**2657**	**2200**	**28576**
太原市	10138	9172	2378	966	748	1184	8953
大同市	281	281	119				281
阳泉市	6846	6486	539	360	357	137	6709
长治市	2252	1824	315	428	393	264	1989
晋城市	494	289	10	205	205		494
朔州市	428	312	38	116	116		428
晋中市	8217	7617	1713	600	567	434	7607
运城市	806	572	132	234	232	70	736
忻州市	239	193	18	46	40	65	174
临汾市	841	806	104	35		48	793
吕梁市	412	412	140				412

4-1-21 各地区国有控股企业R&D经费内部支出

单位：万元

地　区	R&D经费内部支出	经常费支　出	#人员劳务费	资产性支　出	#仪器设备	#政府资金	企业资金
总　计	**521062**	**434306**	**104255**	**86756**	**82870**	**17466**	**500421**
太原市	287831	222356	21536	65474	62106	6369	279717
大同市	41239	40464	31940	775	687	843	39221
阳泉市	21922	21879	3486	43	43	179	21743
长治市	53437	46985	15355	6453	6318	3349	49833
晋城市	29991	28656	17609	1336	1336	2690	27302
朔州市	8856	4741	1659	4115	4101	34	8822
晋中市	12252	10122	2156	2130	2011	564	11688
运城市	23296	18512	3793	4784	4672	681	22615
忻州市	302	300	6	1	1		302
临汾市	27561	26209	3285	1352	1337	2727	24835
吕梁市	14376	14083	3432	293	258	30	14346

4-1-22 各地区内资企业R&D经费内部支出

单位：万元

地区	R&D经费内部支出	经常费支出	#人员劳务费	资产性支出	#仪器设备	#政府资金	企业资金
总计	**590296**	**490851**	**115034**	**99445**	**95137**	**21644**	**565300**
太原市	300974	233263	23590	67711	64078	7871	291357
大同市	41538	40743	32040	795	707	843	39520
阳泉市	29695	29195	4251	500	495	376	29319
长治市	58792	51741	16135	7051	6881	3872	54665
晋城市	33005	31358	18279	1647	1644	2958	30046
朔州市	9242	5027	1695	4215	4201	34	9208
晋中市	28573	19825	5085	8747	8578	811	27586
运城市	37186	31257	5632	5930	5802	1884	35302
忻州市	1570	1496	238	73	67	65	1505
临汾市	31755	30205	3568	1550	1494	2901	28854
吕梁市	17968	16741	4523	1226	1191	30	17937

4-1-23 各地区国有企业R&D经费内部支出

单位：万元

地区	R&D经费内部支出	经常费支出	#人员劳务费	资产性支出	#仪器设备	#政府资金	企业资金
总计	**22005**	**20408**	**4778**	**1597**	**1422**	**399**	**21607**
太原市	4304	3194	1214	1110	950	21	4283
大同市	11	11	5				11
阳泉市							
长治市	3552	3259	807	293	288		3552
晋城市							
朔州市	50	45	37	5	5		50
晋中市	2498	2419	1084	79	70	130	2368
运城市	11587	11477	1631	110	110	247	11340
忻州市	3	3	1				3
临汾市							
吕梁市							

4-1-24 各地区港澳台商投资企业R&D经费内部支出

单位：万元

地　区	R&D经费内部支出	经常费支　出	#人员劳务费	资产性支　出	#仪器设备	#政府资金	企业资金
总　计	**8218**	**3781**	**1092**	**4437**	**4437**	**424**	**7794**
太原市							
大同市							
阳泉市							
长治市							
晋城市							
朔州市	42	26	2	16	16		42
晋中市	7825	3405	850	4421	4421	424	7401
运城市							
忻州市							
临汾市	351	351	241				351
吕梁市							

4-1-25 各地区外商投资企业R&D经费内部支出

单位：万元

地　区	R&D经费内部支出	经常费支　出	#人员劳务费	资产性支　出	#仪器设备	#政府资金	企业资金
总　计	**5420**	**5121**	**1346**	**299**	**241**	**702**	**4718**
太原市	3415	3338	642	77	19	639	2776
大同市	205	205	96				205
阳泉市							
长治市	449	309	58	140	140		449
晋城市	155	155	28			3	152
朔州市	46	46	25				46
晋中市	543	541	389	2	2		543
运城市	127	47	46	80	80		127
忻州市							
临汾市	479	479	63			60	419
吕梁市							

4-1-26 各地区分行业企业R&D经费内部支出

单位：万元

地　区	采矿业						
	R&D经费内部支出	经常费支出	#人员劳务费	资产性支出	#仪器设备	#政府资金	企业资金
总　计	**157225**	**149025**	**69299**	**8200**	**7869**	**3686**	**153539**
太原市	17043	16433	1738	610	559	48	16995
大同市	35811	35065	30141	745	659	667	35144
阳泉市	20170	20050	3032	120	117	183	19987
长治市	31753	31418	12611	335	302	56	31697
晋城市	29757	28421	17582	1336	1336	2690	27067
朔州市	8797	4687	1614	4110	4097	34	8764
晋中市	7867	6958	1026	909	799	10	7857
运城市							
忻州市	3	3	1				3
临汾市	402	402	63				402
吕梁市	5624	5588	1491	36			5624

4-1-26　续表 1

单位：万元

地　区	制造业						
	R&D经费内部支出	经常费支出	#人员劳务费	资产性支出	#仪器设备	#政府资金	企业资金
总　计	**445355**	**349518**	**47892**	**95837**	**91805**	**19085**	**422918**
太原市	286427	219271	22340	67155	63518	8462	276219
大同市	5933	5883	1994	50	48	176	4582
阳泉市	9525	9145	1218	380	377	193	9332
长治市	27288	20530	3577	6758	6622	3816	23217
晋城市	3403	3092	725	311	308	272	3132
朔州市	386	286	36	100	100		386
晋中市	29051	16792	5289	12260	12199	1225	27651
运城市	37249	31239	5634	6010	5882	1884	35365
忻州市	1567	1493	237	73	67	65	1502
临汾市	32183	30633	3809	1550	1494	2961	29222
吕梁市	12344	11153	3032	1191	1191	30	12313

4-1-26 续表 2

单位：万元

地 区	农副食品加工业						
	R&D经费内部支出	经常费支出	#人员劳务费	资产性支出	#仪器设备	#政府资金	企业资金
总 计	**603**	**597**	**186**	**5**	**5**	**73**	**530**
太原市	409	403	91	5	5	73	336
大同市							
阳泉市	80	80	50				80
长治市							
晋城市							
朔州市							
晋中市	114	114	45				114
运城市							
忻州市							
临汾市							
吕梁市							

4-1-26 续表 3

单位：万元

地 区	食品制造业						
	R&D经费内部支出	经常费支出	#人员劳务费	资产性支出	#仪器设备	#政府资金	企业资金
总 计	**2113**	**1990**	**256**	**123**	**117**	**88**	**2025**
太原市	1863	1759	236	105	99	83	1780
大同市							
阳泉市							
长治市							
晋城市							
朔州市							
晋中市	249	231	19	18	18	5	245
运城市							
忻州市							
临汾市							
吕梁市							

4-1-26 续表 4

单位：万元

地 区	饮料制造业						
	R&D经费内部支出	经常费支出	#人员劳务费	资产性支出	#仪器设备	#政府资金	企业资金
总 计	**10864**	**10516**	**2583**	**348**	**345**	**60**	**10804**
太原市							
大同市							
阳泉市							
长治市							
晋城市	2096	2006	634	91	88	30	2066
朔州市							
晋中市							
运城市	16	16	8				16
忻州市							
临汾市							
吕梁市	8752	8494	1941	258	258	30	8722

4-1-26 续表 5

单位：万元

地 区	烟草制品业						
	R&D经费内部支出	经常费支出	#人员劳务费	资产性支出	#仪器设备	#政府资金	企业资金
总 计	**665**	**665**	**211**				**665**
太原市	665	665	211				665
大同市							
阳泉市							
长治市							
晋城市							
朔州市							
晋中市							
运城市							
忻州市							
临汾市							
吕梁市							

4-1-26 续表6

单位：万元

地区	纺织业						
	R&D经费内部支出	经常费支出	#人员劳务费	资产性支出	#仪器设备	#政府资金	企业资金
总计	**1056**	**724**	**220**	**331**	**331**	**60**	**979**
太原市	271	264	52	8	8	60	211
大同市							
阳泉市							
长治市							
晋城市							
朔州市							
晋中市	24	21	8	4	4		7
运城市	760	440	160	320	320		760
忻州市							
临汾市							
吕梁市							

4-1-26 续表7

单位：万元

地区	纺织服装、鞋、帽制造业						
	R&D经费内部支出	经常费支出	#人员劳务费	资产性支出	#仪器设备	#政府资金	企业资金
总计	**350**	**350**	**50**			**10**	**340**
太原市							
大同市							
阳泉市							
长治市							
晋城市							
朔州市							
晋中市							
运城市	350	350	50			10	340
忻州市							
临汾市							
吕梁市							

4-1-26　续表 8

单位：万元

地　　区	医药制造业						
	R&D经费内部支出	经常费支出	#人员劳务费	资产性支出	#仪器设备	#政府资金	企业资金
总　　计	**8104**	**7221**	**1903**	**883**	**841**	**491**	**7612**
太原市	1118	964	252	154	153	152	966
大同市	238	217	66	20	20		238
阳泉市							
长治市	2203	2133	297	69	69	284	1918
晋城市							
朔州市							
晋中市	2066	1632	172	434	404		2066
运城市	2000	1794	969	205	195	25	1975
忻州市							
临汾市	68	68	8			30	38
吕梁市	412	412	140				412

4-1-26　续表 9

单位：万元

地　　区	橡胶制品业						
	R&D经费内部支出	经常费支出	#人员劳务费	资产性支出	#仪器设备	#政府资金	企业资金
总　　计	**3201**	**2057**	**186**	**1144**	**1144**		**3201**
太原市	2155	1287	80	869	869		2155
大同市							
阳泉市							
长治市	644	369	81	275	275		644
晋城市							
朔州市							
晋中市							
运城市							
忻州市	402	402	25				402
临汾市							
吕梁市							

4–1–26　续表 10

单位：万元

地　　区	塑料制品业						
	R&D经费内部支出	经常费支出	#人员劳务费	资产性支出	#仪器设备	#政府资金	企业资金
总　　计	**50**	**30**	**9**	**20**	**20**		**50**
太 原 市	50	30	9	20	20		50
大 同 市							
阳 泉 市							
长 治 市							
晋 城 市							
朔 州 市							
晋 中 市							
运 城 市							
忻 州 市							
临 汾 市							
吕 梁 市							

4–1–26　续表 11

单位：万元

地　　区	非金属矿物制品业						
	R&D经费内部支出	经常费支出	#人员劳务费	资产性支出	#仪器设备	#政府资金	企业资金
总　　计	**5769**	**5267**	**1355**	**501**	**447**	**427**	**5341**
太 原 市	622	603	258	19	19	55	567
大 同 市							
阳 泉 市	1563	1546	285	17	14	75	1488
长 治 市	528	387	32	142	106	36	492
晋 城 市	243	243	10			189	54
朔 州 市	386	286	36	100	100		386
晋 中 市	2028	1856	673	172	166	6	2022
运 城 市	160	154	42	6	2	1	159
忻 州 市	239	193	18	46	40	65	174
临 汾 市							
吕 梁 市							

4-1-26　续表 12

单位：万元

地区	黑色金属冶炼及压延加工业						
	R&D经费内部支出	经常费支出	#人员劳务费	资产性支出	#仪器设备	#政府资金	企业资金
总　计	**178872**	**127323**	**9939**	**51549**	**48746**	**571**	**178301**
太原市	166977	122038	7442	44939	42138	571	166406
大同市							
阳泉市							
长治市	1403	1403	134				1403
晋城市							
朔州市							
晋中市	7594	1081	1041	6514	6514		7594
运城市							
忻州市							
临汾市	916	853	442	63	62		916
吕梁市	1982	1949	881	33	33		1982

4-1-26　续表 13

单位：万元

地区	有色金属冶炼及压延加工业						
	R&D经费内部支出	经常费支出	#人员劳务费	资产性支出	#仪器设备	#政府资金	企业资金
总　计	**7320**	**5997**	**763**	**1323**	**1290**	**681**	**6640**
太原市	190	186	56	4	4		190
大同市							
阳泉市	202	202	59			7	195
长治市							
晋城市							
朔州市							
晋中市							
运城市	6732	5412	644	1320	1286	674	6058
忻州市							
临汾市	7	7	3				7
吕梁市	190	190	2				190

4-1-26 续表 14

单位：万元

地 区	金属制品业						
	R&D经费内部支出	经常费支出	#人员劳务费	资产性支出	#仪器设备	#政府资金	企业资金
总 计	**987**	**658**	**108**	**329**	**160**	**76**	**911**
太原市	337	78	22	259	125	1	336
大同市							
阳泉市							
长治市	265	230	40	35	35	75	190
晋城市							
朔州市							
晋中市							
运城市							
忻州市							
临汾市	385	350	46	35			385
吕梁市							

4-1-26 续表 15

单位：万元

地 区	印刷业和记录媒介的复制						
	R&D经费内部支出	经常费支出	#人员劳务费	资产性支出	#仪器设备	#政府资金	企业资金
总 计	**111**	**111**	**62**				**111**
太原市	111	111	62				111
大同市							
阳泉市							
长治市							
晋城市							
朔州市							
晋中市							
运城市							
忻州市							
临汾市							
吕梁市							

4-1-26　续表 16

单位：万元

地　区	文教体育用品制造业						
	R&D经费内部支出	经常费支　出	#人员劳务费	资产性支　出	#仪器设备	#政府资金	企业资金
总　计	**514**	**476**	**178**	**38**	**38**	**205**	**309**
太原市							
大同市							
阳泉市							
长治市	514	476	178	38	38	205	309
晋城市							
朔州市							
晋中市							
运城市							
忻州市							
临汾市							
吕梁市							

4-1-26　续表 17

单位：万元

地　区	石油加工、炼焦及核燃料加工业						
	R&D经费内部支出	经常费支　出	#人员劳务费	资产性支　出	#仪器设备	#政府资金	企业资金
总　计	**27712**	**18667**	**2096**	**9046**	**8981**	**2110**	**25602**
太原市	9196	4647	929	4548	4498		9196
大同市							
阳泉市	440	360	100	80	80	10	430
长治市	353	353	40			5	348
晋城市							
朔州市							
晋中市	6197	2492	799	3706	3696	230	5967
运城市							
忻州市							
临汾市	11527	10815	228	712	706	1865	9662
吕梁市							

4-1-26 续表18

单位：万元

地区	化学原料及化学制品制造业						
	R&D经费内部支出	经常费支出	#人员劳务费	资产性支出	#仪器设备	#政府资金	企业资金
总计	**38592**	**32582**	**6230**	**6010**	**5832**	**686**	**37843**
太原市	3788	3267	697	520	442	99	3675
大同市	757	757	704				757
阳泉市	1584	1381	596	204	204	10	1574
长治市	4955	4523	1007	433	421	60	4895
晋城市							
朔州市							
晋中市	1895	1774	334	121	118	164	1681
运城市	13112	9417	1826	3695	3615	280	12832
忻州市	411	405	87	6	6		411
临汾市	11083	10951	911	132	126	73	11010
吕梁市	1008	108	68	900	900		1008

4-1-26 续表19

单位：万元

地区	通用设备制造业						
	R&D经费内部支出	经常费支出	#人员劳务费	资产性支出	#仪器设备	#政府资金	企业资金
总计	**13277**	**11599**	**2538**	**1679**	**1638**	**405**	**12859**
太原市	2369	1553	755	816	793	39	2317
大同市	11	11	5				11
阳泉市	5657	5577	129	80	80	92	5566
长治市	955	609	181	346	340	60	895
晋城市							
朔州市							
晋中市	3059	2934	1174	125	115	145	2914
运城市	910	618	187	292	290	70	840
忻州市	217	197	102	20	20		217
临汾市	100	100	6				100
吕梁市							

4–1–26　续表 20

单位：万元

地　区	专用设备制造业						
	R&D经费内部支出	经常费支　出	#人员劳务费	资产性支　出	#仪器设备	#政府资金	企业资金
总　计	**93477**	**83947**	**12043**	**9530**	**9078**	**9764**	**83349**
太原市	65062	62781	7732	2281	1919	5287	59775
大同市							
阳泉市							
长治市	14830	9621	1494	5209	5126	3019	11556
晋城市	729	524	37	205	205		729
朔州市							
晋中市	5594	4430	948	1164	1164	524	4961
运城市	101	39	19	63	63		101
忻州市	299	297	5	1	1		299
临汾市	6863	6255	1807	608	600	934	5929
吕梁市							

4–1–26　续表 21

单位：万元

地　区	交通运输设备制造业						
	R&D经费内部支出	经常费支　出	#人员劳务费	资产性支　出	#仪器设备	#政府资金	企业资金
总　计	**27134**	**14778**	**2564**	**12356**	**12174**	**1015**	**24944**
太原市	21057	8748	1160	12308	12128	579	20477
大同市	4927	4898	1219	30	28	176	3576
阳泉市							
长治市							
晋城市	180	164	16	16	16	49	131
朔州市							
晋中市	230	228	76	2	2	150	80
运城市							
忻州市							
临汾市	740	740	93			60	680
吕梁市							

4-1-26　续表 22

单位：万元

地　区	电气机械及器材制造业						
	R&D经费内部支出	经常费支　出	#人员劳务费	资产性支　出	#仪器设备	#政府资金	企业资金
总　计	**13891**	**13450**	**2094**	**441**	**440**	**530**	**13361**
太原市	1233	1114	147	119	119	210	1023
大同市							
阳泉市							
长治市	639	427	94	212	211	73	567
晋城市							
朔州市							
晋中市							
运城市	11523	11413	1587	110	110	247	11276
忻州市							
临汾市	496	496	266				496
吕梁市							

4-1-26　续表 23

单位：万元

地　区	通信设备、计算机及其他电子设备制造业						
	R&D经费内部支出	经常费支　出	#人员劳务费	资产性支　出	#仪器设备	#政府资金	企业资金
总　计	**3919**	**3900**	**892**	**19**	**17**	**668**	**3250**
太原市	2178	2159	720	19	17	88	2090
大同市							
阳泉市							
长治市							
晋城市	155	155	28			3	152
朔州市							
晋中市							
运城市	1586	1586	144			577	1008
忻州市							
临汾市							
吕梁市							

4–1–26　续表 24

单位：万元

地　　区	仪器仪表及文化、办公用机械制造业						
	R&D经费内部支出	经常费支　出	#人员劳务费	资产性支　出	#仪器设备	#政府资金	企业资金
总　　计	**6776**	**6614**	**1429**	**163**	**163**	**1166**	**3894**
太 原 市	6776	6614	1429	163	163	1166	3894
大 同 市							
阳 泉 市							
长 治 市							
晋 城 市							
朔 州 市							
晋 中 市							
运 城 市							
忻 州 市							
临 汾 市							
吕 梁 市							

4–1–26　续表 25

单位：万元

地　　区	电力、燃气及水的生产和供应业						
	R&D经费内部支出	经常费支　出	#人员劳务费	资产性支　出	#仪器设备	#政府资金	企业资金
总　　计	**1353**	**1210**	**281**	**143**	**141**		**1353**
太 原 市	919	897	154	23	20		919
大 同 市							
阳 泉 市							
长 治 市	201	103	5	98	98		201
晋 城 市							
朔 州 市	146	125	71	20	20		146
晋 中 市	23	21	9	2	2		23
运 城 市	64	64	44				64
忻 州 市							
临 汾 市							
吕 梁 市							

4-2-1 企业R&D经费外部支出

单位：万元

项　　目	R&D经费外部支出	对境内研究机构支出	对境内高等学校支出	对境外支　出
总　　计	**44606**	**20614**	**16769**	**970**
按企业规模分组				
大中型企业	43665	20351	16594	968
大型企业	39578	18917	14027	968
中型企业	4087	1435	2567	
小型企业	942	263	175	2
按控股情况分组				
国有控股	39075	18402	14005	968
集体控股	326	292	33	
私人控股	4875	1839	2533	2
港澳台商控股				
外商控股	38	38		
其他	293	44	199	
按登记注册类型分组				
内资企业	44495	20576	16760	970
国有企业	935	313	262	
集体企业	5	5		
有限责任公司	34393	15486	13004	371
国有独资公司	18467	11355	6717	369
股份有限公司	7839	4616	2355	599
私营企业	1324	157	1138	
港、澳、台商投资企业	69		6	
外商投资企业	42	38	4	

4-2-2　大中型企业R&D经费外部支出

单位：万元

项　　目	R&D经费外部支出	对境内研究机构支出	对境内高等学校支出	对境外支　出
总　　计	**43665**	**20351**	**16594**	**968**
按控股情况分组				
国有控股	39075	18402	14005	968
集体控股	271	238	33	
私人控股	3988	1630	2357	
外商控股	38	38		
其他	293	43	199	
按登记注册类型分组				
内资企业	43554	20313	16584	968
国有企业	935	313	262	
集体企业				
有限责任公司	33591	15244	12919	369
国有独资公司	18467	11355	6717	369
股份有限公司	7828	4616	2345	599
私营企业	1199	140	1059	
港、澳、台商投资企业	69		6	
外商投资企业	42	38	4	

4-2-3 大型企业R&D经费外部支出

单位：万元

项　　目	R&D经费外部支出	对境内研究机构支出	对境内高等学校支出	对境外支　出
总　　计	**39578**	**18917**	**14027**	**968**
按控股情况分组				
国有控股	37906	18240	13033	968
集体控股				
私人控股	1665	671	994	
外商控股				
其他	7	7		
按登记注册类型分组				
内资企业	39546	18917	14017	968
国有企业	780	283	171	
集体企业				
有限责任公司	31622	14491	11713	369
国有独资公司	18467	11355	6717	369
股份有限公司	7144	4143	2134	599
私营企业				
港、澳、台商投资企业	29		6	
外商投资企业	4		4	

4-2-4 中型企业R&D经费外部支出

单位：万元

项 目	R&D经费外部支出	对境内研究机构支出	对境内高等学校支出	对境外支出
总 计	**4087**	**1435**	**2567**	
按控股情况分组				
国有控股	1169	162	972	
集体控股	271	238	33	
私人控股	2323	960	1363	
外商控股	38	38		
其他	286	37	199	
按登记注册类型分组				
内资企业	4008	1397	2567	
国有企业	155	30	91	
集体企业				
有限责任公司	1970	754	1206	
国有独资公司				
股份有限公司	684	473	211	
私营企业	1199	140	1059	
港、澳、台商投资企业	41			
外商投资企业	38	38		

4-2-5 小型企业R&D经费外部支出

单位：万元

项　　目	R&D经费外部支出	对境内研究机构支出	对境内高等学校支出	对境外支　出
总　　计	**942**	**263**	**175**	**2**
按控股情况分组				
国有控股				
集体控股	55	55		
私人控股	887	208	175	2
外商控股				
其他				
按登记注册类型分组				
内资企业	942	263	175	2
国有企业				
集体企业	5	5		
有限责任公司	801	241	86	2
国有独资公司				
股份有限公司	11		11	
私营企业	125	17	79	
港、澳、台商投资企业				
外商投资企业				

4-2-6 按行业分企业R&D经费外部支出

单位：万元

行　　业	R&D经费外部支出	对境内研究机构支出	对境内高等学校支出	对境外支　出
总　　计	**44606**	**20614**	**16769**	**970**
采矿业	30666	14982	12556	
煤炭开采和洗选业	30666	14982	12556	
制造业	13269	5376	4133	970
农副食品加工业				
食品制造业	525	303	202	
饮料制造业	152	128	24	
纺织业	12	2	10	
文教体育用品制造业	20	20		
石油加工、炼焦及核燃料加工业	2289	1136	778	366
化学原料及化学制品制造业	1810	1066	128	599
医药制造业	828	767	61	
非金属矿物制品业	54	21	29	2
黑色金属冶炼及压延加工业	1191	76	1115	
有色金属冶炼及压延加工业	557	221	75	
金属制品业	45	5	40	
通用设备制造业	177	32	136	
专用设备制造业	2364	1409	459	3
交通运输设备制造业	2798		887	
电气机械及器材制造业	241	80	120	
通信设备、计算机及其他电子设备制造业	167	96	46	
仪器仪表及文化、办公用机械制造业	40	15	25	
电力、燃气及水的生产和供应业	672	256	80	
电力、热力的生产和供应业	672	256	80	

4-2-7 按行业分大中型企业R&D经费外部支出

单位：万元

行业	R&D经费外部支出	对境内研究机构支出	对境内高等学校支出	对境外支出
总计	**43665**	**20351**	**16594**	**968**
采矿业	30664	14982	12554	
煤炭开采和洗选业	30664	14982	12554	
制造业	12329	5113	3960	968
农副食品加工业				
食品制造业	505	303	202	
饮料制造业	152	128	24	
纺织业	10		10	
文教体育用品制造业	20	20		
石油加工、炼焦及核燃料加工业	2289	1136	778	366
化学原料及化学制品制造业	1736	1016	104	599
医药制造业	610	595	15	
非金属矿物制品业				
黑色金属冶炼及压延加工业	1191	76	1115	
有色金属冶炼及压延加工业	557	221	75	
金属制品业				
通用设备制造业	159	27	132	
专用设备制造业	1893	1408	459	3
交通运输设备制造业	2792		881	
电气机械及器材制造业	241	80	120	
通信设备、计算机及其他电子设备制造业	167	96	46	
仪器仪表及文化、办公用机械制造业	8	8		
电力、燃气及水的生产和供应业	672	256	80	
电力、热力的生产和供应业	672	256	80	

4-2-8 按行业分大型企业R&D经费外部支出

单位：万元

行业	R&D经费外部支出	对境内研究机构支出	对境内高等学校支出	对境外支出
总　计	**39578**	**18917**	**14027**	**968**
采矿业	30558	14876	12554	
煤炭开采和洗选业	30558	14876	12554	
制造业	8437	3838	1418	968
农副食品加工业				
食品制造业				
饮料制造业	37	12	24	
纺织业				
文教体育用品制造业				
石油加工、炼焦及核燃料加工业	2043	1099	579	366
化学原料及化学制品制造业	1727	1016	95	599
医药制造业				
非金属矿物制品业				
黑色金属冶炼及压延加工业	176	76	101	
有色金属冶炼及压延加工业	426	165		
金属制品业				
通用设备制造业	59		59	
专用设备制造业	1857	1390	441	3
交通运输设备制造业	1911			
电气机械及器材制造业	201	80	120	
通信设备、计算机及其他电子设备制造业				
仪器仪表及文化、办公用机械制造业				
电力、燃气及水的生产和供应业	583	203	55	
电力、热力的生产和供应业	583	203	55	

4-2-9 按行业分中型企业R&D经费外部支出

单位：万元

行业	R&D经费外部支出	对境内研究机构支出	对境内高等学校支出	对境外支出
总计	**4087**	**1435**	**2567**	
采矿业	106	106		
煤炭开采和洗选业	106	106		
制造业	3892	1275	2541	
农副食品加工业				
食品制造业	505	303	202	
饮料制造业	116	116		
纺织业	10		10	
文教体育用品制造业	20	20		
石油加工、炼焦及核燃料加工业	245	37	199	
化学原料及化学制品制造业	9		9	
医药制造业	610	595	15	
非金属矿物制品业				
黑色金属冶炼及压延加工业	1014		1014	
有色金属冶炼及压延加工业	131	56	75	
金属制品业				
通用设备制造业	100	27	73	
专用设备制造业	36	18	18	
交通运输设备制造业	881		881	
电气机械及器材制造业	41			
通信设备、计算机及其他电子设备制造业	167	96	46	
仪器仪表及文化、办公用机械制造业	8	8		
电力、燃气及水的生产和供应业	88	53	26	
电力、热力的生产和供应业	88	53	26	

4-2-10 按行业分小型企业R&D经费外部支出

单位：万元

行业	R&D经费外部支出	对境内研究机构支出	对境内高等学校支出	对境外支出
总计	**942**	**263**	**175**	**2**
采矿业	2		2	
煤炭开采和洗选业	2		2	
制造业	940	263	173	2
农副食品加工业				
食品制造业	20			
饮料制造业				
纺织业	2	2		
文教体育用品制造业				
石油加工、炼焦及核燃料加工业				
化学原料及化学制品制造业	74	50	24	
医药制造业	218	172	46	
非金属矿物制品业	54	21	29	2
黑色金属冶炼及压延加工业				
有色金属冶炼及压延加工业				
金属制品业	45	5	40	
通用设备制造业	18	5	4	
专用设备制造业	471	1		
交通运输设备制造业	6		6	
电气机械及器材制造业				
通信设备、计算机及其他电子设备制造业				
仪器仪表及文化、办公用机械制造业	32	7	25	
电力、燃气及水的生产和供应业				
电力、热力的生产和供应业				

4-2-11 按行业分国有控股企业R&D经费外部支出

单位：万元

行　业	R&D经费外部支出	对境内研究机构支出	对境内高等学校支出	对境外支出
总　计	**39075**	**18402**	**14005**	**968**
采矿业	28999	14312	11560	
煤炭开采和洗选业	28999	14312	11560	
制造业	9442	3873	2364	968
食品制造业				
饮料制造业	37	12	24	
纺织业				
文教体育用品制造业				
石油加工、炼焦及核燃料加工业	2037	1092	579	366
化学原料及化学制品制造业	1727	1016	95	599
医药制造业	26	26		
非金属矿物制品业				
黑色金属冶炼及压延加工业	176	76	101	
有色金属冶炼及压延加工业	426	165		
金属制品业				
通用设备制造业	139	15	124	
专用设备制造业	1857	1390	441	3
交通运输设备制造业	2792		881	
电气机械及器材制造业	201	80	120	
通信设备、计算机及其他电子设备制造业	25			
仪器仪表及文化、办公用机械制造业				
电力、燃气及水的生产和供应业	634	218	80	
电力、热力的生产和供应业	634	218	80	

4-2-12 按行业分内资企业R&D经费外部支出

单位：万元

行 业	R&D经费外部支出	对境内研究机构支出	对境内高等学校支出	对境外支出
总 计	**44495**	**20576**	**16760**	**970**
采矿业	30666	14982	12556	
煤炭开采和洗选业	30666	14982	12556	
制造业	13199	5376	4127	970
食品制造业	525	303	202	
饮料制造业	152	128	24	
纺织业	12	2	10	
文教体育用品制造业	20	20		
石油加工、炼焦及核燃料加工业	2289	1136	778	366
化学原料及化学制品制造业	1810	1066	128	599
医药制造业	828	767	61	
非金属矿物制品业	54	21	29	2
黑色金属冶炼及压延加工业	1191	76	1115	
有色金属冶炼及压延加工业	557	221	75	
金属制品业	45	5	40	
通用设备制造业	177	32	136	
专用设备制造业	2336	1409	453	3
交通运输设备制造业	2798		887	
电气机械及器材制造业	201	80	120	
通信设备、计算机及其他电子设备制造业	167	96	46	
仪器仪表及文化、办公用机械制造业	40	15	25	
电力、燃气及水的生产和供应业	630	218	76	
电力、热力的生产和供应业	630	218	76	

4-2-13 按行业分国有企业R&D经费外部支出

单位：万元

行　业	R&D经费外部支出	对境内研究机构支出	对境内高等学校支出	对境外支　出
总　计	**935**	**313**	**262**	
采矿业				
煤炭开采和洗选业				
制造业	306	95	185	
食品制造业				
饮料制造业				
纺织业				
文教体育用品制造业				
石油加工、炼焦及核燃料加工业				
化学原料及化学制品制造业				
医药制造业				
非金属矿物制品业				
黑色金属冶炼及压延加工业				
有色金属冶炼及压延加工业				
金属制品业				
通用设备制造业	80	15	65	
专用设备制造业				
交通运输设备制造业				
电气机械及器材制造业	201	80	120	
通信设备、计算机及其他电子设备制造业	25			
仪器仪表及文化、办公用机械制造业				
电力、燃气及水的生产和供应业	630	218	76	
电力、热力的生产和供应业	630	218	76	

4-2-14 按行业分港澳台商投资企业R&D经费外部支出

单位：万元

行业	R&D经费外部支出	对境内研究机构支出	对境内高等学校支出	对境外支出
总计	**69**		**6**	
采矿业				
煤炭开采和洗选业				
制造业	69		6	
食品制造业				
饮料制造业				
纺织业				
文教体育用品制造业				
石油加工、炼焦及核燃料加工业				
化学原料及化学制品制造业				
医药制造业				
非金属矿物制品业				
黑色金属冶炼及压延加工业				
有色金属冶炼及压延加工业				
金属制品业				
通用设备制造业				
专用设备制造业	29		6	
交通运输设备制造业				
电气机械及器材制造业	41			
通信设备、计算机及其他电子设备制造业				
仪器仪表及文化、办公用机械制造业				
电力、燃气及水的生产和供应业				
电力、热力的生产和供应业				

4-2-15 按行业分外商投资企业R&D经费外部支出

单位：万元

行 业	R&D经费外部支出	对境内研究机构支出	对境内高等学校支出	对境外支出
总 计	**42**	**38**	**4**	
采矿业				
煤炭开采和洗选业				
制造业				
食品制造业				
饮料制造业				
纺织业				
文教体育用品制造业				
石油加工、炼焦及核燃料加工业				
化学原料及化学制品制造业				
医药制造业				
非金属矿物制品业				
黑色金属冶炼及压延加工业				
有色金属冶炼及压延加工业				
金属制品业				
通用设备制造业				
专用设备制造业				
交通运输设备制造业				
电气机械及器材制造业				
通信设备、计算机及其他电子设备制造业				
仪器仪表及文化、办公用机械制造业				
电力、燃气及水的生产和供应业	42	38	4	
电力、热力的生产和供应业	42	38	4	

4-2-16 各地区企业R&D经费外部支出

单位：万元

地 区	R&D经费外部支出	对境内研究机构支出	对境内高等学校支出	对境外支出
总 计	**44606**	**20614**	**16769**	**970**
太原市	5218	2175	2196	3
大同市	5342		2006	
阳泉市	2756	1136	1609	2
长治市	10755	6252	4453	32
晋城市	9988	6258	3729	
朔州市	3271	1163	411	
晋中市	215	105	88	
运城市	1624	1120	243	
忻州市	9		9	
临汾市	4062	2206	858	932
吕梁市	1368	200	1168	

4-2-17 各地区大中型企业R&D经费外部支出

单位：万元

地 区	R&D经费外部支出	对境内研究机构支出	对境内高等学校支出	对境外支出
总 计	**43665**	**20351**	**16594**	**968**
太原市	4416	1976	2085	3
大同市	5342		2006	
阳泉市	2673	1076	1597	
长治市	10705	6252	4403	32
晋城市	9988	6258	3729	
朔州市	3271	1163	411	
晋中市	209	102	85	
运城市	1624	1119	243	
忻州市	9		9	
临汾市	4062	2206	858	932
吕梁市	1368	200	1168	

4-2-18 各地区大型企业R&D经费外部支出

单位：万元

地　区	R&D经费外部支出	对境内研究机构支出	对境内高等学校支出	对境外支出
总　计	**39578**	**18917**	**14027**	**968**
太原市	2427	1129	969	3
大同市	5342		2006	
阳泉市	2672	1076	1597	
长治市	10503	6065	4388	32
晋城市	9872	6143	3729	
朔州市	3182	1110	385	
晋中市	129	87	20	
运城市	1426	1045	120	
忻州市				
临汾市	3776	2169	659	932
吕梁市	247	93	154	

4-2-19 各地区中型企业R&D经费外部支出

单位：万元

地　区	R&D经费外部支出	对境内研究机构支出	对境内高等学校支出	对境外支出
总　计	**4087**	**1435**	**2567**	
太原市	1989	847	1116	
大同市				
阳泉市				
长治市	201	186	15	
晋城市	116	116		
朔州市	88	53	26	
晋中市	80	15	65	
运城市	197	74	123	
忻州市	9		9	
临汾市	286	37	199	
吕梁市	1121	106	1014	

4-2-20 各地区小型企业R&D经费外部支出

单位：万元

地　　区	R&D经费外部支出	对境内研究机构支出	对境内高等学校支出	对境外支　出
总　　计	**942**	**263**	**175**	**2**
太原市	802	199	110	
大同市				
阳泉市	84	61	12	2
长治市	50		50	
晋城市				
朔州市				
晋中市	6	3	3	
运城市				
忻州市				
临汾市				
吕梁市				

4-2-21 各地区国有控股企业R&D经费外部支出

单位：万元

地　　区	R&D经费外部支出	对境内研究机构支出	对境内高等学校支出	对境外支　出
总　　计	**39075**	**18402**	**14005**	**968**
太原市	3333	1129	1850	3
大同市	5342		2006	
阳泉市	2673	1076	1597	
长治市	8865	5421	3394	32
晋城市	9872	6143	3729	
朔州市	3233	1125	411	
晋中市	202	95	85	
运城市	1426	1045	120	
忻州市				
临汾市	3776	2169	659	932
吕梁市	354	200	154	

4-2-22 各地区内资企业R&D经费外部支出

单位：万元

地　区	R&D经费外部支出	对境内研究机构支出	对境内高等学校支出	对境外支出
总　计	**44495**	**20576**	**16760**	**970**
太原市	5218	2175	2196	3
大同市	5342		2006	
阳泉市	2756	1136	1609	2
长治市	10755	6252	4453	32
晋城市	9988	6258	3729	
朔州市	3233	1125	411	
晋中市	183	105	78	
运城市	1624	1120	243	
忻州市	9		9	
临汾市	4021	2206	858	932
吕梁市	1368	200	1168	

4-2-23 各地区国有企业R&D经费外部支出

单位：万元

地　区	R&D经费外部支出	对境内研究机构支出	对境内高等学校支出	对境外支出
总　计	**935**	**313**	**262**	
太原市	605	203	51	
大同市				
阳泉市				
长治市				
晋城市				
朔州市	50	15	26	
晋中市	80	15	65	
运城市	201	80	120	
忻州市				
临汾市				
吕梁市				

4-2-24 各地区港澳台商投资企业R&D经费外部支出

单位：万元

地　　区	R&D经费外部支出	对境内研究机构支出	对境内高等学校支出	对境外支出
总　　计	**69**		**6**	
太 原 市				
大 同 市				
阳 泉 市				
长 治 市				
晋 城 市				
朔 州 市				
晋 中 市	29		6	
运 城 市				
忻 州 市				
临 汾 市	41			
吕 梁 市				

4-2-25 各地区外商投资企业R&D经费外部支出

单位：万元

地　　区	R&D经费外部支出	对境内研究机构支出	对境内高等学校支出	对境外支出
总　　计	42	38	4	
太 原 市				
大 同 市				
阳 泉 市				
长 治 市				
晋 城 市				
朔 州 市	38	38		
晋 中 市	4		4	
运 城 市				
忻 州 市				
临 汾 市				
吕 梁 市				

4-2-26 各地区分行业企业R&D经费外部支出

单位：万元

地　区	采矿业			
	R&D经费外部支出	对境内研究机构支出	对境内高等学校支出	对境外支出
总　计	**30666**	**14982**	**12556**	
太原市	1070	595	476	
大同市	3431		2006	
阳泉市	2674	1076	1599	
长治市	10014	5792	4222	
晋城市	9872	6143	3729	
朔州市	3182	1110	385	
晋中市	90	80	10	
运城市				
忻州市				
临汾市	16			
吕梁市	317	188	130	

4-2-26 续表 1

单位：万元

地　区	制造业			
	R&D经费外部支出	对境内研究机构支出	对境内高等学校支出	对境外支出
总　计	**13269**	**5376**	**4133**	**970**
太原市	3568	1378	1669	3
大同市	1911			
阳泉市	82	61	10	2
长治市	741	460	231	32
晋城市	116	116		
朔州市				
晋中市	121	25	74	
运城市	1624	1120	243	
忻州市	9		9	
临汾市	4046	2206	858	932
吕梁市	1051	12	1039	

4–2–26　续表 2

单位：万元

地　　区	食品制造业			
	R&D经费外部支出	对境内研究机构支出	对境内高等学校支出	对境外支出
总　　计	**525**	**303**	**202**	
太 原 市	525	303	202	
大 同 市				
阳 泉 市				
长 治 市				
晋 城 市				
朔 州 市				
晋 中 市				
运 城 市				
忻 州 市				
临 汾 市				
吕 梁 市				

4–2–26　续表 3

单位：万元

地　　区	饮料制造业			
	R&D经费外部支出	对境内研究机构支出	对境内高等学校支出	对境外支出
总　　计	**152**	**128**	**24**	
太 原 市				
大 同 市				
阳 泉 市				
长 治 市				
晋 城 市	116	116		
朔 州 市				
晋 中 市				
运 城 市				
忻 州 市				
临 汾 市				
吕 梁 市	37	12	24	

4-2-26 续表 4

单位：万元

地区	纺织业			
	R&D经费外部支出	对境内研究机构支出	对境内高等学校支出	对境外支出
总计	**12**	**2**	**10**	
太原市				
大同市				
阳泉市				
长治市				
晋城市				
朔州市				
晋中市	2	2		
运城市	10		10	
忻州市				
临汾市				
吕梁市				

4-2-26 续表 5

单位：万元

地区	文教体育用品制造业			
	R&D经费外部支出	对境内研究机构支出	对境内高等学校支出	对境外支出
总计	**20**	**20**		
太原市				
大同市				
阳泉市				
长治市	20	20		
晋城市				
朔州市				
晋中市				
运城市				
忻州市				
临汾市				
吕梁市				

4-2-26 续表 6

单位：万元

地　区	石油加工、炼焦及核燃料加工业			
	R&D经费外部支出	对境内研究机构支出	对境内高等学校支出	对境外支出
总　计	**2289**	**1136**	**778**	**366**
太原市	207	177	30	
大同市				
阳泉市				
长治市				
晋城市				
朔州市				
晋中市	7	7		
运城市				
忻州市				
临汾市	2075	952	748	366
吕梁市				

4-2-26 续表 7

单位：万元

地　区	化学原料及化学制品制造业			
	R&D经费外部支出	对境内研究机构支出	对境内高等学校支出	对境外支出
总　计	**1810**	**1066**	**128**	**599**
太原市	26	2	24	
大同市				
阳泉市	50	50		
长治市	250	105	95	32
晋城市				
朔州市				
晋中市				
运城市	800	800		
忻州市	9		9	
临汾市	676	110		566
吕梁市				

4-2-26 续表 8

单位：万元

地 区	医药制造业			
	R&D经费外部支出	对境内研究机构支出	对境内高等学校支出	对境外支出
总 计	**828**	**767**	**61**	
太原市	646	601	46	
大同市				
阳泉市				
长治市	181	166	15	
晋城市				
朔州市				
晋中市				
运城市				
忻州市				
临汾市				
吕梁市				

4-2-26 续表 9

单位：万元

地 区	非金属矿物制品业			
	R&D经费外部支出	对境内研究机构支出	对境内高等学校支出	对境外支出
总 计	**54**	**21**	**29**	**2**
太原市	30	15	13	
大同市				
阳泉市	14	6	6	2
长治市	10		10	
晋城市				
朔州市				
晋中市				
运城市				
忻州市				
临汾市				
吕梁市				

4-2-26　续表 10

单位：万元

地　区	黑色金属冶炼及压延加工业			
	R&D经费外部支出	对境内研究机构支出	对境内高等学校支出	对境外支出
总　计	**1191**	**76**	**1115**	
太原市	126	76	51	
大同市				
阳泉市				
长治市				
晋城市				
朔州市				
晋中市				
运城市				
忻州市				
临汾市	50		50	
吕梁市	1014		1014	

4-2-26　续表 11

单位：万元

地　区	有色金属冶炼及压延加工业			
	R&D经费外部支出	对境内研究机构支出	对境内高等学校支出	对境外支出
总　计	**557**	**221**	**75**	
太原市				
大同市				
阳泉市				
长治市				
晋城市				
朔州市				
晋中市				
运城市	557	221	75	
忻州市				
临汾市				
吕梁市				

4-2-26　续表12

单位：万元

地　区	金属制品业			
	R&D经费外部支出	对境内研究机构支出	对境内高等学校支出	对境外支出
总　计	**45**	**45**	**40**	
太原市	5	5		
大同市				
阳泉市				
长治市	40	40	40	
晋城市				
朔州市				
晋中市				
运城市				
忻州市				
临汾市				
吕梁市				

4-2-26　续表13

单位：万元

地　区	通用设备制造业			
	R&D经费外部支出	对境内研究机构支出	对境内高等学校支出	对境外支出
总　计	**177**	**32**	**136**	
太原市	59		59	
大同市				
阳泉市	18	5	4	
长治市				
晋城市				
朔州市				
晋中市	80	15	65	
运城市	20	12	8	
忻州市				
临汾市				
吕梁市				

4-2-26 续表 14

单位：万元

地　区	专用设备制造业			
	R&D经费外部支出	对境内研究机构支出	对境内高等学校支出	对境外支出
总　计	**2364**	**1409**	**459**	**3**
太原市	884	89	321	3
大同市				
阳泉市				
长治市	240	169	71	
晋城市				
朔州市				
晋中市	30	1	6	
运城市	6	6		
忻州市				
临汾市	1205	1145	60	
吕梁市				

4-2-26 续表 15

单位：万元

地　区	交通运输设备制造业			
	R&D经费外部支出	对境内研究机构支出	对境内高等学校支出	对境外支出
总　计	**2798**		**887**	
太原市	884		884	
大同市	1911			
阳泉市				
长治市				
晋城市				
朔州市				
晋中市	3		3	
运城市				
忻州市				
临汾市				
吕梁市				

4-2-26　续表 16

单位：万元

地　　区	电气机械及器材制造业			
	R&D经费外部支出	对境内研究机构支出	对境内高等学校支出	对境外支　出
总　　计	**241**	**80**	**120**	
太 原 市				
大 同 市				
阳 泉 市				
长 治 市				
晋 城 市				
朔 州 市				
晋 中 市				
运 城 市	201	80	120	
忻 州 市				
临 汾 市	41			
吕 梁 市				

4-2-26　续表 17

单位：万元

地　　区	通信设备、计算机及其他电子设备制造业			
	R&D经费外部支出	对境内研究机构支出	对境内高等学校支出	对境外支　出
总　　计	**167**	**96**	**46**	
太 原 市	137	96	16	
大 同 市				
阳 泉 市				
长 治 市				
晋 城 市				
朔 州 市				
晋 中 市				
运 城 市	30		30	
忻 州 市				
临 汾 市				
吕 梁 市				

4-2-26　续表 18

单位：万元

地　　区	仪器仪表及文化、办公用机械制造业			
	R&D经费外部支出	对境内研究机构支出	对境内高等学校支出	对境外支　出
总　　计	**40**	**15**	**25**	
太 原 市	40	15	25	
大 同 市				
阳 泉 市				
长 治 市				
晋 城 市				
朔 州 市				
晋 中 市				
运 城 市				
忻 州 市				
临 汾 市				
吕 梁 市				

4-2-26　续表 19

单位：万元

地　　区	电力、燃气及水的生产和供应业			
	R&D经费外部支出	对境内研究机构支出	对境内高等学校支出	对境外支　出
总　　计	**672**	**256**	**80**	
太 原 市	580	203	51	
大 同 市				
阳 泉 市				
长 治 市				
晋 城 市				
朔 州 市	88	53	26	
晋 中 市	4		4	
运 城 市				
忻 州 市				
临 汾 市				
吕 梁 市				

5-1-1 企业R&D项目情况

项 目	R&D项目数 (项)	R&D项目人员 (人)	R&D项目人员折合 全时当量 (人年)	R&D项目经费 支出 (万元)
总 计	**2044**	**33487**	**27245**	**500082**
按企业规模分组				
大中型企业	1808	31690	25767	474280
大型企业	1231	27034	22191	400933
中型企业	577	4656	3576	73347
小型企业	236	1797	1478	25802
按企业控股情况分组				
国有控股	1532	29100	23664	429453
集体控股	40	258	170	2777
私人控股	407	3474	2991	57492
港澳台商控股	10	78	50	1504
外商控股	36	296	256	2413
其他	19	281	114	6444
按登记注册类型分组				
内资企业	1966	32524	26385	489878
国有企业	202	1473	1318	19108
集体企业	4	29	25	418
股份合作企业	1	14	16	130
有限责任公司	1345	26910	21579	414327
国有独资公司	576	9122	7486	269804
股份有限公司	246	3012	2587	32614
私营企业	168	1086	860	23280
港、澳、台商投资企业	32	424	353	5773
外商投资企业	46	539	507	4431

5-1-2 大中型企业R&D项目情况

项　　目	R&D项目数(项)	R&D项目人员(人)	R&D项目人员折合全时当量(人年)	R&D项目经费支出(万元)
总　　计	**1808**	**31690**	**25767**	**474280**
按企业控股情况分组				
国有控股	1508	28836	23376	428643.3
集体控股	29	176	91	2001.2
私人控股	228	2135	1956	34705.3
港澳台商控股	8	50	24	482.9
外商控股	18	245	220	2057.4
其他	17	248	100	6389.9
按登记注册类型分组				
内资企业	1755	30987	25138	465651.7
国有企业	187	1407	1245	18886.3
集体企业	3	24	23	400.8
股份合作企业				
有限责任公司	1246	26250	21033	407526.5
国有独资公司	576	9122	7486	269803.6
股份有限公司	236	2913	2500	31208.6
私营企业	83	393	337	7629.5
其他内资企业				
港、澳、台商投资企业	30	388	340	5692.6
外商投资企业	23	315	289	2935.7

5-1-3 大型企业R&D项目情况

项 目	R&D项目数(项)	R&D项目人员(人)	R&D项目人员折合全时当量(人年)	R&D项目经费支出(万元)
总 计	**1231**	**27034**	**22191**	**400933**
按企业控股情况分组				
国有控股	1167	26571	21725	397283
集体控股				
私人控股	55	361	405	3273
港澳台商控股				
外商控股	8	82	53	287
其他	1	20	8	90
按登记注册类型分组				
内资企业	1195	26687	21889	399446
国有企业	62	742	651	14368
集体企业				
股份合作企业				
有限责任公司	971	23621	19185	360526
国有独资公司	506	8753	7178	263985
股份有限公司	162	2324	2053	24552
私营企业				
其他内资企业				
港、澳、台商投资企业	26	261	248	1182
外商投资企业	10	86	54	305

5-1-4 中型企业R&D项目情况

项目	R&D项目数(项)	R&D项目人员(人)	R&D项目人员折合全时当量(人年)	R&D项目经费支出(万元)
总计	**577**	**4656**	**3576**	**73347**
按企业控股情况分组				
国有控股	341	2265	1651	31360
集体控股	29	176	91	2001
私人控股	173	1774	1551	31433
港澳台商控股	8	50	24	483
外商控股	10	163	167	1771
其他	16	228	92	6300
按登记注册类型分组				
内资企业	560	4300	3249	66206
国有企业	125	665	594	4518
集体企业	3	24	23	401
股份合作企业				
有限责任公司	275	2629	1848	47001
国有独资公司	70	369	308	5819
股份有限公司	74	589	447	6656
私营企业	83	393	337	7630
其他内资企业				
港、澳、台商投资企业	4	127	92	4511
外商投资企业	13	229	235	2631

5-1-5 小型企业R&D项目情况

项　　目	R&D项目数（项）	R&D项目人员（人）	R&D项目人员折合全时当量（人年）	R&D项目经费支出（万元）
总　　计	**236**	**1797**	**1478**	**25802**
按企业控股情况分组				
国有控股	24	264	288	809
集体控股	11	82	79	775
私人控股	179	1339	1035	22787
港澳台商控股	2	28	26	1021
外商控股	18	51	36	355
其他	2	33	14	54
按登记注册类型分组				
内资企业	211	1537	1247	24226
国有企业	15	66	73	222
集体企业	1	5	2	17
股份合作企业	1	14	16	130
有限责任公司	99	660	546	6801
国有独资公司				
股份有限公司	10	99	87	1406
私营企业	85	693	523	15651
其他内资企业				
港、澳、台商投资企业	2	36	13	81
外商投资企业	23	224	218	1495

5-1-6 按行业分企业R&D项目情况

行 业	R&D项目数 (项)	R&D项目人员 (人)	R&D项目人员折合全时当量 (人年)	R&D项目经费支出 (万元)
总 计	**2044**	**33487**	**27245**	**500082**
采矿业	520	19776	15847	135808
煤炭开采和洗选业	520	19776	15847	135808
制造业	1495	13491	11245	363435
农副食品加工业	3	41	46	362
食品制造业	10	99	38	2062
饮料制造业	18	324	358	877
烟草制品业	5	41	39	665
纺织业	7	41	42	986
纺织服装、鞋、帽制造业	1	18	12	350
印刷业和记录媒介的复制	5	14	3	111
文教体育用品制造业	2	111	100	514
石油加工、炼焦及核燃料加工业	47	736	460	18511
化学原料及化学制品制造业	179	2145	1992	28649
医药制造业	154	862	587	7018
橡胶制品业	21	125	84	2919
塑料制品业	1	2	1	50
非金属矿物制品业	39	419	348	5088
黑色金属冶炼及压延加工业	104	2608	2381	175430
有色金属冶炼及压延加工业	45	504	447	5109
金属制品业	12	33	25	665
通用设备制造业	232	884	611	11701
专用设备制造业	387	2191	1771	70453
交通运输设备制造业	95	826	559	11084
电气机械及器材制造业	63	602	553	13047
通信设备、计算机及其他电子设备制造业	29	434	320	2390
仪器仪表及文化、办公用机械制造业	36	431	468	5394
电力、燃气及水的生产和供应业	29	220	153	839
电力、热力的生产和供应业	29	220	153	839

5-1-7 按行业分大中型企业R&D项目情况

行　业	R&D项目数 (项)	R&D项目人员 (人)	R&D项目人员折合全时当量 (人年)	R&D项目经费支出 (万元)
总　计	**1808**	**31690**	**25767**	**474280**
采矿业	516	19706	15786	134725
煤炭开采和洗选业	516	19706	15786	134725
制造业	1264	11767	9829	338758
农副食品加工业				
食品制造业	5	28	18	1137
饮料制造业	17	318	353	861
烟草制品业	5	41	39	665
纺织业	2	24	29	760
纺织服装、鞋、帽制造业	1	18	12	350
印刷业和记录媒介的复制				
文教体育用品制造业	2	111	100	514
石油加工、炼焦及核燃料加工业	45	721	445	18164
化学原料及化学制品制造业	163	1882	1737	25827
医药制造业	118	682	458	4330
橡胶制品业	20	111	68	2837
塑料制品业				
非金属矿物制品业	7	171	132	2590
黑色金属冶炼及压延加工业	102	2594	2369	175080
有色金属冶炼及压延加工业	42	488	428	4950
金属制品业				
通用设备制造业	198	672	492	4680
专用设备制造业	346	1861	1449	67088
交通运输设备制造业	86	719	486	9324
电气机械及器材制造业	61	585	548	12744
通信设备、计算机及其他电子设备制造业	25	384	285	2127
仪器仪表及文化、办公用机械制造业	19	357	381	4731
电力、燃气及水的生产和供应业	28	217	152	797
电力、热力的生产和供应业	28	217	152	797

5-1-8 按行业分大型企业R&D项目情况

行业	R&D项目数(项)	R&D项目人员(人)	R&D项目人员折合全时当量(人年)	R&D项目经费支出(万元)
总计	**1231**	**27034**	**22191**	**400933**
采矿业	484	19500	15629	124950
煤炭开采和洗选业	484	19500	15629	124950
制造业	737	7457	6508	275452
农副食品加工业				
食品制造业				
饮料制造业	14	275	326	465
烟草制品业				
纺织业				
纺织服装、鞋、帽制造业				
印刷业和记录媒介的复制				
文教体育用品制造业				
石油加工、炼焦及核燃料加工业	31	484	256	9635
化学原料及化学制品制造业	122	1704	1611	20037
医药制造业	32	187	205	1734
橡胶制品业	5	26	15	546
塑料制品业				
非金属矿物制品业				
黑色金属冶炼及压延加工业	94	2172	1928	165505
有色金属冶炼及压延加工业	18	175	157	327
金属制品业				
通用设备制造业	77	189	99	724
专用设备制造业	277	1460	1271	60737
交通运输设备制造业	24	358	214	4291
电气机械及器材制造业	35	345	373	11166
通信设备、计算机及其他电子设备制造业	8	82	53	287
仪器仪表及文化、办公用机械制造业				
电力、燃气及水的生产和供应业	10	77	54	530
电力、热力的生产和供应业	10	77	54	530

5-1-9 按行业分中型企业R&D项目情况

行　业	R&D项目数(项)	R&D项目人员(人)	R&D项目人员折合全时当量(人年)	R&D项目经费支出(万元)
总　计	**577**	**4656**	**3576**	**73347**
采矿业	32	206	157	9775
煤炭开采和洗选业	32	206	157	9775
制造业	527	4310	3321	63305
农副食品加工业				
食品制造业	5	28	18	1137
饮料制造业	3	43	27	396
烟草制品业	5	41	39	665
纺织业	2	24	29	760
纺织服装、鞋、帽制造业	1	18	12	350
印刷业和记录媒介的复制				
文教体育用品制造业	2	111	100	514
石油加工、炼焦及核燃料加工业	14	237	189	8529
化学原料及化学制品制造业	41	178	126	5791
医药制造业	86	495	253	2596
橡胶制品业	15	85	53	2291
塑料制品业				
非金属矿物制品业	7	171	132	2590
黑色金属冶炼及压延加工业	8	422	441	9575
有色金属冶炼及压延加工业	24	313	271	4623
金属制品业				
通用设备制造业	121	483	393	3956
专用设备制造业	69	401	178	6351
交通运输设备制造业	62	361	272	5033
电气机械及器材制造业	26	240	175	1579
通信设备、计算机及其他电子设备制造业	17	302	232	1840
仪器仪表及文化、办公用机械制造业	19	357	381	4731
电力、燃气及水的生产和供应业	18	140	98	267
电力、热力的生产和供应业	18	140	98	267

5-1-10 按行业分小型企业R&D项目情况

行　业	R&D项目数(项)	R&D项目人员(人)	R&D项目人员折合全时当量(人年)	R&D项目经费支出(万元)
总　计	**236**	**1797**	**1478**	**25802**
采矿业	4	70	61	1083
煤炭开采和洗选业	4	70	61	1083
制造业	231	1724	1416	24677
农副食品加工业	3	41	46	362
食品制造业	5	71	20	925
饮料制造业	1	6	5	16
烟草制品业				
纺织业	5	17	13	226
纺织服装、鞋、帽制造业				
印刷业和记录媒介的复制	5	14	3	111
文教体育用品制造业				
石油加工、炼焦及核燃料加工业	2	15	15	348
化学原料及化学制品制造业	16	263	255	2822
医药制造业	36	180	129	2688
橡胶制品业	1	14	16	82
塑料制品业	1	2	1	50
非金属矿物制品业	32	248	216	2499
黑色金属冶炼及压延加工业	2	14	12	350
有色金属冶炼及压延加工业	3	16	19	159
金属制品业	12	33	25	665
通用设备制造业	34	212	119	7021
专用设备制造业	41	330	322	3364
交通运输设备制造业	9	107	73	1760
电气机械及器材制造业	2	17	5	303
通信设备、计算机及其他电子设备制造业	4	50	35	263
仪器仪表及文化、办公用机械制造业	17	74	87	663
电力、燃气及水的生产和供应业	1	3	1	42
电力、热力的生产和供应业	1	3	1	42

5-1-11 按行业分国有控股企业R&D项目情况

行　　业	R&D项目数(项)	R&D项目人员(人)	R&D项目人员折合全时当量(人年)	R&D项目经费支出(万元)
总　　计	**1532**	**29100**	**23664**	**429453**
采矿业	491	19491	15573	132505
煤炭开采和洗选业	491	19491	15573	132505
制造业	1016	9414	7951	296300
农副食品加工业				
食品制造业				
饮料制造业	14	275	326	465
烟草制品业	5	41	39	665
纺织业				
纺织服装、鞋、帽制造业				
印刷业和记录媒介的复制				
文教体育用品制造业				
石油加工、炼焦及核燃料加工业	30	464	248	9544
化学原料及化学制品制造业	157	1853	1799	20775
医药制造业	29	356	173	1846
橡胶制品业	17	74	31	2155
塑料制品业	1	2	1	50
非金属矿物制品业	4	25	27	763
黑色金属冶炼及压延加工业	94	2172	1928	165505
有色金属冶炼及压延加工业	22	213	193	669
金属制品业	8	10	8	63
通用设备制造业	183	596	448	4050
专用设备制造业	322	1752	1413	65824
交通运输设备制造业	60	601	373	8302
电气机械及器材制造业	53	495	491	11849
通信设备、计算机及其他电子设备制造业	7	244	192	462
仪器仪表及文化、办公用机械制造业	10	241	261	3313
电力、燃气及水的生产和供应业	25	195	140	648
电力、热力的生产和供应业	25	195	140	648

5-1-12 按行业分内资企业R&D项目情况

行业	R&D项目数(项)	R&D项目人员(人)	R&D项目人员折合全时当量(人年)	R&D项目经费支出(万元)
总计	**1966**	**32524**	**26385**	**489878**
采矿业	520	19776	15847	135808
煤炭开采和洗选业	520	19776	15847	135808
制造业	1422	12552	10397	353336
农副食品加工业	3	41	46	362
食品制造业	10	99	38	2062
饮料制造业	18	324	358	877
烟草制品业	5	41	39	665
纺织业	7	41	42	986
纺织服装、鞋、帽制造业	1	18	12	350
印刷业和记录媒介的复制	5	14	3	111
文教体育用品制造业	2	111	100	514
石油加工、炼焦及核燃料加工业	46	654	371	14351
化学原料及化学制品制造业	176	2019	1840	28593
医药制造业	136	811	551	6663
橡胶制品业	20	114	74	2639
塑料制品业	1	2	1	50
非金属矿物制品业	37	368	314	4529
黑色金属冶炼及压延加工业	104	2608	2381	175430
有色金属冶炼及压延加工业	45	504	447	5109
金属制品业	12	33	25	665
通用设备制造业	231	862	603	11651
专用设备制造业	360	1927	1522	69192
交通运输设备制造业	92	753	488	9765
电气机械及器材制造业	60	557	550	12697
通信设备、计算机及其他电子设备制造业	21	352	267	2103
仪器仪表及文化、办公用机械制造业	30	299	325	3974
电力、燃气及水的生产和供应业	24	196	141	733
电力、热力的生产和供应业	24	196	141	733

5-1-13 按行业分国有企业R&D项目情况

行　业	R&D项目数(项)	R&D项目人员(人)	R&D项目人员折合全时当量(人年)	R&D项目经费支出(万元)
总　计	**202**	**1473**	**1318**	**19108**
采矿业	2	11	4	53
煤炭开采和洗选业	2	11	4	53
制造业	179	1277	1179	18433
农副食品加工业				
食品制造业				
饮料制造业				
烟草制品业				
纺织业				
纺织服装、鞋、帽制造业				
印刷业和记录媒介的复制				
文教体育用品制造业				
石油加工、炼焦及核燃料加工业				
化学原料及化学制品制造业				
医药制造业				
橡胶制品业				
塑料制品业	1	2	1	50
非金属矿物制品业	3	17	20	23
黑色金属冶炼及压延加工业	5	124	95	1403
有色金属冶炼及压延加工业				
金属制品业	8	10	8	63
通用设备制造业	82	416	409	3187
专用设备制造业	19	206	91	1455
交通运输设备制造业	18	50	55	777
电气机械及器材制造业	36	347	374	11175
通信设备、计算机及其他电子设备制造业	4	68	82	214
仪器仪表及文化、办公用机械制造业	3	37	44	86
电力、燃气及水的生产和供应业	21	185	135	622
电力、热力的生产和供应业	21	185	135	622

5-1-14 按行业分港澳台商投资企业R&D项目情况

行业	R&D项目数(项)	R&D项目人员(人)	R&D项目人员折合全时当量(人年)	R&D项目经费支出(万元)
总计	**32**	**424**	**353**	**5773**
采矿业				
煤炭开采和洗选业				
制造业	31	421	352	5732
农副食品加工业				
食品制造业				
饮料制造业				
烟草制品业				
纺织业				
纺织服装、鞋、帽制造业				
印刷业和记录媒介的复制				
文教体育用品制造业				
石油加工、炼焦及核燃料加工业	1	82	89	4160
化学原料及化学制品制造业				
医药制造业				
橡胶制品业				
塑料制品业				
非金属矿物制品业	1	33	12	39
黑色金属冶炼及压延加工业				
有色金属冶炼及压延加工业				
金属制品业				
通用设备制造业				
专用设备制造业	26	261	248	1182
交通运输设备制造业				
电气机械及器材制造业	3	45	3	351
通信设备、计算机及其他电子设备制造业				
仪器仪表及文化、办公用机械制造业				
电力、燃气及水的生产和供应业	1	3	1	42
电力、热力的生产和供应业	1	3	1	42

5-1-15 按行业分外商投资企业R&D项目情况

行业	R&D项目数(项)	R&D项目人员(人)	R&D项目人员折合全时当量(人年)	R&D项目经费支出(万元)
总计	**46**	**539**	**507**	**4431**
采矿业				
煤炭开采和洗选业				
制造业	42	518	496	4367
农副食品加工业				
食品制造业				
饮料制造业				
烟草制品业				
纺织业				
纺织服装、鞋、帽制造业				
印刷业和记录媒介的复制				
文教体育用品制造业				
石油加工、炼焦及核燃料加工业				
化学原料及化学制品制造业	3	126	152	56
医药制造业	18	51	36	355
橡胶制品业	1	11	10	280
塑料制品业				
非金属矿物制品业	1	18	22	520
黑色金属冶炼及压延加工业				
有色金属冶炼及压延加工业				
金属制品业				
通用设备制造业	1	22	8	50
专用设备制造业	1	3	1	79
交通运输设备制造业	3	73	71	1319
电气机械及器材制造业				
通信设备、计算机及其他电子设备制造业	8	82	53	287
仪器仪表及文化、办公用机械制造业	6	132	143	1420
电力、燃气及水的生产和供应业	4	21	11	64
电力、热力的生产和供应业	4	21	11	64

5-1-16 各地市企业R&D项目情况

地　区	R&D项目数 (项)	R&D项目人员 (人)	R&D项目人员折合全时当量 (人年)	R&D项目经费支出 (万元)
总　计	**2044**	**33487**	**27245**	**500082**
太原市	787	9895	8314	262650
大同市	125	7135	6919	33419
阳泉市	138	3114	1167	28930
长治市	396	4932	4318	41850
晋城市	52	2215	1316	25193
朔州市	38	146	119	9193
晋中市	178	1982	1725	32380
运城市	162	2256	2179	26827
忻州市	9	78	82	1463
临汾市	99	1025	585	28534
吕梁市	60	709	521	9643

5-1-17 各地市大中型企业R&D项目情况

地　区	R&D项目数 (项)	R&D项目人员 (人)	R&D项目人员折合全时当量 (人年)	R&D项目经费支出 (万元)
总　计	**1808**	**31690**	**25767**	**474280**
太原市	665	9156	7709	255296
大同市	118	6977	6730	33156
阳泉市	124	3018	1112	22579
长治市	373	4813	4220	39864
晋城市	50	2211	1312	24897
朔州市	36	140	115	8768
晋中市	128	1459	1300	25297
运城市	157	2198	2135	26100
忻州市	8	74	77	1317
临汾市	93	969	560	27775
吕梁市	56	675	497	9231

5-1-18 各地市大型企业R&D项目情况

地　区	R&D项目数 (项)	R&D项目人员 (人)	R&D项目人员折合全时当量 (人年)	R&D项目经费支出 (万元)
总　计	**1231**	**27034**	**22191**	**400933**
太原市	475	7510	6620	234614
大同市	115	6950	6708	32892
阳泉市	60	2792	939	19844
长治市	296	4391	3848	36509
晋城市	41	2144	1269	23911
朔州市	25	85	79	8668
晋中市	33	340	306	2894
运城市	105	1611	1648	16329
忻州市				
临汾市	55	677	403	23849
吕梁市	26	534	371	1424

5-1-19 各地市中型企业R&D项目情况

地　区	R&D项目数 (项)	R&D项目人员 (人)	R&D项目人员折合全时当量 (人年)	R&D项目经费支出 (万元)
总　计	**577**	**4656**	**3576**	**73347**
太原市	190	1646	1089	20681
大同市	3	27	22	265
阳泉市	64	226	173	2735
长治市	77	422	372	3355
晋城市	9	67	43	986
朔州市	11	55	36	100
晋中市	95	1119	994	22403
运城市	52	587	487	9771
忻州市	8	74	77	1317
临汾市	38	292	157	3926
吕梁市	30	141	126	7808

5-1-20 各地市小型企业R&D项目情况

地　　区	R&D项目数(项)	R&D项目人员(人)	R&D项目人员折合全时当量(人年)	R&D项目经费支出(万元)
总　　计	**236**	**1797**	**1478**	**25802**
太原市	122	739	605	7354
大同市	7	158	189	263
阳泉市	14	96	55	6351
长治市	23	119	98	1986
晋城市	2	4	4	296
朔州市	2	6	4	426
晋中市	50	523	425	7083
运城市	5	58	44	728
忻州市	1	4	5	146
临汾市	6	56	25	758
吕梁市	4	34	24	412

5-1-21 各地市国有控股企业R&D项目情况

地　　区	R&D项目数(项)	R&D项目人员(人)	R&D项目人员折合全时当量(人年)	R&D项目经费支出(万元)
总　　计	**1532**	**29100**	**23664**	**429453**
太原市	614	8809	7479	250291
大同市	118	7075	6858	32941
阳泉市	122	2899	1015	21809
长治市	310	4499	3899	37357
晋城市	39	2108	1260	23991
朔州市	34	123	105	8722
晋中市	108	766	668	9436
运城市	79	1504	1503	14659
忻州市	2	9	9	301
临汾市	58	697	408	23895
吕梁市	48	611	460	6053

5-1-22 各地市内资企业R&D项目情况

地　区	R&D项目数 (项)	R&D项目人员 (人)	R&D项目人员折合全时当量 (人年)	R&D项目经费支出 (万元)
总　计	**1966**	**32524**	**26385**	**489878**
太原市	759	9675	8102	259894
大同市	120	6986	6740	33232
阳泉市	138	3114	1167	28930
长治市	395	4921	4308	41570
晋城市	49	2168	1298	25038
朔州市	35	126	108	9106
晋中市	147	1584	1353	26461
运城市	161	2234	2171	26777
忻州市	9	78	82	1463
临汾市	93	929	535	27764
吕梁市	60	709	521	9643

5-1-23 各地市国有企业R&D项目情况

地　区	R&D项目数 (项)	R&D项目人员 (人)	R&D项目人员折合全时当量 (人年)	R&D项目经费支出 (万元)
总　计	**202**	**1473**	**1318**	**19108**
太原市	61	303	302	2518
大同市	2	52	62	11
阳泉市				
长治市	20	287	179	3012
晋城市				
朔州市	7	32	22	45
晋中市	70	370	317	2289
运城市	41	425	433	11230
忻州市	1	4	3	3
临汾市				
吕梁市				

5-1-24 各地市港澳台商投资企业R&D项目情况

地区	R&D项目数(项)	R&D项目人员(人)	R&D项目人员折合全时当量(人年)	R&D项目经费支出(万元)
总计	**32**	**424**	**353**	**5774**
太原市				
大同市				
阳泉市				
长治市				
晋城市				
朔州市	1	3	1	42
晋中市	28	376	349	5381
运城市				
忻州市				
临汾市	3	45	3	351
吕梁市				

5-1-25 各地市外商投资企业R&D项目情况

地区	R&D项目数(项)	R&D项目人员(人)	R&D项目人员折合全时当量(人年)	R&D项目经费支出(万元)
总计	**46**	**539**	**507**	**4431**
太原市	28	220	212	2756
大同市	5	149	179	187
阳泉市				
长治市	1	11	10	280
晋城市	3	47	18	155
朔州市	2	17	10	46
晋中市	3	22	23	538
运城市	1	22	8	50
忻州市				
临汾市	3	51	47	419
吕梁市				

5-1-26 各地市分行业企业R&D项目情况

地区	采矿业			
	R&D项目数(项)	R&D项目人员(人)	R&D项目人员折合全时当量(人年)	R&D项目经费支出(万元)
总计	**520**	**19776**	**15847**	**135808**
太原市	85	4185	3701	16171
大同市	98	6517	6342	31214
阳泉市	61	2798	944	19964
长治市	153	3367	3081	22333
晋城市	38	2097	1251	23756
朔州市	25	85	79	8668
晋中市	16	244	170	7710
运城市				
忻州市	1	4	3	3
临汾市	9	143	142	402
吕梁市	34	336	134	5588

5-1-26 续表1

地区	制造业			
	R&D项目数(项)	R&D项目人员(人)	R&D项目人员折合全时当量(人年)	R&D项目经费支出(万元)
总计	**1495**	**13491**	**11245**	**363435**
太原市	694	5637	4560	245966
大同市	27	618	577	2205
阳泉市	77	316	223	8966
长治市	242	1560	1235	19414
晋城市	14	118	65	1437
朔州市	1	3	3	384
晋中市	160	1734	1554	24652
运城市	156	2176	2119	26763
忻州市	8	74	79	1460
临汾市	90	882	443	28132
吕梁市	26	373	387	4055

5-1-26 续表2

地　区	农副食品加工业			
	R&D项目数 (项)	R&D项目人员 (人)	R&D项目人员折合全时当量 (人年)	R&D项目经费支出 (万元)
总　计	**3**	**41**	**46**	**362**
太原市	1	30	36	168
大同市				
阳泉市	1	7	7	80
长治市				
晋城市				
朔州市				
晋中市	1	4	3	114
运城市				
忻州市				
临汾市				
吕梁市				

5-1-26　续表3

地　区	食品制造业			
	R&D项目数 (项)	R&D项目人员 (人)	R&D项目人员折合全时当量 (人年)	R&D项目经费支出 (万元)
总　计	**10**	**99**	**38**	**2062**
太原市	9	92	34	1858
大同市				
阳泉市				
长治市				
晋城市				
朔州市				
晋中市	1	7	4	205
运城市				
忻州市				
临汾市				
吕梁市				

5-1-26 续表4

地　　区	饮料制造业			
	R&D项目数(项)	R&D项目人员(人)	R&D项目人员折合全时当量(人年)	R&D项目经费支出(万元)
总　　计	**18**	**324**	**358**	**877**
太原市				
大同市				
阳泉市				
长治市				
晋城市	3	43	27	396
朔州市				
晋中市				
运城市	1	6	5	16
忻州市				
临汾市				
吕梁市	14	275	326	465

5-1-26 续表5

地　　区	烟草制品业			
	R&D项目数(项)	R&D项目人员(人)	R&D项目人员折合全时当量(人年)	R&D项目经费支出(万元)
总　　计	**5**	**41**	**39**	**665**
太原市	5	41	39	665
大同市				
阳泉市				
长治市				
晋城市				
朔州市				
晋中市				
运城市				
忻州市				
临汾市				
吕梁市				

5-1-26 续表6

地区	纺织业			
	R&D项目数 (项)	R&D项目人员 (人)	R&D项目人员折合全时当量 (人年)	R&D项目经费支出 (万元)
总　计	**7**	**41**	**42**	**986**
太原市	4	14	11	206
大同市				
阳泉市				
长治市				
晋城市				
朔州市				
晋中市	1	3	2	21
运城市	2	24	29	760
忻州市				
临汾市				
吕梁市				

5-1-26 续表7

地区	纺织服装、鞋、帽制造业			
	R&D项目数 (项)	R&D项目人员 (人)	R&D项目人员折合全时当量 (人年)	R&D项目经费支出 (万元)
总　计	**1**	**18**	**12**	**350**
太原市				
大同市				
阳泉市				
长治市				
晋城市				
朔州市				
晋中市				
运城市	1	18	12	350
忻州市				
临汾市				
吕梁市				

5-1-26 续表8

地　区	印刷业和记录媒介的复制			
	R&D项目数(项)	R&D项目人员(人)	R&D项目人员折合全时当量(人年)	R&D项目经费支出(万元)
总　计	**5**	**14**	**3**	**111**
太原市	5	14	3	111
大同市				
阳泉市				
长治市				
晋城市				
朔州市				
晋中市				
运城市				
忻州市				
临汾市				
吕梁市				

5-1-26 续表9

地　区	文教体育用品制造业			
	R&D项目数(项)	R&D项目人员(人)	R&D项目人员折合全时当量(人年)	R&D项目经费支出(万元)
总　计	**2**	**111**	**100**	**514**
太原市				
大同市				
阳泉市				
长治市	2	111	100	514
晋城市				
朔州市				
晋中市				
运城市				
忻州市				
临汾市				
吕梁市				

5-1-26 续表10

地区	石油加工、炼焦及核燃料加工业			
	R&D项目数(项)	R&D项目人员(人)	R&D项目人员折合全时当量(人年)	R&D项目经费支出(万元)
总计	**47**	**736**	**460**	**18511**
太原市	12	254	224	2650
大同市				
阳泉市	1	14	15	350
长治市	2	15	15	348
晋城市				
朔州市				
晋中市	4	154	149	5800
运城市				
忻州市				
临汾市	28	299	57	9364
吕梁市				

5-1-26 续表11

地区	化学原料及化学制品制造业			
	R&D项目数(项)	R&D项目人员(人)	R&D项目人员折合全时当量(人年)	R&D项目经费支出(万元)
总计	**179**	**2145**	**1992**	**28649**
太原市	42	125	109	3152
大同市	5	253	304	124
阳泉市	36	46	50	1374
长治市	51	438	318	3575
晋城市				
朔州市				
晋中市	5	67	59	1792
运城市	22	966	959	6331
忻州市	2	20	21	405
临汾市	15	204	169	10889
吕梁市	1	26	3	1008

5-1-26 续表12

地　区	医药制造业			
	R&D项目数 (项)	R&D项目人员 (人)	R&D项目人员折合全时当量 (人年)	R&D项目经费支出 (万元)
总　计	154	862	587	7018
太原市	29	255	56	819
大同市	5	40	37	217
阳泉市				
长治市	67	224	192	1952
晋城市				
朔州市				
晋中市	10	85	54	1767
运城市	38	205	223	1813
忻州市				
临汾市	1	19	1	38
吕梁市	4	34	24	412

5-1-26 续表13

地　区	橡胶制品业			
	R&D项目数 (项)	R&D项目人员 (人)	R&D项目人员折合全时当量 (人年)	R&D项目经费支出 (万元)
总　计	21	125	84	2919
太原市	17	74	31	2155
大同市				
阳泉市				
长治市	2	25	26	362
晋城市				
朔州市				
晋中市				
运城市				
忻州市	2	26	27	402
临汾市				
吕梁市				

5-1-26 续表14

地　区	塑料制品业			
	R&D项目数 (项)	R&D项目人员 (人)	R&D项目人员折合全时当量 (人年)	R&D项目经费支出 (万元)
总　计	**1**	**2**	**1**	**50**
太 原 市	1	2	1	50
大 同 市				
阳 泉 市				
长 治 市				
晋 城 市				
朔 州 市				
晋 中 市				
运 城 市				
忻 州 市				
临 汾 市				
吕 梁 市				

5-1-26 续表15

地　区	非金属矿物制品业			
	R&D项目数 (项)	R&D项目人员 (人)	R&D项目人员折合全时当量 (人年)	R&D项目经费支出 (万元)
总　计	**39**	**419**	**348**	**5088**
太 原 市	14	64	44	379
大 同 市				
阳 泉 市	8	145	118	1471
长 治 市	3	15	15	485
晋 城 市	1	2	2	234
朔 州 市	1	3	3	384
晋 中 市	10	177	153	1849
运 城 市	1	9	8	140
忻 州 市	1	4	5	146
临 汾 市				
吕 梁 市				

5-1-26 续表16

地　区	黑色金属冶炼及压延加工业			
	R&D项目数(项)	R&D项目人员(人)	R&D项目人员折合全时当量(人年)	R&D项目经费支出(万元)
总　计	**104**	**2608**	**2381**	**175430**
太原市	82	1975	1834	163596
大同市				
阳泉市				
长治市	5	124	95	1403
晋城市				
朔州市				
晋中市	2	391	410	7594
运城市				
忻州市				
临汾市	9	87	11	856
吕梁市	6	31	31	1981

5-1-26 续表17

地　区	有色金属冶炼及压延加工业			
	R&D项目数(项)	R&D项目人员(人)	R&D项目人员折合全时当量(人年)	R&D项目经费支出(万元)
总　计	**45**	**504**	**447**	**5109**
太原市	3	16	19	159
大同市				
阳泉市	1	21	25	202
长治市				
晋城市				
朔州市				
晋中市				
运城市	39	450	397	4551
忻州市				
临汾市	1	10	3	7
吕梁市	1	7	3	190

5-1-26 续表18

地　区	金属制品业			
	R&D项目数 (项)	R&D项目人员 (人)	R&D项目人员折合全时当量 (人年)	R&D项目经费支出 (万元)
总　计	**12**	**33**	**25**	**665**
太原市	9	15	10	80
大同市				
阳泉市				
长治市	2	10	5	235
晋城市				
朔州市				
晋中市				
运城市				
忻州市				
临汾市	1	8	10	350
吕梁市				

5-1-26 续表19

地　区	通用设备制造业			
	R&D项目数 (项)	R&D项目人员 (人)	R&D项目人员折合全时当量 (人年)	R&D项目经费支出 (万元)
总　计	**232**	**884**	**611**	**11701**
太原市	93	198	90	1536
大同市	2	52	62	11
阳泉市	30	83	8	5490
长治市	12	52	34	868
晋城市				
朔州市				
晋中市	77	388	349	2665
运城市	15	86	42	822
忻州市	2	19	20	210
临汾市	1	6	6	100
吕梁市				

5-1-26 续表20

地　区	专用设备制造业			
	R&D项目数 (项)	R&D项目人员 (人)	R&D项目人员折合 全时当量 (人年)	R&D项目经费 支出 (万元)
总　计	**387**	**2191**	**1771**	**70453**
太原市	240	1199	955	52260
大同市				
阳泉市				
长治市	87	462	354	9197
晋城市	3	15	13	531
朔州市				
晋中市	45	396	341	2763
运城市	1	16	10	50
忻州市	1	5	6	298
临汾市	10	98	92	5354
吕梁市				

5-1-26 续表21

地　区	交通运输设备制造业			
	R&D项目数 (项)	R&D项目人员 (人)	R&D项目人员折合 全时当量 (人年)	R&D项目经费 支出 (万元)
总　计	**95**	**826**	**559**	**11084**
太原市	52	388	260	8347
大同市	15	273	174	1852
阳泉市				
长治市				
晋城市	4	11	5	121
朔州市				
晋中市	4	62	30	84
运城市				
忻州市				
临汾市	20	92	90	680
吕梁市				

5-1-26 续表22

地　区	电气机械及器材制造业			
	R&D项目数(项)	R&D项目人员(人)	R&D项目人员折合全时当量(人年)	R&D项目经费支出(万元)
总　计	**63**	**602**	**553**	**13047**
太原市	15	114	95	911
大同市				
阳泉市				
长治市	9	84	81	476
晋城市				
朔州市				
晋中市				
运城市	35	345	373	11166
忻州市				
临汾市	4	59	4	496
吕梁市				

5-1-26 续表23

地　区	通信设备、计算机及其他电子设备制造业			
	R&D项目数(项)	R&D项目人员(人)	R&D项目人员折合全时当量(人年)	R&D项目经费支出(万元)
总　计	**29**	**434**	**320**	**2390**
太原市	25	336	241	1470
大同市				
阳泉市				
长治市				
晋城市	3	47	18	155
朔州市				
晋中市				
运城市	1	51	61	765
忻州市				
临汾市				
吕梁市				

5-1-26 续表24

地　区	仪器仪表及文化、办公用机械制造业			
	R&D项目数(项)	R&D项目人员(人)	R&D项目人员折合全时当量(人年)	R&D项目经费支出(万元)
总　计	**36**	**431**	**468**	**5394**
太原市	36	431	468	5394
大同市				
阳泉市				
长治市				
晋城市				
朔州市				
晋中市				
运城市				
忻州市				
临汾市				
吕梁市				

5-1-26 续表25

地　区	电力、燃气及水的生产和供应业			
	R&D项目数(项)	R&D项目人员(人)	R&D项目人员折合全时当量(人年)	R&D项目经费支出(万元)
总　计	**29**	**220**	**153**	**839**
太原市	8	73	53	512
大同市				
阳泉市				
长治市	1	5	2	103
晋城市				
朔州市	12	58	37	141
晋中市	2	4	1	18
运城市	6	80	60	64
忻州市				
临汾市				
吕梁市				

5-2-1 企业限额以上R&D项目情况

项　　目	R&D项目数(项)	R&D项目人员(人)	R&D项目经费支出(万元)
总　　计	**1494**	**29159**	**433326**
按项目来源分组			
国家科技项目	67	1394	37873
地方科技项目	66	803	26432
企业委托科技项目	37	360	7447
自选科技项目	1310	26290	357713
来自国外的科技项目	5	24	379
其它科技项	9	288	3481
按项目合作形式分组			
与境外机构合作	12	179	5585
与国内高校合作	268	6739	47247
与国内独立研究机构合作	209	6177	66817
与境内注册外商独资企业合作	1	14	53
与境内注册其他企业合作	125	4088	36556
独立完成	842	11329	269830
其他	37	633	7238
按项目技术经济目标分组			
科学原理的探索、发现	15	562	3716
技术原理的研究	133	4586	46767
开发全新产品	563	6045	148637
增加产品功能或提高性能	316	6003	104535
提高劳动生产率	174	4414	40678
减少能源消耗或提高能源使用效率	118	2503	34337
节约原材料	36	763	5997
减少环境污染	51	909	8053
其他	88	3374	40606

5-2-2 大中型企业限额以上R&D项目情况

项　　目	R&D 项目数 (项)	R&D 项目人员 (人)	R&D项目 经费支出 (万元)
总　　计	**1294**	**27463**	**409202**
按项目来源分组			
国家科技项目	61	1335	35050
地方科技项目	42	565	20244
企业委托科技项目	31	316	7180
自选科技项目	1150	24960	343207
来自国外的科技项目	4	21	358
其它科技项	6	266	3163
按项目合作形式分组			
与境外机构合作	11	171	5495
与国内高校合作	246	6578	42965
与国内独立研究机构合作	200	6078	65855
与境内注册外商独资企业合作			
与境内注册其他企业合作	119	4018	36145
独立完成	691	10052	252044
其他	27	566	6699
按项目技术经济目标分组			
科学原理的探索、发现	15	562	3716
技术原理的研究	128	4518	45137
开发全新产品	462	5246	139966
增加产品功能或提高性能	263	5575	97742
提高劳动生产率	169	4370	40129
减少能源消耗或提高能源使用效率	97	2357	30794
节约原材料	32	673	4314
减少环境污染	44	840	7367
其他	84	3322	40036

5-2-3 大型企业限额以上R&D项目情况

项　　目	R&D项目数(项)	R&D项目人员(人)	R&D项目经费支出(万元)
总　　计	**941**	**23437**	**341003**
按项目来源分组			
国家科技项目	53	1015	30248
地方科技项目	21	338	13729
企业委托科技项目	25	238	5547
自选科技项目	833	21759	290958
来自国外的科技项目	4	21	358
其它科技项	5	66	163
按项目合作形式分组			
与境外机构合作	8	131	4278
与国内高校合作	208	6116	35528
与国内独立研究机构合作	168	5715	58646
与境内注册外商独资企业合作			
与境内注册其他企业合作	107	3896	32722
独立完成	434	7228	206122
其他	16	351	3708
按项目技术经济目标分组			
科学原理的探索、发现	11	511	1255
技术原理的研究	104	4385	37991
开发全新产品	281	3327	110196
增加产品功能或提高性能	190	4642	83909
提高劳动生产率	155	4164	33758
减少能源消耗或提高能源使用效率	72	2075	27623
节约原材料	16	410	2141
减少环境污染	36	780	6496
其他	76	3143	37633

5-2-4 中型企业限额以上R&D项目情况

项目	R&D项目数(项)	R&D项目人员(人)	R&D项目经费支出(万元)
总计	**353**	**4026**	**68199**
按项目来源分组			
国家科技项目	8	320	4802
地方科技项目	21	227	6515
企业委托科技项目	6	78	1633
自选科技项目	317	3201	52248
来自国外的科技项目			
其它科技项	1	200	3000
按项目合作形式分组			
与境外机构合作	3	40	1217
与国内高校合作	38	462	7437
与国内独立研究机构合作	32	363	7209
与境内注册外商独资企业合作			
与境内注册其他企业合作	12	122	3423
独立完成	257	2824	45922
其他	11	215	2991
按项目技术经济目标分组			
科学原理的探索、发现	4	51	2460
技术原理的研究	24	133	7146
开发全新产品	181	1919	29770
增加产品功能或提高性能	73	933	13833
提高劳动生产率	14	206	6371
减少能源消耗或提高能源使用效率	25	282	3171
节约原材料	16	263	2173
减少环境污染	8	60	872
其他	8	179	2403

5-2-5 小型企业限额以上R&D项目情况

项　　目	R&D 项目数 (项)	R&D 项目人员 (人)	R&D项目 经费支出 (万元)
总　　计	**200**	**1696**	**24124**
按项目来源分组			
国家科技项目	6	59	2823
地方科技项目	24	238	6188
企业委托科技项目	6	44	267
自选科技项目	160	1330	14506
来自国外的科技项目	1	3	21
其它科技项	3	22	319
按项目合作形式分组			
与境外机构合作	1	8	90
与国内高校合作	22	161	4282
与国内独立研究机构合作	9	99	963
与境内注册外商独资企业合作	1	14	53
与境内注册其他企业合作	6	70	411
独立完成	151	1277	17786
其他	10	67	539
按项目技术经济目标分组			
科学原理的探索、发现			
技术原理的研究	5	68	1631
开发全新产品	101	799	8670
增加产品功能或提高性能	53	428	6793
提高劳动生产率	5	44	549
减少能源消耗或提高能源使用效率	21	146	3543
节约原材料	4	90	1682
减少环境污染	7	69	686
其他	4	52	569

5-2-6 国有控股企业限额以上R&D项目情况

项　　目	R&D 项目数 (项)	R&D 项目人员 (人)	R&D项目 经费支出 (万元)
总　　计	**1100**	**24974**	**364746**
按项目来源分组			
国家科技项目	58	1130	33236
地方科技项目	21	307	13363
企业委托科技项目	29	267	6530
自选科技项目	982	22983	308097
来自国外的科技项目	4	21	358
其它科技项	6	266	3163
按项目合作形式分组			
与境外机构合作	7	126	4110
与国内高校合作	221	6288	37813
与国内独立研究机构合作	147	5732	59481
与境内注册外商独资企业合作			
与境内注册其他企业合作	112	3889	35356
独立完成	589	8549	223849
其他	24	390	4138
按项目技术经济目标分组			
科学原理的探索、发现	12	558	3691
技术原理的研究	122	4469	44332
开发全新产品	368	4307	122804
增加产品功能或提高性能	224	4879	85646
提高劳动生产率	159	4186	34074
减少能源消耗或提高能源使用效率	79	2094	27840
节约原材料	23	568	2448
减少环境污染	35	747	5521
其他	78	3166	38389

5-2-7 内资企业限额以上R&D项目情况

项　　目	R&D项目数(项)	R&D项目人员(人)	R&D项目经费支出(万元)
总　　计	**1446**	**28391**	**423138**
按项目来源分组			
国家科技项目	65	1341	36973
地方科技项目	64	795	26357
企业委托科技项目	26	205	6198
自选科技项目	1277	25738	349750
来自国外的科技项目	5	24	379
其它科技项	9	288	3481
按项目合作形式分组			
与境外机构合作	11	164	5305
与国内高校合作	263	6686	46506
与国内独立研究机构合作	203	6115	66536
与境内注册外商独资企业合作	1	14	53
与境内注册其他企业合作	125	4088	36556
独立完成	807	10707	260960
其他	36	617	7223
按项目技术经济目标分组			
科学原理的探索、发现	13	556	3697
技术原理的研究	133	4586	46767
开发全新产品	540	5678	145387
增加产品功能或提高性能	305	5878	103715
提高劳动生产率	171	4294	36263
减少能源消耗或提高能源使用效率	114	2436	33746
节约原材料	35	733	5017
减少环境污染	49	890	7996
其他	86	3340	40549

5-2-8 国有企业限额以上R&D项目情况

项　目	R&D 项目数 (项)	R&D 项目人员 (人)	R&D项目 经费支出 (万元)
总　计	**119**	**904**	**18160**
按项目来源分组			
国家科技项目	3	39	620
地方科技项目	2	9	8687
企业委托科技项目	2	8	92
自选科技项目	112	848	8760
来自国外的科技项目			
其它科技项			
按项目合作形式分组			
与境外机构合作			
与国内高校合作	16	179	1850
与国内独立研究机构合作	5	44	9140
与境内注册外商独资企业合作			
与境内注册其他企业合作	13	90	866
独立完成	85	591	6304
其他			
按项目技术经济目标分组			
科学原理的探索、发现			
技术原理的研究	1	16	86
开发全新产品	74	535	14977
增加产品功能或提高性能	32	206	1392
提高劳动生产率	5	36	1198
减少能源消耗或提高能源使用效率	3	40	353
节约原材料	2	51	30
减少环境污染	2	20	123
其他			

5-2-9 港澳台商投资企业限额以上R&D项目情况

项　目	R&D 项目数 (项)	R&D 项目人员 (人)	R&D项目 经费支出 (万元)
总　计	**16**	**321**	**5761**
按项目来源分组			
国家科技项目			
地方科技项目			
企业委托科技项目	10	145	1169
自选科技项目	6	176	4591
来自国外的科技项目			
其它科技项			
按项目合作形式分组			
与境外机构合作			
与国内高校合作			
与国内独立研究机构合作	1	26	111
与境内注册外商独资企业合作			
与境内注册其他企业合作			
独立完成	15	295	5650
其他			
按项目技术经济目标分组			
科学原理的探索、发现			
技术原理的研究			
开发全新产品	14	229	1559
增加产品功能或提高性能			
提高劳动生产率	2	92	4202
减少能源消耗或提高能源使用效率			
节约原材料			
减少环境污染			
其他			

5-2-10 外商投资企业限额以上R&D项目情况

项目	R&D项目数(项)	R&D项目人员(人)	R&D项目经费支出(万元)
总计	**32**	**447**	**4427**
按项目来源分组			
国家科技项目	2	53	901
地方科技项目	2	8	75
企业委托科技项目	1	10	80
自选科技项目	27	376	3372
来自国外的科技项目			
其它科技项			
按项目合作形式分组			
与境外机构合作	1	15	280
与国内高校合作	5	53	742
与国内独立研究机构合作	5	36	171
与境内注册外商独资企业合作			
与境内注册其他企业合作			
独立完成	20	327	3220
其他	1	16	15
按项目技术经济目标分组			
科学原理的探索、发现	2	6	18
技术原理的研究			
开发全新产品	9	138	1691
增加产品功能或提高性能	11	125	821
提高劳动生产率	1	28	213
减少能源消耗或提高能源使用效率	4	67	591
节约原材料	1	30	979
减少环境污染	2	19	58
其他	2	34	57

5-2-11 分行业企业限额以上R&D项目情况

项 目	采矿业		
	R&D项目数(项)	R&D项目人员(人)	R&D项目经费支出(万元)
总 计	**485**	**19035**	**130209**
按项目来源分组			
国家科技项目	6	611	9988
地方科技项目	7	179	1977
企业委托科技项目			
自选科技项目	472	18245	118243
来自国外的科技项目			
其它科技项			
按项目合作形式分组			
与境外机构合作	2	86	3267
与国内高校合作	174	5745	27969
与国内独立研究机构合作	112	5240	38886
与境内注册外商独资企业合作			
与境内注册其他企业合作	82	3690	27422
独立完成	104	4149	31791
其他	11	125	874
按项目技术经济目标分组			
科学原理的探索、发现	8	513	3636
技术原理的研究	89	4210	30893
开发全新产品	59	1466	9377
增加产品功能或提高性能	74	3561	19792
提高劳动生产率	135	3920	29593
减少能源消耗或提高能源使用效率	40	1684	12701
节约原材料	6	258	1361
减少环境污染	20	584	4372
其他	54	2839	18483

5-2-11 续表1

项　目	制造业		
	R&D项目数(项)	R&D项目人员(人)	R&D项目经费支出(万元)
总　计	**986**	**9958**	**302313**
按项目来源分组			
国家科技项目	61	783	27885
地方科技项目	59	624	24455
企业委托科技项目	37	360	7447
自选科技项目	815	7879	238666
来自国外的科技项目	5	24	379
其它科技项	9	288	3481
按项目合作形式分组			
与境外机构合作	10	93	2318
与国内高校合作	87	938	19205
与国内独立研究机构合作	95	920	27885
与境内注册外商独资企业合作	1	14	53
与境内注册其他企业合作	34	322	8519
独立完成	733	7163	237969
其他	26	508	6365
按项目技术经济目标分组			
科学原理的探索、发现	5	43	61
技术原理的研究	42	358	15786
开发全新产品	503	4575	139239
增加产品功能或提高性能	229	2333	84306
提高劳动生产率	37	485	10972
减少能源消耗或提高能源使用效率	76	804	21611
节约原材料	29	500	4533
减少环境污染	31	325	3682
其他	34	535	22123

5-2-11 续表2

项　　目	农副食品加工业		
	R&D项目数(项)	R&D项目人员(人)	R&D项目经费支出(万元)
总　　计	**3**	**21**	**362**
按项目来源分组			
国家科技项目			
地方科技项目	1	10	168
企业委托科技项目			
自选科技项目	2	11	194
来自国外的科技项目			
其它科技项			
按项目合作形式分组			
与境外机构合作			
与国内高校合作			
与国内独立研究机构合作	1	10	168
与境内注册外商独资企业合作			
与境内注册其他企业合作			
独立完成	2	11	194
其他			
按项目技术经济目标分组			
科学原理的探索、发现			
技术原理的研究	1	4	114
开发全新产品			
增加产品功能或提高性能			
提高劳动生产率			
减少能源消耗或提高能源使用效率	1	7	80
节约原材料			
减少环境污染	1	10	168
其他			

5-2-11 续表3

项　目	食品制造业		
	R&D项目数 (项)	R&D项目人员 (人)	R&D项目经费支出 (万元)
总　计	**7**	**92**	**1458**
按项目来源分组			
国家科技项目			
地方科技项目	3	25	765
企业委托科技项目			
自选科技项目	4	67	693
来自国外的科技项目			
其它科技项			
按项目合作形式分组			
与境外机构合作			
与国内高校合作	2	13	345
与国内独立研究机构合作	2	54	539
与境内注册外商独资企业合作			
与境内注册其他企业合作			
独立完成	3	25	575
其他			
按项目技术经济目标分组			
科学原理的探索、发现			
技术原理的研究	1	6	140
开发全新产品	2	27	465
增加产品功能或提高性能	3	53	463
提高劳动生产率			
减少能源消耗或提高能源使用效率			
节约原材料			
减少环境污染	1	6	390
其他			

5-2-11 续表4

项　　目	饮料制造业		
	R&D项目数(项)	R&D项目人员(人)	R&D项目经费支出(万元)
总　　计	**18**	**209**	**859**
按项目来源分组			
国家科技项目	1	8	36
地方科技项目	3	32	160
企业委托科技项目			
自选科技项目	14	169	663
来自国外的科技项目			
其它科技项			
按项目合作形式分组			
与境外机构合作			
与国内高校合作	7	82	195
与国内独立研究机构合作	3	32	386
与境内注册外商独资企业合作			
与境内注册其他企业合作	1	16	96
独立完成	7	79	182
其他			
按项目技术经济目标分组			
科学原理的探索、发现			
技术原理的研究	3	40	52
开发全新产品	11	123	681
增加产品功能或提高性能	4	46	126
提高劳动生产率			
减少能源消耗或提高能源使用效率			
节约原材料			
减少环境污染			
其他			

5-2-11 续表5

项　　目	烟草制品业		
	R&D项目数(项)	R&D项目人员(人)	R&D项目经费支出(万元)
总　　计	**5**	**41**	**665**
按项目来源分组			
国家科技项目			
地方科技项目			
企业委托科技项目			
自选科技项目	5	41	665
来自国外的科技项目			
其它科技项			
按项目合作形式分组			
与境外机构合作			
与国内高校合作			
与国内独立研究机构合作			
与境内注册外商独资企业合作			
与境内注册其他企业合作			
独立完成	5	41	665
其他			
按项目技术经济目标分组			
科学原理的探索、发现			
技术原理的研究	1	10	144
开发全新产品	1	9	135
增加产品功能或提高性能	1	7	144
提高劳动生产率			
减少能源消耗或提高能源使用效率			
节约原材料	2	15	242
减少环境污染			
其他			

5-2-11 续表6

项　　目	纺织业		
	R&D项目数(项)	R&D项目人员(人)	R&D项目经费支出(万元)
总　　计	**5**	**42**	**965**
按项目来源分组			
国家科技项目			
地方科技项目	2	15	184
企业委托科技项目			
自选科技项目	2	24	760
来自国外的科技项目	1	3	21
其它科技项			
按项目合作形式分组			
与境外机构合作			
与国内高校合作			
与国内独立研究机构合作			
与境内注册外商独资企业合作			
与境内注册其他企业合作			
独立完成	5	42	965
其他			
按项目技术经济目标分组			
科学原理的探索、发现			
技术原理的研究			
开发全新产品	4	39	944
增加产品功能或提高性能	1	3	21
提高劳动生产率			
减少能源消耗或提高能源使用效率			
节约原材料			
减少环境污染			
其他			

5-2-11 续表7

项　目	纺织服装、鞋、帽制造业		
	R&D项目数（项）	R&D项目人员（人）	R&D项目经费支出（万元）
总　计	**1**	**18**	**350**
按项目来源分组			
国家科技项目			
地方科技项目	1	18	350
企业委托科技项目			
自选科技项目			
来自国外的科技项目			
其它科技项			
按项目合作形式分组			
与境外机构合作			
与国内高校合作			
与国内独立研究机构合作			
与境内注册外商独资企业合作			
与境内注册其他企业合作			
独立完成	1	18	350
其他			
按项目技术经济目标分组			
科学原理的探索、发现			
技术原理的研究			
开发全新产品			
增加产品功能或提高性能			
提高劳动生产率	1	18	350
减少能源消耗或提高能源使用效率			
节约原材料			
减少环境污染			
其他			

5-2-11 续表8

项　　目	印刷业和记录媒介的复制		
	R&D项目数(项)	R&D项目人员(人)	R&D项目经费支出(万元)
总　　计	**5**	**21**	**111**
按项目来源分组			
国家科技项目			
地方科技项目			
企业委托科技项目			
自选科技项目	5	21	111
来自国外的科技项目			
其它科技项			
按项目合作形式分组			
与境外机构合作			
与国内高校合作	2	4	23
与国内独立研究机构合作			
与境内注册外商独资企业合作			
与境内注册其他企业合作			
独立完成	3	17	88
其他			
按项目技术经济目标分组			
科学原理的探索、发现			
技术原理的研究			
开发全新产品	2	4	23
增加产品功能或提高性能	3	17	88
提高劳动生产率			
减少能源消耗或提高能源使用效率			
节约原材料			
减少环境污染			
其他			

5-2-11 续表9

项　　目	文教体育用品制造业		
	R&D项目数(项)	R&D项目人员(人)	R&D项目经费支出(万元)
总　　计	**2**	**114**	**497**
按项目来源分组			
国家科技项目			
地方科技项目			
企业委托科技项目	1	35	231
自选科技项目	1	79	266
来自国外的科技项目			
其它科技项			
按项目合作形式分组			
与境外机构合作			
与国内高校合作			
与国内独立研究机构合作			
与境内注册外商独资企业合作			
与境内注册其他企业合作			
独立完成	2	114	497
其他			
按项目技术经济目标分组			
科学原理的探索、发现			
技术原理的研究			
开发全新产品			
增加产品功能或提高性能			
提高劳动生产率			
减少能源消耗或提高能源使用效率			
节约原材料			
减少环境污染			
其他	2	114	497

5-2-11 续表10

项 目	石油加工、炼焦及核燃料加工业		
	R&D项目数(项)	R&D项目人员(人)	R&D项目经费支出(万元)
总 计	**46**	**777**	**18511**
按项目来源分组			
国家科技项目			
地方科技项目	5	57	2535
企业委托科技项目			
自选科技项目	41	720	15976
来自国外的科技项目			
其它科技项			
按项目合作形式分组			
与境外机构合作			
与国内高校合作	9	88	1173
与国内独立研究机构合作	9	164	6091
与境内注册外商独资企业合作			
与境内注册其他企业合作			
独立完成	17	250	7398
其他	11	275	3849
按项目技术经济目标分组			
科学原理的探索、发现			
技术原理的研究			
开发全新产品	1	3	270
增加产品功能或提高性能	4	44	950
提高劳动生产率	13	257	6506
减少能源消耗或提高能源使用效率	8	122	4796
节约原材料	6	107	2133
减少环境污染	6	92	1712
其他	8	152	2145

5-2-11 续表11

项　　目	化学原料及化学制品制造业		
	R&D项目数(项)	R&D项目人员(人)	R&D项目经费支出(万元)
总　　计	**125**	**1095**	**26570**
按项目来源分组			
国家科技项目	1	14	2200
地方科技项目	8	116	4659
企业委托科技项目	4	22	443
自选科技项目	110	933	19142
来自国外的科技项目			
其它科技项	2	10	126
按项目合作形式分组			
与境外机构合作	3	23	1234
与国内高校合作	9	100	971
与国内独立研究机构合作	9	124	611
与境内注册外商独资企业合作			
与境内注册其他企业合作	7	63	457
独立完成	89	701	22708
其他	8	84	589
按项目技术经济目标分组			
科学原理的探索、发现			
技术原理的研究	5	52	1440
开发全新产品	45	279	7189
增加产品功能或提高性能	30	295	7315
提高劳动生产率	8	67	800
减少能源消耗或提高能源使用效率	16	191	8212
节约原材料	4	48	302
减少环境污染	10	83	873
其他	7	80	439

5-2-11 续表12

项 目	医药制造业		
	R&D项目数(项)	R&D项目人员(人)	R&D项目经费支出(万元)
总 计	**92**	**762**	**6666**
按项目来源分组			
国家科技项目			
地方科技项目	10	83	408
企业委托科技项目	1	10	80
自选科技项目	81	669	6178
来自国外的科技项目			
其它科技项			
按项目合作形式分组			
与境外机构合作			
与国内高校合作	10	66	551
与国内独立研究机构合作	47	303	3213
与境内注册外商独资企业合作			
与境内注册其他企业合作	1	10	20
独立完成	33	380	2863
其他	1	3	18
按项目技术经济目标分组			
科学原理的探索、发现	3	4	24
技术原理的研究	1	12	4
开发全新产品	68	494	5895
增加产品功能或提高性能	7	47	267
提高劳动生产率	1	4	32
减少能源消耗或提高能源使用效率	3	26	188
节约原材料	4	148	130
减少环境污染	3	14	54
其他	2	13	71

5-2-11 续表13

项　目	橡胶制品业		
	R&D项目数(项)	R&D项目人员(人)	R&D项目经费支出(万元)
总　计	**21**	**135**	**2083**
按项目来源分组			
国家科技项目			
地方科技项目			
企业委托科技项目			
自选科技项目	21	135	2083
来自国外的科技项目			
其它科技项			
按项目合作形式分组			
与境外机构合作	1	15	280
与国内高校合作			
与国内独立研究机构合作			
与境内注册外商独资企业合作			
与境内注册其他企业合作			
独立完成	20	120	1803
其他			
按项目技术经济目标分组			
科学原理的探索、发现			
技术原理的研究			
开发全新产品	18	92	1402
增加产品功能或提高性能	3	43	682
提高劳动生产率			
减少能源消耗或提高能源使用效率			
节约原材料			
减少环境污染			
其他			

5-2-11 续表14

项　目	塑料制品业		
	R&D项目数 (项)	R&D项目人员 (人)	R&D项目经费支出 (万元)
总　计	**1**	**3**	**50**
按项目来源分组			
国家科技项目			
地方科技项目			
企业委托科技项目			
自选科技项目	1	3	50
来自国外的科技项目			
其它科技项			
按项目合作形式分组			
与境外机构合作			
与国内高校合作			
与国内独立研究机构合作			
与境内注册外商独资企业合作			
与境内注册其他企业合作			
独立完成	1	3	50
其他			
按项目技术经济目标分组			
科学原理的探索、发现			
技术原理的研究			
开发全新产品			
增加产品功能或提高性能	1	3	50
提高劳动生产率			
减少能源消耗或提高能源使用效率			
节约原材料			
减少环境污染			
其他			

5-2-11 续表15

项　　目	非金属矿物制品业		
	R&D项目数(项)	R&D项目人员(人)	R&D项目经费支出(万元)
总　　计	**33**	**449**	**4940**
按项目来源分组			
国家科技项目	2	113	536
地方科技项目	3	17	276
企业委托科技项目	1	3	13
自选科技项目	27	316	4115
来自国外的科技项目			
其它科技项			
按项目合作形式分组			
与境外机构合作			
与国内高校合作	3	34	1290
与国内独立研究机构合作	1	3	116
与境内注册外商独资企业合作			
与境内注册其他企业合作	1	5	5
独立完成	27	297	3108
其他	1	110	420
按项目技术经济目标分组			
科学原理的探索、发现			
技术原理的研究			
开发全新产品	12	289	1742
增加产品功能或提高性能	6	39	791
提高劳动生产率			
减少能源消耗或提高能源使用效率	8	41	734
节约原材料	1	12	93
减少环境污染	3	41	231
其他	3	27	1349

5-2-11 续表16

项　　目	黑色金属冶炼及压延加工业		
	R&D项目数 (项)	R&D项目人员 (人)	R&D项目经费支出 (万元)
总　　计	**66**	**1325**	**125246**
按项目来源分组			
国家科技项目			
地方科技项目			
企业委托科技项目			
自选科技项目	66	1325	125246
来自国外的科技项目			
其它科技项			
按项目合作形式分组			
与境外机构合作			
与国内高校合作	2	24	1286
与国内独立研究机构合作			
与境内注册外商独资企业合作			
与境内注册其他企业合作			
独立完成	63	1289	122627
其他	1	12	1334
按项目技术经济目标分组			
科学原理的探索、发现			
技术原理的研究	1	8	1037
开发全新产品	21	365	52043
增加产品功能或提高性能	25	711	48277
提高劳动生产率	3	36	2471
减少能源消耗或提高能源使用效率	5	73	3891
节约原材料	1	3	6
减少环境污染	1	15	118
其他	9	114	17405

5-2-11 续表17

项　　目	有色金属冶炼及压延加工业		
	R&D项目数 (项)	R&D项目人员 (人)	R&D项目经费支出 (万元)
总　　计	**39**	**410**	**5047**
按项目来源分组			
国家科技项目	1	60	500
地方科技项目	1	2	1
企业委托科技项目	2	16	432
自选科技项目	35	332	4114
来自国外的科技项目			
其它科技项			
按项目合作形式分组			
与境外机构合作	1	7	190
与国内高校合作	3	21	336
与国内独立研究机构合作	7	49	1695
与境内注册外商独资企业合作			
与境内注册其他企业合作	1	30	13
独立完成	27	303	2813
其他			
按项目技术经济目标分组			
科学原理的探索、发现			
技术原理的研究	4	26	434
开发全新产品	16	165	4001
增加产品功能或提高性能	4	42	241
提高劳动生产率	2	26	46
减少能源消耗或提高能源使用效率	7	66	77
节约原材料	3	47	210
减少环境污染	3	38	38
其他			

5-2-11 续表18

项　　目	金属制品业		
	R&D项目数(项)	R&D项目人员(人)	R&D项目经费支出(万元)
总　　计	**7**	**34**	**632**
按项目来源分组			
国家科技项目			
地方科技项目			
企业委托科技项目	1	2	12
自选科技项目	6	32	620
来自国外的科技项目			
其它科技项			
按项目合作形式分组			
与境外机构合作			
与国内高校合作	2	12	230
与国内独立研究机构合作			
与境内注册外商独资企业合作			
与境内注册其他企业合作			
独立完成	5	22	402
其他			
按项目技术经济目标分组			
科学原理的探索、发现			
技术原理的研究			
开发全新产品	4	16	215
增加产品功能或提高性能	2	14	367
提高劳动生产率			
减少能源消耗或提高能源使用效率			
节约原材料			
减少环境污染	1	4	50
其他			

5-2-11 续表19

项　　目	通用设备制造业		
	R&D项目数(项)	R&D项目人员(人)	R&D项目经费支出(万元)
总　　计	**80**	**707**	**11002**
按项目来源分组			
国家科技项目	6	70	3088
地方科技项目	2	22	3250
企业委托科技项目	1	6	80
自选科技项目	70	603	4569
来自国外的科技项目	1	6	15
其它科技项			
按项目合作形式分组			
与境外机构合作	2	14	105
与国内高校合作	19	227	4071
与国内独立研究机构合作	1	17	209
与境内注册外商独资企业合作			
与境内注册其他企业合作	1	25	39
独立完成	57	424	6579
其他			
按项目技术经济目标分组			
科学原理的探索、发现			
技术原理的研究	1	17	230
开发全新产品	50	403	5049
增加产品功能或提高性能	12	103	3204
提高劳动生产率			
减少能源消耗或提高能源使用效率	15	132	2495
节约原材料	1	46	9
减少环境污染	1	6	15
其他			

5-2-11 续表20

项　目	专用设备制造业		
	R&D项目数(项)	R&D项目人员(人)	R&D项目经费支出(万元)
总　计	**251**	**1848**	**66784**
按项目来源分组			
国家科技项目	47	458	20392
地方科技项目	8	87	1153
企业委托科技项目	25	260	6116
自选科技项目	167	1020	38562
来自国外的科技项目	3	15	343
其它科技项	1	8	218
按项目合作形式分组			
与境外机构合作	2	15	486
与国内高校合作	6	68	5248
与国内独立研究机构合作	9	89	5629
与境内注册外商独资企业合作	1	14	53
与境内注册其他企业合作	14	97	7505
独立完成	217	1557	47788
其他	2	8	74
按项目技术经济目标分组			
科学原理的探索、发现			
技术原理的研究	20	135	12003
开发全新产品	158	1261	38288
增加产品功能或提高性能	63	390	15822
提高劳动生产率	4	19	197
减少能源消耗或提高能源使用效率	2	15	259
节约原材料	2	12	38
减少环境污染			
其他	2	16	178

5-2-11 续表21

项　　目	交通运输设备制造业		
	R&D项目数(项)	R&D项目人员(人)	R&D项目经费支出(万元)
总　　计	**70**	**780**	**9180**
按项目来源分组			
国家科技项目			
地方科技项目	8	112	1198
企业委托科技项目	1	6	40
自选科技项目	57	600	7805
来自国外的科技项目			
其它科技项	4	62	137
按项目合作形式分组			
与境外机构合作	1	19	22
与国内高校合作	3	61	1266
与国内独立研究机构合作	1	22	188
与境内注册外商独资企业合作			
与境内注册其他企业合作	6	66	374
独立完成	58	604	7276
其他	1	8	54
按项目技术经济目标分组			
科学原理的探索、发现	2	39	37
技术原理的研究	4	48	190
开发全新产品	22	318	3216
增加产品功能或提高性能	34	264	4138
提高劳动生产率			
减少能源消耗或提高能源使用效率	4	58	330
节约原材料	4	53	1269
减少环境污染			
其他			

5-2-11 续表22

项　　目	电气机械及器材制造业		
	R&D项目数(项)	R&D项目人员(人)	R&D项目经费支出(万元)
总　　计	**60**	**404**	**13006**
按项目来源分组			
国家科技项目	1	7	232
地方科技项目	2	14	8777
企业委托科技项目			
自选科技项目	57	383	3997
来自国外的科技项目			
其它科技项			
按项目合作形式分组			
与境外机构合作			
与国内高校合作	6	51	836
与国内独立研究机构合作	5	53	9042
与境内注册外商独资企业合作			
与境内注册其他企业合作	1	2	10
独立完成	48	298	3119
其他			
按项目技术经济目标分组			
科学原理的探索、发现			
技术原理的研究			
开发全新产品	44	288	11854
增加产品功能或提高性能	10	67	459
提高劳动生产率	3	23	337
减少能源消耗或提高能源使用效率	2	17	256
节约原材料	1	9	100
减少环境污染			
其他			

5–2–11 续表23

项　　目	通信设备、计算机及其他电子设备制造业		
	R&D项目数(项)	R&D项目人员(人)	R&D项目经费支出(万元)
总　　计	**19**	**220**	**2135**
按项目来源分组			
国家科技项目			
地方科技项目	1	10	560
企业委托科技项目			
自选科技项目	17	202	1574
来自国外的科技项目			
其它科技项	1	8	1
按项目合作形式分组			
与境外机构合作			
与国内高校合作	2	60	839
与国内独立研究机构合作			
与境内注册外商独资企业合作			
与境内注册其他企业合作	1	8	1
独立完成	15	144	1268
其他	1	8	27
按项目技术经济目标分组			
科学原理的探索、发现			
技术原理的研究			
开发全新产品	8	105	1582
增加产品功能或提高性能	8	91	526
提高劳动生产率	1	7	20
减少能源消耗或提高能源使用效率	2	17	8
节约原材料			
减少环境污染			
其他			

5-2-11 续表24

项　　目	仪器仪表及文化、办公用机械制造业		
	R&D项目数(项)	R&D项目人员(人)	R&D项目经费支出(万元)
总　计	**30**	**451**	**5196**
按项目来源分组			
国家科技项目	2	53	901
地方科技项目	1	4	12
企业委托科技项目			
自选科技项目	26	194	1283
来自国外的科技项目			
其它科技项	1	200	3000
按项目合作形式分组			
与境外机构合作			
与国内高校合作	2	27	545
与国内独立研究机构合作			
与境内注册外商独资企业合作			
与境内注册其他企业合作			
独立完成	28	424	4651
其他			
按项目技术经济目标分组			
科学原理的探索、发现			
技术原理的研究			
开发全新产品	16	295	4248
增加产品功能或提高性能	8	54	377
提高劳动生产率	1	28	213
减少能源消耗或提高能源使用效率	3	39	285
节约原材料			
减少环境污染	1	16	32
其他	1	19	40

5-2-11 续表25

项　目	电力、燃气及水的生产和供应业		
	R&D项目数(项)	R&D项目人员(人)	R&D项目经费支出(万元)
总　计	**23**	**166**	**804**
按项目来源分组			
国家科技项目			
地方科技项目			
企业委托科技项目			
自选科技项目	23	166	804
来自国外的科技项目			
其它科技项			
按项目合作形式分组			
与境外机构合作			
与国内高校合作	7	56	73
与国内独立研究机构合作	2	17	46
与境内注册外商独资企业合作			
与境内注册其他企业合作	9	76	615
独立完成	5	17	70
其他			
按项目技术经济目标分组			
科学原理的探索、发现	2	6	18
技术原理的研究	2	18	88
开发全新产品	1	4	20
增加产品功能或提高性能	13	109	437
提高劳动生产率	2	9	113
减少能源消耗或提高能源使用效率	2	15	25
节约原材料	1	5	103
减少环境污染			
其他			

5-2-12 分地区企业限额以上R&D项目情况

项　目	太原		
	R&D项目数(项)	R&D项目人员(人)	R&D项目经费支出(万元)
总　计	**513**	**8339**	**205726**
按项目来源分组			
国家科技项目	12	285	10657
地方科技项目	30	274	4168
企业委托科技项目	19	136	5092
自选科技项目	448	7426	182768
来自国外的科技项目	1	6	15
其它科技项	3	212	3026
按项目合作形式分组			
与境外机构合作	3	21	501
与国内高校合作	52	1215	11700
与国内独立研究机构合作	31	1043	5924
与境内注册外商独资企业合作	1	14	53
与境内注册其他企业合作	21	108	6613
独立完成	393	5702	177486
其他	12	236	3448
按项目技术经济目标分组			
科学原理的探索、发现			
技术原理的研究	28	195	13568
开发全新产品	203	2017	91058
增加产品功能或提高性能	164	2882	63771
提高劳动生产率	39	1540	7741
减少能源消耗或提高能源使用效率	35	736	6732
节约原材料	14	448	2443
减少环境污染	11	181	1472
其他	19	340	18940

5-2-12 续表1

项　　目	大同		
	R&D项目数 (项)	R&D项目人员 (人)	R&D项目经费支出 (万元)
总　　计	**114**	**6260**	**28326**
按项目来源分组			
国家科技项目	3	291	3458
地方科技项目	2	25	90
企业委托科技项目			
自选科技项目	105	5882	24641
来自国外的科技项目			
其它科技项	4	62	137
按项目合作形式分组			
与境外机构合作	1	19	22
与国内高校合作	34	2356	7092
与国内独立研究机构合作	33	2456	16344
与境内注册外商独资企业合作			
与境内注册其他企业合作	14	637	1430
独立完成	28	719	3319
其他	4	73	119
按项目技术经济目标分组			
科学原理的探索、发现	9	505	1237
技术原理的研究	46	3185	19034
开发全新产品	20	448	1831
增加产品功能或提高性能	5	148	835
提高劳动生产率	4	230	820
减少能源消耗或提高能源使用效率	5	324	864
节约原材料	1	46	9
减少环境污染	1	69	140
其他	23	1305	3555

5-2-12 续表2

项　　目	阳泉		
	R&D项目数(项)	R&D项目人员(人)	R&D项目经费支出(万元)
总　　计	**104**	**3346**	**28901**
按项目来源分组			
国家科技项目	3	125	2536
地方科技项目	2	22	3250
企业委托科技项目	1	1	36
自选科技项目	98	3198	23080
来自国外的科技项目			
其它科技项			
按项目合作形式分组			
与境外机构合作	1	8	90
与国内高校合作	25	541	6155
与国内独立研究机构合作	10	344	2324
与境内注册外商独资企业合作			
与境内注册其他企业合作	22	1359	6915
独立完成	43	963	12528
其他	3	131	890
按项目技术经济目标分组			
科学原理的探索、发现			
技术原理的研究	26	975	5432
开发全新产品	34	302	3308
增加产品功能或提高性能	24	1186	9610
提高劳动生产率	3	293	3845
减少能源消耗或提高能源使用效率	8	128	2737
节约原材料			
减少环境污染	3	119	1337
其他	6	343	2632

5-2-12 续表3

项　　目	长治		
	R&D项目数(项)	R&D项目人员(人)	R&D项目经费支出(万元)
总　　计	**277**	**4485**	**39294**
按项目来源分组			
国家科技项目	36	226	6099
地方科技项目	8	97	1340
企业委托科技项目	1	35	231
自选科技项目	229	4112	31282
来自国外的科技项目	3	15	343
其它科技项			
按项目合作形式分组			
与境外机构合作	4	98	3082
与国内高校合作	75	1603	11222
与国内独立研究机构合作	53	1122	7521
与境内注册外商独资企业合作			
与境内注册其他企业合作	34	597	3922
独立完成	106	982	13208
其他	5	83	338
按项目技术经济目标分组			
科学原理的探索、发现			
技术原理的研究			
开发全新产品	118	1570	18122
增加产品功能或提高性能	38	379	3746
提高劳动生产率	77	1724	12232
减少能源消耗或提高能源使用效率	12	237	1587
节约原材料	6	60	326
减少环境污染	20	345	2530
其他	6	170	751

5-2-12 续表4

项　　目	晋城		
	R&D项目数(项)	R&D项目人员(人)	R&D项目经费支出(万元)
总　　计	**48**	**2259**	**24840**
按项目来源分组			
国家科技项目	1	216	3794
地方科技项目	2	97	490
企业委托科技项目			
自选科技项目	45	1946	20556
来自国外的科技项目			
其它科技项			
按项目合作形式分组			
与境外机构合作			
与国内高校合作	10	417	2455
与国内独立研究机构合作	14	682	8756
与境内注册外商独资企业合作			
与境内注册其他企业合作	16	1113	13076
独立完成	8	47	553
其他			
按项目技术经济目标分组			
科学原理的探索、发现			
技术原理的研究			
开发全新产品	3	42	585
增加产品功能或提高性能	14	383	3105
提高劳动生产率	4	181	1439
减少能源消耗或提高能源使用效率	6	529	6583
节约原材料			
减少环境污染	2	75	957
其他	19	1049	12172

5-2-12 续表5

项　　目	朔州		
	R&D项目数 (项)	R&D项目人员 (人)	R&D项目经费支出 (万元)
总　　计	**32**	**128**	**9159**
按项目来源分组			
国家科技项目			
地方科技项目	1	4	227
企业委托科技项目			
自选科技项目	31	124	8931
来自国外的科技项目			
其它科技项			
按项目合作形式分组			
与境外机构合作			
与国内高校合作	13	40	1043
与国内独立研究机构合作	4	27	1670
与境内注册外商独资企业合作			
与境内注册其他企业合作	7	28	746
独立完成	8	33	5700
其他			
按项目技术经济目标分组			
科学原理的探索、发现			
技术原理的研究	4	9	219
开发全新产品	5	19	503
增加产品功能或提高性能	6	24	1939
提高劳动生产率	10	35	4109
减少能源消耗或提高能源使用效率	4	25	1806
节约原材料			
减少环境污染			
其他	3	16	583

5-2-12　续表6

项　　目	晋中		
	R&D项目数(项)	R&D项目人员(人)	R&D项目经费支出(万元)
总　　计	**117**	**1762**	**31734**
按项目来源分组			
国家科技项目	3	79	2824
地方科技项目	3	59	1514
企业委托科技项目	11	151	1250
自选科技项目	97	1456	25807
来自国外的科技项目	1	3	21
其它科技项	2	14	318
按项目合作形式分组			
与境外机构合作	1	18	747
与国内高校合作	11	110	1448
与国内独立研究机构合作	5	71	1801
与境内注册外商独资企业合作			
与境内注册其他企业合作	4	118	2555
独立完成	90	1368	23432
其他	6	77	1751
按项目技术经济目标分组			
科学原理的探索、发现	3	53	2454
技术原理的研究	6	77	3306
开发全新产品	67	710	6543
增加产品功能或提高性能	14	484	8869
提高劳动生产率	8	184	6850
减少能源消耗或提高能源使用效率	9	81	710
节约原材料	5	118	1521
减少环境污染	2	14	237
其他	3	41	1243

5-2-12 续表7

项　　目	运城		
	R&D项目数(项)	R&D项目人员(人)	R&D项目经费支出(万元)
总　　计	**141**	**1092**	**25856**
按项目来源分组			
国家科技项目	4	84	1264
地方科技项目	7	103	12427
企业委托科技项目	2	16	432
自选科技项目	128	889	11733
来自国外的科技项目			
其它科技项			
按项目合作形式分组			
与境外机构合作			
与国内高校合作	19	204	2635
与国内独立研究机构合作	46	243	12414
与境内注册外商独资企业合作			
与境内注册其他企业合作	2	36	63
独立完成	74	609	10744
其他			
按项目技术经济目标分组			
科学原理的探索、发现	3	4	24
技术原理的研究	5	43	664
开发全新产品	92	672	22318
增加产品功能或提高性能	11	96	204
提高劳动生产率	11	87	1206
减少能源消耗或提高能源使用效率	10	89	1157
节约原材料	1	30	13
减少环境污染	7	57	142
其他	1	14	128

5-2-12 续表8

项　目	忻州		
	R&D 项目数 (项)	R&D 项目人员 (人)	R&D项目 经费支出 (万元)
总　计	**9**	**91**	**1463**
按项目来源分组			
国家科技项目			
地方科技项目	1	5	146
企业委托科技项目			
自选科技项目	8	86	1317
来自国外的科技项目			
其它科技项			
按项目合作形式分组			
与境外机构合作			
与国内高校合作	1	13	129
与国内独立研究机构合作			
与境内注册外商独资企业合作			
与境内注册其他企业合作			
独立完成	7	66	1059
其他	1	12	275
按项目技术经济目标分组			
科学原理的探索、发现			
技术原理的研究			
开发全新产品			
增加产品功能或提高性能	8	87	1460
提高劳动生产率			
减少能源消耗或提高能源使用效率	1	4	3
节约原材料			
减少环境污染			
其他			

5-2-12 续表9

项　目	临汾		
	R&D项目数(项)	R&D项目人员(人)	R&D项目经费支出(万元)
总　计	**86**	**987**	**28534**
按项目来源分组			
国家科技项目	4	80	7206
地方科技项目	7	85	2620
企业委托科技项目	3	21	408
自选科技项目	72	801	18300
来自国外的科技项目			
其它科技项			
按项目合作形式分组			
与境外机构合作	1	8	952
与国内高校合作	13	103	1176
与国内独立研究机构合作	10	160	9958
与境内注册外商独资企业合作			
与境内注册其他企业合作	2	53	1007
独立完成	59	657	15394
其他	1	6	47
按项目技术经济目标分组			
科学原理的探索、发现			
技术原理的研究			
开发全新产品	9	146	2540
增加产品功能或提高性能	25	259	9302
提高劳动生产率	11	110	1596
减少能源消耗或提高能源使用效率	23	298	11873
节约原材料	7	51	1489
减少环境污染	5	49	1238
其他	6	74	496

5-2-12 续表10

项目	吕梁		
	R&D项目数(项)	R&D项目人员(人)	R&D项目经费支出(万元)
总　计	**53**	**410**	**9493**
按项目来源分组			
国家科技项目	1	8	36
地方科技项目	3	32	160
企业委托科技项目			
自选科技项目	49	370	9297
来自国外的科技项目			
其它科技项			
按项目合作形式分组			
与境外机构合作	1	7	190
与国内高校合作	15	137	2192
与国内独立研究机构合作	3	29	106
与境内注册外商独资企业合作			
与境内注册其他企业合作	3	39	228
独立完成	26	183	6407
其他	5	15	370
按项目技术经济目标分组			
科学原理的探索、发现			
技术原理的研究	18	102	4544
开发全新产品	12	119	1830
增加产品功能或提高性能	7	75	1693
提高劳动生产率	7	30	840
减少能源消耗或提高能源使用效率	5	52	285
节约原材料	2	10	196
减少环境污染			
其他	2	22	106

6-1 企业办研发机构

项目	机构数(个)	机构人员合计(人)	#博士毕业	硕士毕业	机构经费支出(万元)	仪器和设备原价(万元)
总计	**261**	**19297**	**232**	**1719**	**295849**	**301652**
按企业规模分组						
大中型企业	174	17805	205	1616	280290	274234
大型企业	65	13405	146	1196	230136	195490
中型企业	109	4400	59	420	50154	78744
小型企业	87	1492	27	103	15559	27418
按企业控股情况分组						
国有控股	105	15282	156	1366	254954	237350
集体控股	18	401	11	43	3038	12849
私人控股	120	2937	55	212	31098	36871
港澳台商控股	3	98		7	1089	6068
外商控股	5	245	5	38	1855	6250
其他	10	334	5	53	3815	2263
按登记注册类型分组						
内资企业	241	18235	223	1660	287539	280447
国有企业	19	1978	7	204	20082	61116
集体企业	2	46		1	479	298
有限责任公司	122	11591	151	1170	208919	139711
国有独资公司	24	4781	67	558	83399	39086
股份有限公司	37	3621	43	216	47255	65550
私营企业	61	999	22	69	10805	13772
港、澳、台商投资企业	5	411		12	3900	6966
外商投资企业	15	651	9	47	4409	14239

6-2 大中型企业办研发机构

项目	机构数(个)	机构人员合计(人)	#博士毕业	硕士毕业	机构经费支出(万元)	仪器和设备原价(万元)
总计	**174**	**17805**	**205**	**1616**	**280290**	**274234**
按企业控股情况分组						
国有控股	101	15094	153	1364	254026	237052
集体控股	9	321	9	31	2300	12153
私人控股	52	1846	35	142	19138	21936
港澳台商控股	1	48		3	10	3
外商控股	4	222	3	28	1655	969
其他	7	274	5	48	3161	2121
按登记注册类型分组						
内资企业	160	16992	201	1576	273364	264803
国有企业	16	1910	7	202	19158	60866
集体企业	2	46		1	479	298
股份合作企业						
联营企业						
有限责任公司	87	11111	142	1132	202126	134359
国有独资公司	24	4781	67	558	83399	39086
股份有限公司	32	3488	42	207	46388	64466
私营企业	23	437	10	34	5214	4814
港、澳、台商投资企业	4	391		10	3800	6901
外商投资企业	10	422	4	30	3126	2530

6-3 大型企业办研发机构

项目	机构数(个)	机构人员合计(人)	#博士毕业	硕士毕业	机构经费支出(万元)	仪器和设备原价(万元)
总计	**65**	**13405**	**146**	**1196**	**230136**	**195490**
按企业控股情况分组						
国有控股	54	12620	134	1133	225184	193475
集体控股						
私人控股	8	550	10	38	3276	1032
港澳台商控股						
外商控股	2	197	2	25	1552	964
其他	1	38			124	20
按登记注册类型分组						
内资企业	58	12749	144	1164	224469	187284
国有企业	5	1630	2	188	17419	33736
集体企业						
股份合作企业						
联营企业						
有限责任公司	42	8751	111	853	170094	105547
国有独资公司	18	4495	67	528	80216	37991
股份有限公司	11	2368	31	123	36957	48002
私营企业						
港、澳、台商投资企业	1	324		7	3298	6882
外商投资企业	6	332	2	25	2369	1324

6-4 中型企业办研发机构

项　　目	机构数(个)	机构人员合计(人)			机构经费支出(万元)
			#博士毕业	硕士毕业	
总　　计	**109**	**4400**	**59**	**420**	**50154**
按企业控股情况分组					
国有控股	47	2474	19	231	28842
集体控股	9	321	9	31	2300
私人控股	44	1296	25	104	15862
港澳台商控股	1	48		3	10
外商控股	2	25	1	3	103
其他	6	236	5	48	3037
按登记注册类型分组					
内资企业	102	4243	57	412	48895
国有企业	11	280	5	14	1739
集体企业	2	46		1	479
股份合作企业					
联营企业					
有限责任公司	45	2360	31	279	32033
国有独资公司	6	286		30	3183
股份有限公司	21	1120	11	84	9431
私营企业	23	437	10	34	5214
港、澳、台商投资企业	3	67		3	503
外商投资企业	4	90	2	5	757

6-5 小型企业办研发机构

项　　目	机构数(个)	机构人员合计(人)	#博士毕业	硕士毕业	机构经费支出(万元)
总　　计	**87**	**1492**	**27**	**103**	**15559**
按企业控股情况分组					
国有控股	4	188	3	2	928
集体控股	9	80	2	12	738
私人控股	68	1091	20	70	11960
港澳台商控股	2	50		4	1079
外商控股	1	23	2	10	200
其他	3	60		5	654
按登记注册类型分组					
内资企业	81	1243	22	84	14175
国有企业	3	68		2	924
集体企业					
股份合作企业					
联营企业					
有限责任公司	35	480	9	38	6793
国有独资公司					
股份有限公司	5	133	1	9	868
私营企业	38	562	12	35	5591
港、澳、台商投资企业	1	20		2	100
外商投资企业	5	229	5	17	1283

6-6 按行业分企业办研发机构

行业	机构数(个)	机构人员合计(人)	#博士毕业	硕士毕业	机构经费支出(万元)	仪器和设备原价(万元)
总计	**261**	**19297**	**232**	**1719**	**295849**	**301652**
采矿业	22	4080	90	538	110571	57655
煤炭开采和洗选业	22	4080	90	538	110571	57655
制造业	233	14740	140	1086	181458	232614
农副食品加工业	5	49		5	472	223
食品制造业	9	206	7	17	4006	1625
饮料制造业	6	348	1	12	4190	989
纺织业	1	35			200	260
文教体育用品制造业	2	125			524	817
石油加工、炼焦及核燃料加工业	14	585	6	65	6202	9242
化学原料及化学制品制造业	32	2729	39	137	38395	38744
医药制造业	17	867	14	77	4579	11706
橡胶制品业	3	183		8	4482	2698
塑料制品业	2	11			1583	834
非金属矿物制品业	21	521	7	26	5111	3585
黑色金属冶炼及压延加工业	8	1222	19	86	20902	17786
有色金属冶炼及压延加工业	9	599	11	32	5214	8813
金属制品业	4	30	2	2	60	469
通用设备制造业	21	1011	10	36	5730	13150
专用设备制造业	39	3824	10	360	52698	41348
交通运输设备制造业	14	913	3	60	16061	28122
电气机械及器材制造业	11	728	1	76	5532	19917
通信设备、计算机及其他电子设备制造业	6	479	6	54	2184	31040
仪器仪表及文化、办公用机械制造业	9	275	4	33	3335	1247
电力、燃气及水的生产和供应业	6	477	2	95	3820	11382
电力、热力的生产和供应业	6	477	2	95	3820	11382

6-7 按行业分大中型企业办研发机构

行业	机构数(个)	机构人员合计(人)	#博士毕业	硕士毕业	机构经费支出(万元)	仪器和设备原价(万元)
总计	**174**	**17805**	**205**	**1616**	**280290**	**274234**
按行业分组						
采矿业	20	4019	89	533	109886	57421
煤炭开采和洗选业	20	4019	89	533	109886	57421
制造业	149	13329	114	990	166684	205495
农副食品加工业						
食品制造业	3	97		8	1174	500
饮料制造业	3	294	1	9	3269	692
烟草制品业						
纺织业	1	35			200	260
文教体育用品制造业	1	120			514	809
石油加工、炼焦及核燃料加工业	13	570	6	65	6099	9231
化学原料及化学制品制造业	19	2388	31	127	36423	32318
医药制造业	11	742	12	59	3654	5909
橡胶制品业	3	183		8	4482	2698
塑料制品业	2	11			1583	834
非金属矿物制品业	11	336	5	15	3611	2134
黑色金属冶炼及压延加工业	6	1197	19	85	20495	17018
有色金属冶炼及压延加工业	7	582	11	32	5139	8708
金属制品业						
通用设备制造业	11	812	10	28	2918	9914
专用设备制造业	27	3677	7	344	51888	40687
交通运输设备制造业	11	871	3	55	15007	21922
电气机械及器材制造业	9	710		74	5274	19699
通信设备、计算机及其他电子设备制造业	6	479	6	54	2184	31040
仪器仪表及文化、办公用机械制造业	5	225	3	27	2772	1123
电力、燃气及水的生产和供应业	5	457	2	93	3720	11317
电力、热力的生产和供应业	5	457	2	93	3720	11317

6-8 按行业分大型企业办研发机构

行业	机构数(个)	机构人员合计(人)	#博士毕业	硕士毕业	机构经费支出(万元)	仪器和设备原价(万元)
总计	**65**	**13405**	**146**	**1196**	**230136**	**195490**
采矿业	13	3775	87	521	99454	55130
煤炭开采和洗选业	13	3775	87	521	99454	55130
制造业	51	9200	58	584	127182	129341
农副食品加工业						
食品制造业						
饮料制造业	1	216		3	2699	322
烟草制品业						
纺织业						
文教体育用品制造业						
石油加工、炼焦及核燃料加工业	7	345	5	28	2064	2980
化学原料及化学制品制造业	12	2125	27	98	34846	29195
医药制造业	2	302	4	18	1142	587
橡胶制品业	1	79		4	1148	314
塑料制品业						
非金属矿物制品业	1	96		2	1073	419
黑色金属冶炼及压延加工业	5	1192	19	85	20480	17018
有色金属冶炼及压延加工业	3	447		11	592	2122
金属制品业						
通用设备制造业	2	235		11	891	2167
专用设备制造业	12	3040	2	207	46968	36760
交通运输设备制造业	3	552	1	37	10167	20127
电气机械及器材制造业	1	409		59	3761	16766
通信设备、计算机及其他电子设备制造业	1	162		21	1352	564
仪器仪表及文化、办公用机械制造业						
电力、燃气及水的生产和供应业	1	430	1	91	3500	11018
电力、热力的生产和供应业	1	430	1	91	3500	11018

6-9 按行业分中型企业办研发机构

行业	机构数(个)	机构人员合计(人)	#博士毕业	硕士毕业	机构经费支出(万元)	仪器和设备原价(万元)
总计	**109**	**4400**	**59**	**420**	**50154**	**78744**
采矿业	7	244	2	12	10433	2291
煤炭开采和洗选业	7	244	2	12	10433	2291
制造业	98	4129	56	406	39502	76154
农副食品加工业						
食品制造业	3	97		8	1174	500
饮料制造业	2	78	1	6	570	370
烟草制品业						
纺织业	1	35			200	260
文教体育用品制造业	1	120			514	809
石油加工、炼焦及核燃料加工业	6	225	1	37	4035	6251
化学原料及化学制品制造业	7	263	4	29	1577	3123
医药制造业	9	440	8	41	2512	5322
橡胶制品业	2	104		4	3335	2384
塑料制品业	2	11			1583	834
非金属矿物制品业	10	240	5	13	2537	1715
黑色金属冶炼及压延加工业	1	5			15	
有色金属冶炼及压延加工业	4	135	11	21	4547	6586
金属制品业						
通用设备制造业	9	577	10	17	2027	7747
专用设备制造业	15	637	5	137	4920	3927
交通运输设备制造业	8	319	2	18	4840	1795
电气机械及器材制造业	8	301		15	1513	2933
通信设备、计算机及其他电子设备制造业	5	317	6	33	832	30476
仪器仪表及文化、办公用机械制造业	5	225	3	27	2772	1123
电力、燃气及水的生产和供应业	4	27	1	2	220	299
电力、热力的生产和供应业	4	27	1	2	220	299

6-10 按行业分小型企业办研发机构

行业	机构数（个）	机构人员合计（人）	#博士毕业	硕士毕业	机构经费支出（万元）	仪器和设备原价（万元）
总计	**87**	**1492**	**27**	**103**	**15559**	**27418**
采矿业	2	61	1	5	685	234
煤炭开采和洗选业	2	61	1	5	685	234
制造业	84	1411	26	96	14774	27119
农副食品加工业	5	49		5	472	223
食品制造业	6	109	7	9	2832	1125
饮料制造业	3	54		3	921	297
烟草制品业						
纺织业						
文教体育用品制造业	1	5			10	8
石油加工、炼焦及核燃料加工业	1	15			103	12
化学原料及化学制品制造业	13	341	8	10	1972	6425
医药制造业	6	125	2	18	925	5798
橡胶制品业						
塑料制品业						
非金属矿物制品业	10	185	2	11	1500	1452
黑色金属冶炼及压延加工业	2	25		1	407	768
有色金属冶炼及压延加工业	2	17			75	105
金属制品业	4	30	2	2	60	469
通用设备制造业	10	199		8	2811	3236
专用设备制造业	12	147	3	16	810	661
交通运输设备制造业	3	42		5	1054	6200
电气机械及器材制造业	2	18	1	2	258	218
通信设备、计算机及其他电子设备制造业						
仪器仪表及文化、办公用机械制造业	4	50	1	6	563	124
电力、燃气及水的生产和供应业	1	20		2	100	65
电力、热力的生产和供应业	1	20		2	100	65

6-11 按行业分国有控股企业办研发机构

行业	机构数(个)	机构人员合计(人)	#博士毕业	硕士毕业	机构经费支出(万元)	仪器和设备原价(万元)
总计	**105**	**15282**	**156**	**1366**	**254954**	**237350**
采矿业	19	3939	89	525	109790	57121
煤炭开采和洗选业	19	3939	89	525	109790	57121
制造业	82	10888	65	748	141567	169029
农副食品加工业						
食品制造业						
饮料制造业	2	251		5	3499	475
烟草制品业						
纺织业	1	35			200	260
文教体育用品制造业						
石油加工、炼焦及核燃料加工业	3	187	5	29	1130	3052
化学原料及化学制品制造业	13	2320	30	105	35245	29363
医药制造业	3	272	3	8	1712	4040
橡胶制品业	2	158		8	3822	826
塑料制品业						
非金属矿物制品业	5	224		7	1506	556
黑色金属冶炼及压延加工业	4	1147	11	70	19760	17018
有色金属冶炼及压延加工业	4	505	3	22	1002	4014
金属制品业						
通用设备制造业	6	648	5	25	2540	9408
专用设备制造业	23	3478	7	315	50263	39047
交通运输设备制造业	5	670	1	49	13689	20400
电气机械及器材制造业	5	595		67	4314	19489
通信设备、计算机及其他电子设备制造业	4	242		21	801	19988
仪器仪表及文化、办公用机械制造业	2	156		17	2085	1091
电力、燃气及水的生产和供应业	4	455	2	93	3597	11200
电力、热力的生产和供应业	4	455	2	93	3597	11200

6-12 按行业分内资企业办研发机构

行业	机构数(个)	机构人员合计(人)	#博士毕业	硕士毕业	机构经费支出(万元)	仪器和设备原价(万元)
总计	**241**	**18235**	**223**	**1660**	**287539**	**280447**
采矿业	22	4080	90	538	110571	57655
煤炭开采和洗选业	22	4080	90	538	110571	57655
制造业	215	13707	131	1029	173277	211474
农副食品加工业	5	49		5	472	223
食品制造业	9	206	7	17	4006	1625
饮料制造业	6	348	1	12	4190	989
烟草制品业						
纺织业	1	35			200	260
文教体育用品制造业	2	125			524	817
石油加工、炼焦及核燃料加工业	9	412	6	65	5261	8863
化学原料及化学制品制造业	31	2609	36	137	38391	38695
医药制造业	14	796	10	61	3566	5455
橡胶制品业	3	183		8	4482	2698
塑料制品业	2	11			1583	834
非金属矿物制品业	21	521	7	26	5111	3585
黑色金属冶炼及压延加工业	8	1222	19	86	20902	17786
有色金属冶炼及压延加工业	9	599	11	32	5214	8813
金属制品业	4	30	2	2	60	469
通用设备制造业	19	955	10	31	5630	12770
专用设备制造业	38	3500	10	353	49401	34466
交通运输设备制造业	12	831	2	58	15041	21492
电气机械及器材制造业	10	708	1	73	5181	19917
通信设备、计算机及其他电子设备制造业	5	317	6	33	832	30476
仪器仪表及文化、办公用机械制造业	7	250	3	30	3232	1241
电力、燃气及水的生产和供应业	4	448	2	93	3692	11317
电力、热力的生产和供应业	4	448	2	93	3692	11317

6-13 按行业分国有企业办研发机构

行业	机构数(个)	机构人员合计(人)	#博士毕业	硕士毕业	机构经费支出(万元)	仪器和设备原价(万元)
总计	**19**	**1978**	**7**	**204**	**20082**	**61116**
采矿业	3	14		4	71	30
煤炭开采和洗选业	3	14		4	71	30
制造业	14	1529	6	109	16491	49886
农副食品加工业						
食品制造业						
饮料制造业	1	35		2	800	153
烟草制品业						
纺织业						
文教体育用品制造业						
石油加工、炼焦及核燃料加工业						
化学原料及化学制品制造业						
医药制造业						
橡胶制品业						
塑料制品业						
非金属矿物制品业	2	33			124	97
黑色金属冶炼及压延加工业	1	461	1	8	6708	2307
有色金属冶炼及压延加工业						
金属制品业						
通用设备制造业	3	266	5	10	1144	8856
专用设备制造业	2	296		30	3396	1935
交通运输设备制造业	1	18			245	35
电气机械及器材制造业	3	414		59	3776	16766
通信设备、计算机及其他电子设备制造业	1	6			299	19738
仪器仪表及文化、办公用机械制造业						
电力、燃气及水的生产和供应业	2	435	1	91	3520	11200
电力、热力的生产和供应业	2	435	1	91	3520	11200

6-14 按行业分港澳台商投资企业办研发机构

行业	机构数(个)	机构人员合计(人)	#博士毕业	硕士毕业	机构经费支出(万元)	仪器和设备原价(万元)
总计	**5**	**411**		**12**	**3900**	**6966**
采矿业						
煤炭开采和洗选业						
制造业	3	382		10	3772	6901
农副食品加工业						
食品制造业						
饮料制造业						
烟草制品业						
纺织业						
文教体育用品制造业						
石油加工、炼焦及核燃料加工业	1	38			124	20
化学原料及化学制品制造业						
医药制造业						
橡胶制品业						
塑料制品业						
非金属矿物制品业						
黑色金属冶炼及压延加工业						
有色金属冶炼及压延加工业						
金属制品业						
通用设备制造业						
专用设备制造业	1	324		7	3298	6882
交通运输设备制造业						
电气机械及器材制造业	1	20		3	351	
通信设备、计算机及其他电子设备制造业						
仪器仪表及文化、办公用机械制造业						
电力、燃气及水的生产和供应业	2	29		2	128	65
电力、热力的生产和供应业	2	29		2	128	65

6-15 按行业分外商投资企业办研发机构

行业	机构数(个)	机构人员合计(人)	#博士毕业	硕士毕业	机构经费支出(万元)	仪器和设备原价(万元)
总计	**15**	**651**	**9**	**47**	**4409**	**14239**
采矿业						
煤炭开采和洗选业						
制造业	15	651	9	47	4409	14239
农副食品加工业						
食品制造业						
饮料制造业						
烟草制品业						
纺织业						
文教体育用品制造业						
石油加工、炼焦及核燃料加工业	4	135			817	360
化学原料及化学制品制造业	1	120	3		4	48
医药制造业	3	71	4	16	1012	6251
橡胶制品业						
塑料制品业						
非金属矿物制品业						
黑色金属冶炼及压延加工业						
有色金属冶炼及压延加工业						
金属制品业						
通用设备制造业	2	56		5	100	380
专用设备制造业						
交通运输设备制造业	2	82	1	2	1021	6630
电气机械及器材制造业						
通信设备、计算机及其他电子设备制造业	1	162		21	1352	564
仪器仪表及文化、办公用机械制造业	2	25	1	3	103	5
电力、燃气及水的生产和供应业						
电力、热力的生产和供应业						

6-16 各地市企业办研发机构

地　区	机构数(个)	机构人员合计(人)	#博士毕业	硕士毕业	机构经费支出(万元)	仪器和设备原价(万元)
总　计	**261**	**19297**	**232**	**1719**	**295849**	**301652**
太原市	83	6431	56	717	102370	122245
大同市	11	1451	19	66	14184	39287
阳泉市	21	1281	15	50	21813	3677
长治市	38	3730	64	327	40798	26112
晋城市	17	1005	16	146	23168	13831
朔州市	5	428	6	56	36135	9609
晋中市	37	1103	12	51	14878	24009
运城市	16	1837	22	150	13380	35692
忻州市	10	144	5	19	1028	5890
临汾市	16	1099	9	113	17892	20674
吕梁市	7	788	8	24	10201	626

6-17 各地市大中型企业办研发机构

地　区	机构数(个)	机构人员合计(人)	#博士毕业	硕士毕业	机构经费支出(万元)	仪器和设备原价(万元)
总　计	**174**	**17805**	**205**	**1616**	**280290**	**274234**
太原市	55	5936	42	666	96937	108381
大同市	9	1281	16	66	13823	39005
阳泉市	11	1192	12	46	20575	2489
长治市	25	3574	63	321	40087	25276
晋城市	12	896	16	142	22793	13139
朔州市	2	390	6	54	35545	9374
晋中市	19	792	7	27	8768	15472
运城市	14	1792	22	147	13290	35054
忻州市	7	118	5	14	880	5498
临汾市	14	1087	8	112	17817	20225
吕梁市	6	747	8	21	9775	322

6-18 各地市大型企业办研发机构

地　区	机构数(个)	机构人员合计(人)	#博士毕业	硕士毕业	机构经费支出(万元)	仪器和设备原价(万元)
总　计	**65**	**13405**	**146**	**1196**	**230136**	**195490**
太原市	20	4035	19	427	78004	68938
大同市	6	1228	16	64	12544	38148
阳泉市	2	778	8	19	18287	149
长治市	15	3043	58	287	35678	17071
晋城市	4	574	15	129	19526	7888
朔州市	1	385	6	54	35525	9192
晋中市	2	362		7	3422	6901
运城市	7	1502	11	125	8379	27457
忻州市						
临汾市	5	819	5	66	14920	19424
吕梁市	3	679	8	18	3852	322

6-19 各地市中型企业办研发机构

地　区	机构数(个)	机构人员合计(人)	#博士毕业	硕士毕业	机构经费支出(万元)	仪器和设备原价(万元)
总　计	**109**	**4400**	**59**	**420**	**50154**	
太原市	35	1901	23	239	18933	39443
大同市	3	53		2	1279	857
阳泉市	9	414	4	27	2288	2340
长治市	10	531	5	34	4409	8206
晋城市	8	322	1	13	3268	5251
朔州市	1	5			20	182
晋中市	17	430	7	20	5346	8571
运城市	7	290	11	22	4911	7597
忻州市	7	118	5	14	880	5498
临汾市	9	268	3	46	2897	801
吕梁市	3	68		3	5923	

6-20 各地市小型企业办研发机构

地　区	机构数(个)	机构人员合计(人)			机构经费支出(万元)	仪器和设备原价(万元)
			#博士毕业	硕士毕业		
总　计	**87**	**1492**	**27**	**103**	**15559**	
太原市	28	495	14	51	5433	13864
大同市	2	170	3		361	282
阳泉市	10	89	3	4	1238	1188
长治市	13	156	1	6	711	836
晋城市	5	109		4	375	692
朔州市	3	38		2	590	235
晋中市	18	311	5	24	6111	8537
运城市	2	45		3	90	638
忻州市	3	26		5	148	393
临汾市	2	12	1	1	75	449
吕梁市	1	41		3	426	304

6-21 各地市国有控股企业办研发机构

地　区	机构数(个)	机构人员合计(人)			机构经费支出(万元)	仪器和设备原价(万元)
			#博士毕业	硕士毕业		
总　计	**105**	**15282**	**156**	**1366**	**254954**	**237350**
太原市	42	5392	26	593	91905	92472
大同市	7	1319	17	60	12647	37796
阳泉市	8	1147	12	44	20444	2396
长治市	13	3099	61	294	36138	22231
晋城市	5	571	15	110	19149	9384
朔州市	2	390	6	54	35545	9374
晋中市	9	595	5	21	7722	14671
运城市	6	1235	9	111	7437	27270
忻州市	2	11		4	66	2010
临汾市	8	851	5	71	14922	19424
吕梁市	3	672		4	8980	322

6-22 各地市内资企业办研发机构

地区	机构数(个)	机构人员合计(人)			机构经费支出(万元)	仪器和设备原价(万元)
			#博士毕业	硕士毕业		
总计	**241**	**18235**	**223**	**1660**	**287539**	**280447**
太原市	79	6353	53	702	101088	110959
大同市	8	1283	14	60	13368	38268
阳泉市	21	1281	15	50	21813	3677
长治市	34	3595	64	327	39981	25752
晋城市	15	809	16	123	21766	12967
朔州市	4	408	6	54	36035	9544
晋中市	34	732	12	44	11429	17108
运城市	15	1815	22	147	13330	35612
忻州市	10	144	5	19	1028	5890
临汾市	14	1027	8	110	17500	20044
吕梁市	7	788	8	24	10201	626

6-23 各地市国有企业办研发机构

地区	机构数(个)	机构人员合计(人)			机构经费支出(万元)	仪器和设备原价(万元)
			#博士毕业	硕士毕业		
总计	**19**	**1978**	**7**	**204**	**20082**	**61116**
太原市	7	575	3	95	5170	31628
大同市	2	53			385	1966
阳泉市						
长治市	3	749	1	38	10076	3989
晋城市						
朔州市	1	5			20	182
晋中市	4	179	3	8	651	6576
运城市	1	409		59	3761	16766
忻州市	1	8		4	20	10
临汾市						
吕梁市						

6-24 各地市港澳台商投资企业办研发机构

地区	机构数(个)	机构人员合计(人)	#博士毕业	硕士毕业	机构经费支出(万元)	仪器和设备原价(万元)
总计	5	411		12	3900	6966
太原市						
大同市						
阳泉市						
长治市						
晋城市						
朔州市	1	20		2	100	65
晋中市	3	371		7	3450	6901
运城市						
忻州市						
临汾市	1	20		3	351	
吕梁市						

6-25 各地市外商投资企业办研发机构

地区	机构数(个)	机构人员合计(人)	#博士毕业	硕士毕业	机构经费支出(万元)	仪器和设备原价(万元)
总计	15	651	9	47	4409	14239
太原市	4	78	3	15	1282	11286
大同市	3	168	5	6	816	1019
阳泉市						
长治市	4	135			817	360
晋城市	2	196		23	1402	864
朔州市						
晋中市						
运城市	1	22		3	50	80
忻州市						
临汾市	1	52	1		41	630
吕梁市						

6-26 各地市分行业企业办研发机构

地　区	采矿业					
	机构数(个)	机构人员合计(人)	#博士毕业	硕士毕业	机构经费支出(万元)	仪器和设备原价(万元)
总　计	**22**	**4080**	**90**	**538**	**110571**	**57655**
太原市	2	337	7	90	15129	5764
大同市	1	687	10	35	6350	31154
阳泉市	3	784	9	19	18289	254
长治市	3	758	41	215	5556	1548
晋城市	4	536	15	110	18949	8824
朔州市	1	385	6	54	35525	9192
晋中市	5	129	2	10	4472	910
运城市						
忻州市	1	8		4	20	10
临汾市						
吕梁市	2	456		1	6281	

6-26 续表1

地　区	制造业					
	机构数(个)	机构人员合计(人)	#博士毕业	硕士毕业	机构经费支出(万元)	仪器和设备原价(万元)
总　计	**233**	**14740**	**140**	**1086**	**181458**	**232614**
太原市	80	5664	48	536	83742	105463
大同市	10	764	9	31	7834	8133
阳泉市	17	486	5	29	3475	3423
长治市	34	2970	23	112	35119	24448
晋城市	13	469	1	36	4220	5006
朔州市	2	18			490	170
晋中市	31	965	10	41	10378	23099
运城市	16	1837	22	150	13380	35692
忻州市	9	136	5	15	1008	5881
临汾市	16	1099	9	113	17892	20674
吕梁市	5	332	8	23	3920	626

6–26　续表2

地　　区	农副食品加工业					
	机构数 (个)	机构人员合计 (人)	#博士毕业	硕士毕业	机构经费支出 (万元)	仪器和设备原价 (万元)
总　　计	**5**	**49**		**5**	**472**	**223**
太 原 市	1	12		3	388	2
大 同 市						
阳 泉 市						
长 治 市	3	30		2	44	214
晋 城 市	1	7			40	7
朔 州 市						
晋 中 市						
运 城 市						
忻 州 市						
临 汾 市						
吕 梁 市						

6–26　续表3

地　　区	食品制造业					
	机构数 (个)	机构人员合计 (人)	#博士毕业	硕士毕业	机构经费支出 (万元)	仪器和设备原价 (万元)
总　　计	**9**	**206**	**7**	**17**	**4006**	**1625**
太 原 市	5	139	5	10	1922	513
大 同 市						
阳 泉 市						
长 治 市						
晋 城 市						
朔 州 市						
晋 中 市	4	67	2	7	2084	1112
运 城 市						
忻 州 市						
临 汾 市						
吕 梁 市						

6–26 续表4

地 区	饮料制造业					
	机构数(个)	机构人员合计(人)	#博士毕业	硕士毕业	机构经费支出(万元)	仪器和设备原价(万元)
总 计	**6**	**348**	**1**	**12**	**4190**	**989**
太原市	1	35		2	800	153
大同市						
阳泉市						
长治市						
晋城市	2	78	1	6	570	370
朔州市	1	9			30	70
晋中市						
运城市						
忻州市	1	10		1	91	74
临汾市						
吕梁市	1	216		3	2699	322

6–26 续表5

地 区	纺织业					
	机构数(个)	机构人员合计(人)	#博士毕业	硕士毕业	机构经费支出(万元)	仪器和设备原价(万元)
总 计	**1**	**35**			**200**	**260**
太原市						
大同市						
阳泉市						
长治市						
晋城市	1	35			200	260
朔州市						
晋中市						
运城市						
忻州市						
临汾市						
吕梁市						

6-26　续表6

地　　区	文教体育用品制造业					
	机构数(个)	机构人员合计(人)	#博士毕业	硕士毕业	机构经费支出(万元)	仪器和设备原价(万元)
总　　计	**2**	**125**			**524**	**817**
太 原 市	1	5			10	8
大 同 市						
阳 泉 市						
长 治 市	1	120			514	809
晋 城 市						
朔 州 市						
晋 中 市						
运 城 市						
忻 州 市						
临 汾 市						
吕 梁 市						

6-26　续表7

地　　区	石油加工、炼焦及核燃料加工业					
	机构数(个)	机构人员合计(人)	#博士毕业	硕士毕业	机构经费支出(万元)	仪器和设备原价(万元)
总　　计	**14**	**585**	**6**	**65**	**6202**	**9242**
太 原 市	2	69		3	128	3175
大 同 市						
阳 泉 市						
长 治 市	5	150			920	372
晋 城 市	1	30		2	1496	2510
朔 州 市						
晋 中 市	3	91		1	255	491
运 城 市						
忻 州 市						
临 汾 市	3	245	6	59	3403	2694
吕 梁 市						

6–26 续表8

地 区	化学原料及化学制品制造业					
	机构数(个)	机构人员合计(人)	#博士毕业	硕士毕业	机构经费支出(万元)	仪器和设备原价(万元)
总 计	**32**	**2729**	**39**	**137**	**38395**	**38744**
太原市	9	665	2	18	6430	6885
大同市	3	290	6	1	409	4017
阳泉市	5	122		10	1597	465
长治市	4	783	15	22	18004	2126
晋城市	1	24			160	323
朔州市						
晋中市	3	76	3	3	878	4988
运城市	3	427	12	48	3164	10237
忻州市	1	22		8	22	516
临汾市	2	295	1	25	7671	9187
吕梁市	1	25		2	60	

6–26 续表9

地 区	医药制造业					
	机构数(个)	机构人员合计(人)	#博士毕业	硕士毕业	机构经费支出(万元)	仪器和设备原价(万元)
总 计	**17**	**867**	**14**	**77**	**4579**	**11706**
太原市	3	166	5	20	435	5370
大同市	2	48	2	6	812	970
阳泉市						
长治市	4	248	5	27	1830	3971
晋城市	2	33		2	45	180
朔州市						
晋中市	2	54		5	14	16
运城市	2	272	2	14	966	195
忻州市	1	5			50	700
临汾市						
吕梁市	1	41		3	426	304

6–26　续表10

地　区	橡胶制品业					
	机构数(个)	机构人员合计(人)	#博士毕业	硕士毕业	机构经费支出(万元)	仪器和设备原价(万元)
总　计	**3**	**183**		**8**	**4482**	**2698**
太原市	2	158		8	3822	826
大同市						
阳泉市						
长治市						
晋城市						
朔州市						
晋中市						
运城市						
忻州市	1	25			660	1872
临汾市						
吕梁市						

6–26　续表11

地　区	塑料制品业					
	机构数(个)	机构人员合计(人)	#博士毕业	硕士毕业	机构经费支出(万元)	仪器和设备原价(万元)
总　计	**2**	**11**			**1583**	**834**
太原市						
大同市						
阳泉市						
长治市	2	11			1583	834
晋城市						
朔州市						
晋中市						
运城市						
忻州市						
临汾市						
吕梁市						

6-26　续表12

地　区	非金属矿物制品业					
	机构数(个)	机构人员合计(人)	#博士毕业	硕士毕业	机构经费支出(万元)	仪器和设备原价(万元)
总　计	**21**	**521**	**7**	**26**	**5111**	**3585**
太原市	7	348	4	20	2611	1436
大同市						
阳泉市	6	88	1	2	616	413
长治市	2	17			6	453
晋城市						
朔州市	1	9			460	100
晋中市	4	33	2	3	658	734
运城市	1	26		1	760	450
忻州市						
临汾市						
吕梁市						

6-26　续表13

地　区	黑色金属冶炼及压延加工业					
	机构数(个)	机构人员合计(人)	#博士毕业	硕士毕业	机构经费支出(万元)	仪器和设备原价(万元)
总　计	**8**	**1222**	**19**	**86**	**20902**	**17786**
太原市	3	578	10	47	12714	15414
大同市						
阳泉市						
长治市	1	461	1	8	6708	2307
晋城市						
朔州市						
晋中市						
运城市						
忻州市						
临汾市	2	133		16	745	65
吕梁市	2	50	8	15	735	

6-26　续表14

地　区	有色金属冶炼及压延加工业					
	机构数(个)	机构人员合计(人)	#博士毕业	硕士毕业	机构经费支出(万元)	仪器和设备原价(万元)
总　计	**9**	**599**	**11**	**32**	**5214**	**8813**
太原市	2	22			680	90
大同市						
阳泉市	1	58	3	11	410	1892
长治市						
晋城市						
朔州市						
晋中市						
运城市	5	517	8	21	4059	6816
忻州市						
临汾市	1	2			65	15
吕梁市						

6-26　续表15

地　区	金属制品业					
	机构数(个)	机构人员合计(人)	#博士毕业	硕士毕业	机构经费支出(万元)	仪器和设备原价(万元)
总　计	**4**	**30**	**2**	**2**	**60**	**469**
太原市						
大同市						
阳泉市						
长治市	3	20	1	1	50	35
晋城市						
朔州市						
晋中市						
运城市						
忻州市						
临汾市	1	10	1	1	10	434
吕梁市						

6-26　续表16

地　区	专用设备制造业					
	机构数(个)	机构人员合计(人)	#博士毕业	硕士毕业	机构经费支出(万元)	仪器和设备原价(万元)
总　计	**39**	**3824**	**10**	**360**	**52698**	**41348**
太原市	18	2088	9	292	38179	12317
大同市						
阳泉市						
长治市	5	916	1	42	4669	11121
晋城市	1	35			240	205
朔州市						
晋中市	8	392		9	3593	7333
运城市	1	73		4	400	500
忻州市	2	13		4	87	2224
临汾市	4	307		9	5531	7649
吕梁市						

6-26　续表17

地　区	交通运输设备制造业					
	机构数(个)	机构人员合计(人)	#博士毕业	硕士毕业	机构经费支出(万元)	仪器和设备原价(万元)
总　计	**14**	**913**	**3**	**60**	**16061**	**28122**
太原市	5	410	1	30	9576	25825
大同市	3	373	1	24	6228	1179
阳泉市						
长治市						
晋城市	2	31		3	66	288
朔州市						
晋中市	2	12		3	75	200
运城市						
忻州市						
临汾市	2	87	1		116	630
吕梁市						

6-26 续表18

地区	电气机械及器材制造业					
	机构数(个)	机构人员合计(人)	#博士毕业	硕士毕业	机构经费支出(万元)	仪器和设备原价(万元)
总计	**11**	**728**	**1**	**76**	**5532**	**19917**
太原市	5	116		4	586	792
大同市						
阳泉市	2	18	1	2	258	218
长治市	2	165		8	576	2141
晋城市						
朔州市						
晋中市						
运城市	1	409		59	3761	16766
忻州市						
临汾市	1	20		3	351	
吕梁市						

6-26 续表19

地区	通信设备、计算机及其他电子设备制造业					
	机构数(个)	机构人员合计(人)	#博士毕业	硕士毕业	机构经费支出(万元)	仪器和设备原价(万元)
总计	**6**	**479**	**6**	**54**	**2184**	**31040**
太原市	4	311	6	33	534	30476
大同市	1	6			299	
阳泉市						
长治市						
晋城市	1	162		21	1352	564
朔州市						
晋中市						
运城市						
忻州市						
临汾市						
吕梁市						

6–26 续表20

地　　区	仪器仪表及文化、办公用机械制造业					
	机构数(个)	机构人员合计(人)	#博士毕业	硕士毕业	机构经费支出(万元)	仪器和设备原价(万元)
总　　计	**9**	**275**	**4**	**33**	**3335**	**1247**
太 原 市	9	275	4	33	3335	1247
大 同 市						
阳 泉 市						
长 治 市						
晋 城 市						
朔 州 市						
晋 中 市						
运 城 市						
忻 州 市						
临 汾 市						
吕 梁 市						

6–26 续表21

地　　区	电力、燃气及水的生产和供应业					
	机构数(个)	机构人员合计(人)	#博士毕业	硕士毕业	机构经费支出(万元)	仪器和设备原价(万元)
总　　计	**6**	**477**	**2**	**95**	**3820**	**11382**
太 原 市	1	430	1	91	3500	11018
大 同 市						
阳 泉 市	1	11	1	2	49	
长 治 市	1	2			123	117
晋 城 市						
朔 州 市	2	25		2	120	247
晋 中 市	1	9			28	
运 城 市						
忻 州 市						
临 汾 市						
吕 梁 市						

7-1 企业新产品开发和生产

项　目	新产品开发项目数(项)	新产品开发经费支出(万元)	新产品产值(万元)	新产品销售收入(万元)	#出口
总　计	**2019**	**668441**	**7568977**	**6296160**	**1222522**
按企业规模分组					
大中型企业	1681	630539	7189338	6081847	1216137
大型企业	1069	551298	6277850	5559092	1198354
中型企业	612	79241	911488	522755	17783
小型企业	338	37902	379639	214313	6385
按企业控股情况分组					
国有控股	1451	578058	6153617	5640337	1204219
集体控股	48	5903	67496	54741	1942
私人控股	474	70817	787539	426118	14361
港澳台商控股	7	440	42365	11168	
外商控股	30	2384	504526	154637	2000
其他	9	10839	13433	9159	
按登记注册类型分组					
内资企业	1933	659541	7006207	6117688	1218581
国有企业	348	61134	268766	246136	6270
集体企业	7	541	5755	5520	
股份合作企业	5	674	77	77	
有限责任公司	1111	501561	5618289	4922661	1183580
国有独资公司	545	354121	2592143	2242462	422543
股份有限公司	229	59770	774608	674228	17874
私营企业	233	35862	338713	269065	10858
港、澳、台商投资企业	42	5324	49381	20186	1482
外商投资企业	44	3575	513388	158286	2458

7-2 大中型企业新产品开发和生产

项　目	新产品开发项目数(项)	新产品开发经费支出(万元)	新产品产值(万元)	新产品销售收入(万元)	#出口
总　计	**1681**	**630539**	**7189338**	**6081847**	**1216137**
按企业控股情况分组					
国有控股	1412	574323	6121875	5615373	1204219
集体控股	36	4760	65961	50904	692
私人控股	207	38782	502032	249970	9226
港澳台商控股	7	440	12505	11168	
外商控股	12	1986	477566	148230	2000
其他	7	10248	9400	6203	
按登记注册类型分组					
内资企业	1620	622555	6684765	5911096	1212197
国有企业	326	59307	264564	245710	6270
集体企业	6	521	5755	5520	
股份合作企业					
有限责任公司	983	491474	5469390	4837711	1182141
国有独资公司	545	354121	2592080	2242374	422543
股份有限公司	218	58065	765149	668019	17874
私营企业	87	13188	179907	154136	5912
港、澳、台商投资企业	41	5285	24839	20136	1482
外商投资企业	20	2699	479734	150615	2458

7-3 大型企业新产品开发和生产

项　　目	新产品开发项目数(项)	新产品开发经费支出(万元)	新产品产值(万元)	新产品销售收入(万元)	#出口
总　　计	**1069**	**551298**	**6277850**	**5559092**	**1198354**
按企业控股情况分组					
国有控股	1006	539884	5827818	5418325	1196354
集体控股					
私人控股	54	4589	6019	6007	
港澳台商控股					
外商控股	8	287	444013	134760	2000
其他	1	6538			
按登记注册类型分组					
内资企业	1018	546005	5810399	5405399	1194872
国有企业	161	51600	170290	172429	585
集体企业					
股份合作企业					
有限责任公司	731	447964	4955807	4634139	1179758
国有独资公司	469	347021	2477874	2217385	422543
股份有限公司	126	46441	684302	598831	14529
私营企业					
港、澳、台商投资企业	37	4909	23439	18933	1482
外商投资企业	14	385	444013	134760	2000

7-4 中型企业新产品开发和生产

项 目	新产品开发项目数(项)	新产品开发经费支出(万元)	新产品产值(万元)	新产品销售收入(万元)	#出口
总 计	**612**	**79241**	**911488**	**522755**	**17783**
按企业控股情况分组					
国有控股	406	34439	294056	197048	7865
集体控股	36	4760	65961	50904	692
私人控股	153	34193	496013	243963	9226
港澳台商控股	7	440	12505	11168	
外商控股	4	1700	33553	13470	
其他	6	3710	9400	6203	
按登记注册类型分组					
内资企业	602	76550	874367	505697	17325
国有企业	165	7706	94275	73282	5685
集体企业	6	521	5755	5520	
股份合作企业					
有限责任公司	252	43510	513583	203572	2384
国有独资公司	76	7100	114206	24989	
股份有限公司	92	11625	80847	69188	3345
私营企业	87	13188	179907	154136	5912
港、澳、台商投资企业	4	377	1400	1203	
外商投资企业	6	2314	35721	15855	458

7-5 小型企业新产品开发和生产

项　目	新产品开发项目数(项)	新产品开发经费支出(万元)	新产品产值(万元)	新产品销售收入(万元)	#出口
总　计	**338**	**37902**	**379639**	**214313**	**6385**
按企业控股情况分组					
国有控股	39	3735	31743	24964	
集体控股	12	1143	1535	3837	1250
私人控股	267	32035	285508	176149	5135
港澳台商控股			29861		
外商控股	18	397	26961	6407	
其他	2	591	4033	2956	
按登记注册类型分组					
内资企业	313	36986	321442	206592	6385
国有企业	22	1828	4201	426	
集体企业	1	20			
股份合作企业	5	674	77	77	
有限责任公司	128	10087	148899	84950	1439
国有独资公司			63	88	
股份有限公司	11	1705	9459	6209	
私营企业	146	22674	158806	114930	4946
港、澳、台商投资企业	1	39	24543	50	
外商投资企业	24	876	33655	7671	

7-6 按行业分企业新产品开发和生产

行业	新产品开发项目数(项)	新产品开发经费支出(万元)	新产品产值(万元)	新产品销售收入(万元)	#出口
总计	**2019**	**668441**	**7568977**	**6296160**	**1222522**
采矿业	216	66535	3346804	3013702	730643
煤炭开采和洗选业	216	66535	3346804	3013702	730643
制造业	1672	565662	4203082	3263861	491879
农副食品加工业	16	1555	21161	20680	792
食品制造业	18	5552	30397	17803	1172
饮料制造业	21	12126	29260	160195	12780
烟草制品业	2	279			
纺织业	10	1546	9182	8819	376
纺织服装、鞋、帽制造业			345	200	
造纸及纸制品业	1	107			
印刷业和记录媒介的复制	5	111	907	891	
文教体育用品制造业			4913	5618	3958
石油加工、炼焦及核燃料加工业	11	9533	298	310	
化学原料及化学制品制造业	151	31909	358597	264982	16461
医药制造业	151	8412	307623	53898	2100
橡胶制品业	32	6039	6948	5165	1959
塑料制品业	3	1622	39734	23042	65
非金属矿物制品业	58	6083	82288	69989	2531
黑色金属冶炼及压延加工业	108	193928	994973	897831	310621
有色金属冶炼及压延加工业	36	7799	172009	101288	
金属制品业	18	1986	850	893	
通用设备制造业	222	13253	178754	171009	6803
专用设备制造业	554	199030	925340	848392	125196
交通运输设备制造业	96	35904	321284	284864	6528
电气机械及器材制造业	77	15839	178869	175200	455
通信设备、计算机及其他电子设备制造业	30	4420	480530	129209	81
仪器仪表及文化、办公用机械制造业	52	8631	56575	23584	
工艺品及其他制造业			2247		
电力、燃气及水的生产和供应业	131	36244	19091	18597	
电力、热力的生产和供应业	131	36244	19091	18597	

7-7 按行业分大中型企业新产品开发和生产

行 业	新产品开发项目数(项)	新产品开发经费支出(万元)	新产品产值(万元)	新产品销售收入(万元)	#出口
总 计	**1681**	**630539**	**7189338**	**6081847**	**1216137**
采矿业	214	66175	3346804	3013702	730643
煤炭开采和洗选业	214	66175	3346804	3013702	730643
制造业	1336	528120	3823937	3049547	485495
农副食品加工业	1	161	7562	7270	682
食品制造业	4	1603	14480	9073	1172
饮料制造业	16	11201	2778	156572	12780
烟草制品业	2	279			
纺织业	4	1210	6447	6298	376
纺织服装、鞋、帽制造业			345	200	
造纸及纸制品业					
印刷业和记录媒介的复制					
文教体育用品制造业			1934	2639	979
石油加工、炼焦及核燃料加工业	8	9045	298	310	
化学原料及化学制品制造业	139	30107	332523	257377	16303
医药制造业	117	5429	282031	40348	2000
橡胶制品业	31	5845	6868	5085	1959
塑料制品业	2	1572	21261	21884	65
非金属矿物制品业	34	3981	56164	44585	1712
黑色金属冶炼及压延加工业	106	193533	993349	894099	309166
有色金属冶炼及压延加工业	28	6883	141851	72979	
金属制品业					
通用设备制造业	147	5897	122068	118104	6765
专用设备制造业	504	193182	858614	827570	124471
交通运输设备制造业	78	33241	289281	272298	6528
电气机械及器材制造业	70	14961	159133	164964	455
通信设备、计算机及其他电子设备制造业	24	4036	476945	128789	81
仪器仪表及文化、办公用机械制造业	21	5956	50006	19105	
工艺品及其他制造业					
电力、燃气及水的生产和供应业	131	36244	18597	18597	
电力、热力的生产和供应业	131	36244	18597	18597	

7-8 按行业分大型企业新产品开发和生产

行　　业	新产品开发项目数(项)	新产品开发经费支出(万元)	新产品产值(万元)	新产品销售收入(万元)	#出口
总　　计	**1069**	**551298**	**6277850**	**5559092**	**1198354**
采矿业	208	66001	3328574	2991236	730643
煤炭开采和洗选业	208	66001	3328574	2991236	730643
制造业	756	449409	2949276	2567856	467711
农副食品加工业					
食品制造业					
饮料制造业	13	9105		153794	12780
烟草制品业					
纺织业					
纺织服装、鞋、帽制造业					
造纸及纸制品业					
印刷业和记录媒介的复制					
文教体育用品制造业					
石油加工、炼焦及核燃料加工业	7	8775			
化学原料及化学制品制造业	94	24020	281564	209586	16303
医药制造业	32	1921	20000	19000	2000
橡胶制品业	11	1003	2249	1295	903
塑料制品业					
非金属矿物制品业	8	107	16038	16027	
黑色金属冶炼及压延加工业	100	184059	992499	893249	308316
有色金属冶炼及压延加工业	7	1606	20348	16877	
金属制品业					
通用设备制造业	24	472	22745	15360	1200
专用设备制造业	381	179246	786107	758891	123959
交通运输设备制造业	28	25972	245281	228845	2250
电气机械及器材制造业	43	12837	138432	139172	
通信设备、计算机及其他电子设备制造业	8	287	424013	115760	
仪器仪表及文化、办公用机械制造业					
工艺品及其他制造业					
电力、燃气及水的生产和供应业	105	35889			
电力、热力的生产和供应业	105	35889			

7-9 按行业分中型企业新产品开发和生产

行业	新产品开发项目数(项)	新产品开发经费支出(万元)	新产品产值(万元)	新产品销售收入(万元)	#出口
总计	**612**	**79241**	**911488**	**522755**	**17783**
采矿业	6	175	18230	22466	
煤炭开采和洗选业	6	175	18230	22466	
制造业	580	78711	874661	481692	17783
农副食品加工业	1	161	7562	7270	682
食品制造业	4	1603	14480	9073	1172
饮料制造业	3	2096	2778	2778	
烟草制品业	2	279			
纺织业	4	1210	6447	6298	376
纺织服装、鞋、帽制造业			345	200	
造纸及纸制品业					
印刷业和记录媒介的复制					
文教体育用品制造业			1934	2639	979
石油加工、炼焦及核燃料加工业	1	270	298	310	
化学原料及化学制品制造业	45	6087	50959	47791	
医药制造业	85	3508	262031	21348	
橡胶制品业	20	4841	4619	3790	1056
塑料制品业	2	1572	21261	21884	65
非金属矿物制品业	26	3874	40126	28558	1712
黑色金属冶炼及压延加工业	6	9474	850	850	850
有色金属冶炼及压延加工业	21	5277	121503	56102	
金属制品业					
通用设备制造业	123	5425	99323	102744	5565
专用设备制造业	123	13936	72507	68679	512
交通运输设备制造业	50	7269	44000	43453	4278
电气机械及器材制造业	27	2124	20701	25792	455
通信设备、计算机及其他电子设备制造业	16	3749	52932	13029	81
仪器仪表及文化、办公用机械制造业	21	5956	50006	19105	
工艺品及其他制造业					
电力、燃气及水的生产和供应业	26	355	18597	18597	
电力、热力的生产和供应业	26	355	18597	18597	

7-10 按行业分小型企业新产品开发和生产

行　业	新产品开发项目数(项)	新产品开发经费支出(万元)	新产品产值(万元)	新产品销售收入(万元)	#出口
总　计	**338**	**37902**	**379639**	**214313**	**6385**
采矿业	2	360			
煤炭开采和洗选业	2	360			
制造业	336	37541	379145	214313	6385
农副食品加工业	15	1394	13599	13410	110
食品制造业	14	3949	15917	8730	
饮料制造业	5	925	26482	3622	
烟草制品业					
纺织业	6	336	2734	2521	
纺织服装、鞋、帽制造业					
造纸及纸制品业	1	107			
印刷业和记录媒介的复制	5	111	907	891	
文教体育用品制造业			2980	2980	2980
石油加工、炼焦及核燃料加工业	3	488			
化学原料及化学制品制造业	12	1803	26074	7604	159
医药制造业	34	2982	25592	13550	100
橡胶制品业	1	194	80	80	
塑料制品业	1	50	18473	1158	
非金属矿物制品业	24	2102	26125	25404	819
黑色金属冶炼及压延加工业	2	395	1623	3732	1455
有色金属冶炼及压延加工业	8	916	30157	28309	
金属制品业	18	1986	850	893	
通用设备制造业	75	7356	56686	52905	38
专用设备制造业	50	5848	66726	20823	725
交通运输设备制造业	18	2663	32003	12566	
电气机械及器材制造业	7	878	19736	10236	
通信设备、计算机及其他电子设备制造业	6	384	3585	421	
仪器仪表及文化、办公用机械制造业	31	2675	6569	4479	
工艺品及其他制造业			2247		
电力、燃气及水的生产和供应业			494		
电力、热力的生产和供应业			494		

7-11 按行业分国有控股企业新产品开发和生产

行业	新产品开发项目数(项)	新产品开发经费支出(万元)	新产品产值(万元)	新产品销售收入(万元)	#出口
总　计	**1451**	**578058**	**6153617**	**5640337**	**1204219**
采矿业	194	64117	3342847	3009746	730643
煤炭开采和洗选业	194	64117	3342847	3009746	730643
制造业	1127	477725	2792173	2611994	473576
农副食品加工业			63	88	
食品制造业					
饮料制造业	16	9923	2	153797	12780
烟草制品业	2	279			
纺织业	2	450	5926	5777	376
纺织服装、鞋、帽制造业					
造纸及纸制品业					
印刷业和记录媒介的复制					
文教体育用品制造业					
石油加工、炼焦及核燃料加工业	6	2237			
化学原料及化学制品制造业	130	24418	286561	215427	16303
医药制造业	24	2155	2636	1031	
橡胶制品业	27	3343	5968	4285	1959
塑料制品业	1	50	100	100	
非金属矿物制品业	16	735	19157	16862	270
黑色金属冶炼及压延加工业	100	184059	992499	893249	308316
有色金属冶炼及压延加工业	12	2081	144194	62402	
金属制品业	10	593	92	85	
通用设备制造业	144	5468	61897	58474	6765
专用设备制造业	473	190229	820392	788673	124079
交通运输设备制造业	74	31291	274361	258039	2273
电气机械及器材制造业	63	14098	141421	143550	455
通信设备、计算机及其他电子设备制造业	8	1467	28693	4586	
仪器仪表及文化、办公用机械制造业	19	4851	8212	5570	
工艺品及其他制造业					
电力、燃气及水的生产和供应业	130	36216	18597	18597	
电力、热力的生产和供应业	130	36216	18597	18597	

7-12 按行业分内资企业新产品开发和生产

行　业	新产品开发项目数(项)	新产品开发经费支出(万元)	新产品产值(万元)	新产品销售收入(万元)	#出口
总　计	**1933**	**659541**	**7006207**	**6117688**	**1218581**
采矿业	216	66535	3346804	3013702	730643
煤炭开采和洗选业	216	66535	3346804	3013702	730643
制造业	1594	556914	3640312	3085388	487939
农副食品加工业	16	1555	21161	20680	792
食品制造业	18	5552	30397	17803	1172
饮料制造业	21	12126	7014	160195	12780
烟草制品业	2	279			
纺织业	10	1546	9182	8819	376
纺织服装、鞋、帽制造业			345	200	
造纸及纸制品业	1	107			
印刷业和记录媒介的复制	5	111	907	891	
文教体育用品制造业			4913	5618	3958
石油加工、炼焦及核燃料加工业	11	9533	298	310	
化学原料及化学制品制造业	150	31885	358597	264982	16461
医药制造业	133	8014	283251	33345	100
橡胶制品业	31	5590	6048	4365	1959
塑料制品业	3	1622	22419	23042	65
非金属矿物制品业	54	5434	77149	64849	2430
黑色金属冶炼及压延加工业	108	193928	994973	897831	310621
有色金属冶炼及压延加工业	36	7799	172009	101288	
金属制品业	18	1986	850	893	
通用设备制造业	220	12926	177070	169388	6803
专用设备制造业	517	194121	901901	829459	123714
交通运输设备制造业	95	35810	314524	283674	6172
电气机械及器材制造业	74	15488	177469	173997	455
通信设备、计算机及其他电子设备制造业	22	4133	56517	13449	81
仪器仪表及文化、办公用机械制造业	49	7370	23319	10311	
工艺品及其他制造业					
电力、燃气及水的生产和供应业	123	36092	19091	18597	
电力、热力的生产和供应业	123	36092	19091	18597	

7-13 按行业分国有企业新产品开发和生产

行业	新产品开发项目数(项)	新产品开发经费支出(万元)	新产品产值(万元)	新产品销售收入(万元)	#出口
总计	**348**	**61134**	**268766**	**246136**	**6270**
采矿业	4	115	2028	2028	
煤炭开采和洗选业	4	115	2028	2028	
制造业	226	25068	248141	225512	6270
农副食品加工业					
食品制造业					
饮料制造业	3	818	2	3	
烟草制品业					
纺织业					
纺织服装、鞋、帽制造业					
造纸及纸制品业					
印刷业和记录媒介的复制					
文教体育用品制造业					
石油加工、炼焦及核燃料加工业					
化学原料及化学制品制造业					
医药制造业			1693		
橡胶制品业					
塑料制品业	1	50	100	100	
非金属矿物制品业	4	208	1963	534	
黑色金属冶炼及压延加工业	1	900			
有色金属冶炼及压延加工业					
金属制品业	10	593	92	85	
通用设备制造业	87	4525	36044	38222	5565
专用设备制造业	46	3317	34079	34883	705
交通运输设备制造业	20	855	7899	7819	
电气机械及器材制造业	44	12847	138432	139172	
通信设备、计算机及其他电子设备制造业	5	729	25729	4586	
仪器仪表及文化、办公用机械制造业	5	228	2108	108	
工艺品及其他制造业					
电力、燃气及水的生产和供应业	118	35952	18597	18597	
电力、热力的生产和供应业	118	35952	18597	18597	

7-14 按行业分港澳台商投资企业新产品开发和生产

行业	新产品开发项目数(项)	新产品开发经费支出(万元)	新产品产值(万元)	新产品销售收入(万元)	#出口
总　　计	**42**	**5324**	**49381**	**20186**	**1482**
采矿业					
煤炭开采和洗选业					
制造业	41	5298	49381	20186	1482
农副食品加工业					
食品制造业					
饮料制造业			22246		
烟草制品业					
纺织业					
纺织服装、鞋、帽制造业					
造纸及纸制品业					
印刷业和记录媒介的复制					
文教体育用品制造业					
石油加工、炼焦及核燃料加工业					
化学原料及化学制品制造业					
医药制造业					
橡胶制品业					
塑料制品业					
非金属矿物制品业	1	39	50	50	
黑色金属冶炼及压延加工业					
有色金属冶炼及压延加工业					
金属制品业					
通用设备制造业					
专用设备制造业	37	4909	23439	18933	1482
交通运输设备制造业					
电气机械及器材制造业	3	351	1400	1203	
通信设备、计算机及其他电子设备制造业					
仪器仪表及文化、办公用机械制造业					
工艺品及其他制造业			2247		
电力、燃气及水的生产和供应业	1	26			
电力、热力的生产和供应业	1	26			

7-15 按行业分外商投资企业新产品开发和生产

行　　业	新产品开发项目数(项)	新产品开发经费支出(万元)	新产品产值(万元)	新产品销售收入(万元)	#出口
总　　计	**44**	**3575**	**513388**	**158286**	**2458**
采矿业					
煤炭开采和洗选业					
制造业	37	3449	513388	158286	2458
农副食品加工业					
食品制造业					
饮料制造业					
烟草制品业					
纺织业					
纺织服装、鞋、帽制造业					
造纸及纸制品业					
印刷业和记录媒介的复制					
文教体育用品制造业					
石油加工、炼焦及核燃料加工业					
化学原料及化学制品制造业	1	24			
医药制造业	18	397	24373	20553	2000
橡胶制品业	1	449	900	800	
塑料制品业			17315		
非金属矿物制品业	3	610	5089	5089	102
黑色金属冶炼及压延加工业					
有色金属冶炼及压延加工业					
金属制品业					
通用设备制造业	2	327	1684	1621	
专用设备制造业					
交通运输设备制造业	1	94	6760	1190	357
电气机械及器材制造业					
通信设备、计算机及其他电子设备制造业	8	287	424013	115760	
仪器仪表及文化、办公用机械制造业	3	1261	33256	13273	
工艺品及其他制造业					
电力、燃气及水的生产和供应业	7	126			
电力、热力的生产和供应业	7	126			

7-16 各地市企业新产品开发和生产

地　区	新产品开发项目数(项)	新产品开发经费支出(万元)	新产品产值(万元)	新产品销售收入(万元)	#出口
总　计	**2019**	**668441**	**7568977**	**6296160**	**1222522**
太原市	981	463193	3105538	2436710	474563
大同市	46	7049	1609304	1604909	701412
阳泉市	146	26687	290313	248114	219
长治市	337	52296	426021	306767	4122
晋城市	33	8584	1025033	754515	5544
朔州市	28	11422	41866	40730	
晋中市	217	34218	116277	108275	7653
运城市	148	32509	540733	284256	9572
忻州市	15	4349	104995	104984	
临汾市	45	15243	300485	244987	5125
吕梁市	23	12892	8412	161915	14312

7-17 各地市大中型企业新产品开发和生产

地　区	新产品开发项目数(项)	新产品开发经费支出(万元)	新产品产值(万元)	新产品销售收入(万元)	#出口
总　计	**1681**	**630539**	**7189338**	**6081847**	**1216137**
太原市	800	448796	2870277	2352021	469932
大同市	37	6113	1606149	1601947	701412
阳泉市	134	21952	266453	229283	219
长治市	299	49289	423599	304636	4012
晋城市	25	7531	1009714	741278	4755
朔州市	27	11331	18597	18597	
晋中市	160	25197	87540	82222	6798
运城市	127	30232	531883	278712	9572
忻州市	11	3276	68377	68377	
临汾市	41	14640	298338	242861	5125
吕梁市	20	12183	8412	161915	14312

7-18 各地市大型企业新产品开发和生产

地　区	新产品开发项目数(项)	新产品开发经费支出(万元)	新产品产值(万元)	新产品销售收入(万元)	#出口
总　计	**1069**	**551298**	**6277850**	**5559092**	**1198354**
太原市	575	415420	2678929	2227527	466799
大同市	32	5501	1598554	1593933	701412
阳泉市	50	19271	232028	192928	
长治市	209	42771	393011	272366	1351
晋城市	11	3736	975933	703841	481
朔州市	10	11201			
晋中市	45	11870	23439	18933	1482
运城市	91	18562	169036	166236	9280
忻州市					
临汾市	32	13832	206922	229534	4769
吕梁市	14	9135		153794	12780

7-19 各地市中型企业新产品开发和生产

地　区	新产品开发项目数(项)	新产品开发经费支出(万元)	新产品产值(万元)	新产品销售收入(万元)	#出口
总　计	**612**	**79241**	**911488**	**522755**	**17783**
太原市	225	33375	191348	124494	3133
大同市	5	612	7595	8014	
阳泉市	84	2681	34426	36355	219
长治市	90	6518	30588	32270	2660
晋城市	14	3795	33782	37436	4275
朔州市	17	130	18597	18597	
晋中市	115	13327	64102	63289	5316
运城市	36	11670	362846	112476	292
忻州市	11	3276	68377	68377	
临汾市	9	808	91416	13327	357
吕梁市	6	3048	8412	8120	1532

7-20 各地市小型企业新产品开发和生产

地　区	新产品开发项目数(项)	新产品开发经费支出(万元)	新产品产值(万元)	新产品销售收入(万元)	#出口
总　计	**338**	**37902**	**379639**	**214313**	**6385**
太原市	181	14397	235261	84688	4631
大同市	9	936	3155	2963	
阳泉市	12	4735	23860	18832	
长治市	38	3007	2422	2132	110
晋城市	8	1053	15319	13237	789
朔州市	1	91	23269	22133	
晋中市	57	9021	28737	26053	855
运城市	21	2277	8850	5544	
忻州市	4	1073	36619	36607	
临汾市	4	603	2148	2126	
吕梁市	3	709			

7-21 各地市国有控股企业新产品开发和生产

地　区	新产品开发项目数(项)	新产品开发经费支出(万元)	新产品产值(万元)	新产品销售收入(万元)	#出口
总　计	**1451**	**578058**	**6153617**	**5640337**	**1204219**
太原市	750	441289	2372020	2195972	468579
大同市	34	5823	1579486	1575865	699412
阳泉市	130	21308	259550	222234	
长治市	226	43609	393485	273306	2968
晋城市	12	4303	995446	727349	857
朔州市	26	11304	18660	18685	
晋中市	146	9304	58179	54097	5574
运城市	74	17430	169236	166356	9280
忻州市	2	359	13511	13511	
临汾市	37	14195	294046	239168	4769
吕梁市	14	9135		153794	12780

7-22 各地市内资企业新产品开发和生产

地　区	新产品开发项目数(项)	新产品开发经费支出(万元)	新产品产值(万元)	新产品销售收入(万元)	#出口
总　计	**1933**	**659541**	**7006207**	**6117688**	**1218581**
太原市	959	461597	2597665	2307293	474563
大同市	42	6870	1588963	1585342	699412
阳泉市	145	26617	285924	243725	219
长治市	336	51847	425121	305967	4122
晋城市	28	8191	1024430	753911	5544
朔州市	27	11395	41866	40730	
晋中市	170	28606	92089	88592	6069
运城市	147	32382	540010	283595	9572
忻州市	15	4349	104035	104024	
临汾市	41	14798	297693	242594	4769
吕梁市	23	12892	8412	161915	14312

7-23 各地市国有企业新产品开发和生产

地　区	新产品开发项目数(项)	新产品开发经费支出(万元)	新产品产值(万元)	新产品销售收入(万元)	#出口
总　计	**348**	**61134**	**268766**	**246136**	**6270**
太原市	162	40557	40997	15885	
大同市	8	617	410	410	
阳泉市			2028	2028	
长治市	14	2992	33362	34761	2178
晋城市					
朔州市	13	98	18597	18597	
晋中市	101	3946	34741	35164	4092
运城市	50	12925	138632	139292	
忻州市					
临汾市					
吕梁市					

7-24 各地市港澳台商投资企业新产品开发和生产

地　区	新产品开发项目数(项)	新产品开发经费支出(万元)	新产品产值(万元)	新产品销售收入(万元)	#出口
总　计	**42**	**5324**	**49381**	**20186**	**1482**
太原市			24493		
大同市					
阳泉市					
长治市					
晋城市					
朔州市					
晋中市	39	4974	23489	18983	1482
运城市					
忻州市					
临汾市	3	351	1400	1203	
吕梁市					

7-25 各地市外商投资企业新产品开发和生产

地　区	新产品开发项目数(项)	新产品开发经费支出(万元)	新产品产值(万元)	新产品销售收入(万元)	#出口
总　计	**44**	**3575**	**513388**	**158286**	**2458**
太原市	22	1596	483380	129416	
大同市	4	179	20341	19567	2000
阳泉市	1	70	4389	4389	
长治市	1	449	900	800	
晋城市	5	393	603	603	
朔州市	1	28			
晋中市	8	638	700	700	102
运城市	1	127	723	661	
忻州市			961	960	
临汾市	1	94	1392	1190	357
吕梁市					

7-26　各地市分行业新产品开发和生产

地　　区	采矿业				
	新产品开发项目数(项)	新产品开发经费支出(万元)	新产品产值(万元)	新产品销售收入(万元)	#出口
总　　计	**216**	**66535**	**3346804**	**3013702**	**730643**
太原市	45	9363	477427	468780	33000
大同市	14	2045	1425687	1425687	697162
阳泉市	50	19271	232028	192928	
长治市	77	20114	217500	200000	
晋城市	10	3641	994162	726308	481
朔州市	10	11201			
晋中市	7	800			
运城市					
忻州市					
临汾市	2	72			
吕梁市	1	30			

7-26　续表1

地　　区	制造业				
	新产品开发项目数(项)	新产品开发经费支出(万元)	新产品产值(万元)	新产品销售收入(万元)	#出口
总　　计	**1672**	**565662**	**4203082**	**3263861**	**491879**
太原市	837	418040	2627617	1967930	441563
大同市	32	5004	183617	179222	4250
阳泉市	96	7416	58286	55187	219
长治市	258	32048	208521	106767	4122
晋城市	23	4944	30871	28207	5061
朔州市	1	91	23269	22133	
晋中市	203	33294	116277	108275	7653
运城市	142	32444	540733	284256	9572
忻州市	15	4349	104995	104984	
临汾市	43	15171	300485	244987	5125
吕梁市	22	12862	8412	161915	14312

7-26 续表2

地 区	农副食品加工业				
	新产品开发项目数(项)	新产品开发经费支出(万元)	新产品产值(万元)	新产品销售收入(万元)	#出口
总 计	**16**	**1555**	**21161**	**20680**	**792**
太原市	1	371	10409	10321	
大同市	1	31			
阳泉市					
长治市	9	585	764	638	110
晋城市	2	102	338	342	
朔州市			63	88	
晋中市	2	306			
运城市					
忻州市			325	320	
临汾市			1700	1700	
吕梁市	1	161	7562	7270	682

7-26 续表3

地 区	食品制造业				
	新产品开发项目数(项)	新产品开发经费支出(万元)	新产品产值(万元)	新产品销售收入(万元)	#出口
总 计	**18**	**5552**	**30397**	**17803**	**1172**
太原市	8	2327	25557	13139	1172
大同市					
阳泉市					
长治市					
晋城市	1	34	320	320	
朔州市			2714	2679	
晋中市	8	3043	1806	1665	
运城市	1	148			
忻州市					
临汾市					
吕梁市					

7–26 续表4

地　　区	饮料制造业				
	新产品开发项目数(项)	新产品开发经费支出(万元)	新产品产值(万元)	新产品销售收入(万元)	#出口
总　　计	**21**	**12126**	**29260**	**160195**	**12780**
太 原 市	3	818	22248	3	
大 同 市					
阳 泉 市					
长 治 市					
晋 城 市	3	2096	2778	2778	
朔 州 市	1	91	4212	3600	
晋 中 市					
运 城 市	1	16	21	19	
忻 州 市					
临 汾 市					
吕 梁 市	13	9105		153794	12780

7–26 续表5

地　　区	烟草制品业				
	新产品开发项目数(项)	新产品开发经费支出(万元)	新产品产值(万元)	新产品销售收入(万元)	#出口
总　　计	**2**	**279**			
太 原 市	2	279			
大 同 市					
阳 泉 市					
长 治 市					
晋 城 市					
朔 州 市					
晋 中 市					
运 城 市					
忻 州 市					
临 汾 市					
吕 梁 市					

7-26 续表6

地区	纺织业 新产品开发项目数(项)	新产品开发经费支出(万元)	新产品产值(万元)	新产品销售收入(万元)	#出口
总计	**10**	**1546**	**9182**	**8819**	**376**
太原市	4	271	2154	2007	
大同市					
阳泉市					
长治市					
晋城市	2	450	3994	3845	376
朔州市					
晋中市	2	65	580	514	
运城市	2	760	521	521	
忻州市			1932	1932	
临汾市					
吕梁市					

7-26 续表7

地区	纺织服装、鞋、帽制造业 新产品开发项目数(项)	新产品开发经费支出(万元)	新产品产值(万元)	新产品销售收入(万元)	#出口
总计			**345**	**200**	
太原市					
大同市					
阳泉市					
长治市					
晋城市					
朔州市					
晋中市					
运城市			345	200	
忻州市					
临汾市					
吕梁市					

7-26 续表8

地 区	造纸及纸制品业				
	新产品开发项目数(项)	新产品开发经费支出(万元)	新产品产值(万元)	新产品销售收入(万元)	#出口
总 计	**1**	**107**			
太原市					
大同市					
阳泉市					
长治市					
晋城市					
朔州市					
晋中市					
运城市	1	107			
忻州市					
临汾市					
吕梁市					

7-26 续表9

地 区	印刷业和记录媒介的复制				
	新产品开发项目数(项)	新产品开发经费支出(万元)	新产品产值(万元)	新产品销售收入(万元)	#出口
总 计	**5**	**111**	**907**	**891**	
太原市	5	111	907	891	
大同市					
阳泉市					
长治市					
晋城市					
朔州市					
晋中市					
运城市					
忻州市					
临汾市					
吕梁市					

7-26 续表10

地　区	文教体育用品制造业				
	新产品开发项目数(项)	新产品开发经费支出(万元)	新产品产值(万元)	新产品销售收入(万元)	#出口
总　计			**4913**	**5618**	**3958**
太原市			2980	2980	2980
大同市					
阳泉市					
长治市			1934	2639	979
晋城市					
朔州市					
晋中市					
运城市					
忻州市					
临汾市					
吕梁市					

7-26 续表11

地　区	石油加工、炼焦及核燃料加工业				
	新产品开发项目数(项)	新产品开发经费支出(万元)	新产品产值(万元)	新产品销售收入(万元)	#出口
总　计	**11**	**9533.3**	**298**	**310**	
太原市	2	604			
大同市					
阳泉市			298	310	
长治市	3	623			
晋城市					
朔州市					
晋中市	1	6538			
运城市					
忻州市					
临汾市	5	1769			
吕梁市					

7-26 续表12

地区	化学原料及化学制品制造业				
	新产品开发项目数(项)	新产品开发经费支出(万元)	新产品产值(万元)	新产品销售收入(万元)	#出口
总计	**151**	**31909**	**358597**	**264982**	**16461**
太原市	37	10808	65374	48970	2413
大同市	5	465	2368	2368	
阳泉市	41	1754	11355	11311	
长治市	45	6970	120790	17706	
晋城市					
朔州市					
晋中市	1	464	5080	3753	
运城市	11	5652	49256	45187	9280
忻州市	3	580	1181	1181	
临汾市	7	4208	103193	134507	4769
吕梁市	1	1008			

7-26 续表13

地区	医药制造业				
	新产品开发项目数(项)	新产品开发经费支出(万元)	新产品产值(万元)	新产品销售收入(万元)	#出口
总计	**151**	**8412**	**307623**	**53898**	**2100**
太原市	27	891	21182	9964	
大同市	4	219	27973	27199	2000
阳泉市					
长治市	76	3002	270	364	
晋城市					
朔州市			1965	1829	
晋中市	8	2016	14312	12475	100
运城市	32	1921	241921	2068	
忻州市	1	67			
临汾市	1	68			
吕梁市	2	228			

7-26 续表14

地　区	橡胶制品业				
	新产品开发项目数(项)	新产品开发经费支出(万元)	新产品产值(万元)	新产品销售收入(万元)	#出口
总　计	**32**	**6039**	**6948**	**5165**	**1959**
太原市	27	3343	5968	4285	1959
大同市					
阳泉市					
长治市	2	644	980	880	
晋城市					
朔州市					
晋中市					
运城市					
忻州市	3	2053			
临汾市					
吕梁市					

7-26 续表15

地　区	塑料制品业				
	新产品开发项目数(项)	新产品开发经费支出(万元)	新产品产值(万元)	新产品销售收入(万元)	#出口
总　计	**3**	**1622**	**39734**	**23042**	**65**
太原市	1	50	17415	100	
大同市					
阳泉市					
长治市	2	1572	21261	21884	65
晋城市			1058	1058	
朔州市					
晋中市					
运城市					
忻州市					
临汾市					
吕梁市					

7-26 续表16

地　区	非金属矿物制品业				
	新产品开发项目数(项)	新产品开发经费支出(万元)	新产品产值(万元)	新产品销售收入(万元)	#出口
总　计	**58**	**6083**	**82288**	**69989**	**2531**
太原市	30	1663	31265	18839	270
大同市					
阳泉市	10	1047	13429	13557	219
长治市	3	539	400	400	
晋城市	1	186	823	789	789
朔州市			14315	13937	
晋中市	7	1260	13034	13554	1254
运城市	5	911	7800	7690	
忻州市	2	477	1222	1222	
临汾市					
吕梁市					

7-26 续表17

地　区	黑色金属冶炼及压延加工业				
	新产品开发项目数(项)	新产品开发经费支出(万元)	新产品产值(万元)	新产品销售收入(万元)	#出口
总　计	**108**	**193928**	**994973**	**897831**	**310621**
太原市	91	182715	994123	896981	309771
大同市					
阳泉市					
长治市	1	900			
晋城市					
朔州市					
晋中市	2	7594			
运城市					
忻州市					
临汾市	10	840			
吕梁市	4	1880	850	850	850

7-26 续表18

地　区	有色金属冶炼及压延加工业				
	新产品开发项目数(项)	新产品开发经费支出(万元)	新产品产值(万元)	新产品销售收入(万元)	#出口
总　计	**36**	**7799**	**172009**	**101288**	
太原市	7	1109	24366	23086	
大同市					
阳泉市	1	202	13636	13636	
长治市					
晋城市			5676	5125	
朔州市					
晋中市					
运城市	26	5922	41092	50541	
忻州市					
临汾市	1	85	87238	8900	
吕梁市	1	482			

7-26 续表19

地　区	金属制品业				
	新产品开发项目数(项)	新产品开发经费支出(万元)	新产品产值(万元)	新产品销售收入(万元)	#出口
总　计	**18**	**1986**	**850**	**893**	
太原市	16	1394	169	162	
大同市					
阳泉市			282	282	
长治市	1	207	400	450	
晋城市					
朔州市					
晋中市					
运城市					
忻州市					
临汾市	1	385			
吕梁市					

7-26 续表20

地区	通用设备制造业				
	新产品开发项目数(项)	新产品开发经费支出(万元)	新产品产值(万元)	新产品销售收入(万元)	#出口
总计	**222**	**13253**	**178754**	**171009**	**6803**
太原市	62	2668	32645	26823	1238
大同市	7	319			
阳泉市	43	4235	4504	5937	
长治市	18	1107	4310	4095	1593
晋城市	1	200			
朔州市					
晋中市	81	3063	35406	35618	3972
运城市	7	1152	13133	9786	
忻州市	3	509	88756	88750	
临汾市					
吕梁市					

7-26 续表21

地区	专用设备制造业				
	新产品开发项目数(项)	新产品开发经费支出(万元)	新产品产值(万元)	新产品销售收入(万元)	#出口
总计	**554**	**199030**	**925340**	**848392**	**125196**
太原市	358	166201	686589	624417	121226
大同市					
阳泉市					
长治市	86	14787	54721	54660	1351
晋城市	3	729	7143	5550	
朔州市					
晋中市	87	8570	32817	28249	2327
运城市	3	709	28430	27750	292
忻州市	3	663	11579	11579	
临汾市	14	7372	104062	96188	
吕梁市					

7-26 续表22

地　区	交通运输设备制造业				
	新产品开发项目数(项)	新产品开发经费支出(万元)	新产品产值(万元)	新产品销售收入(万元)	#出口
总　计	**96**	**35904**	**321284**	**284864**	**6528**
太原市	62	30083	143947	112765	23
大同市	14	3672	152867	149246	2250
阳泉市					
长治市					
晋城市	6	954	8137	7797	3899
朔州市					
晋中市	4	375	13242	12446	
运城市	9	725	200	120	
忻州市					
临汾市	1	94	2892	2490	357
吕梁市					

7-26 续表23

地　区	电气机械及器材制造业				
	新产品开发项目数(项)	新产品开发经费支出(万元)	新产品产值(万元)	新产品销售收入(万元)	#出口
总　计	**77**	**15839**	**178869**	**175200**	**455**
太原市	18	1361	21564	21619	431
大同市					
阳泉市	1	178	14782	10155	
长治市	12	1112	2691	3052	24
晋城市					
朔州市					
晋中市					
运城市	43	12837	138432	139172	
忻州市					
临汾市	3	351	1400	1203	
吕梁市					

7–26 续表24

地　区	通信设备、计算机及其他电子设备制造业				
	新产品开发项目数(项)	新产品开发经费支出(万元)	新产品产值(万元)	新产品销售收入(万元)	#出口
总　计	**30**	**4420**	**480530**	**129209**	**81**
太原市	25		460538	127597	81
大同市	1		410	410	
阳泉市					
长治市					
晋城市	3				
朔州市					
晋中市					
运城市	1		19582	1203	
忻州市					
临汾市					
吕梁市					

7–26 续表25

地　区	仪器仪表及文化、办公用机械制造业				
	新产品开发项目数(项)	新产品开发经费支出(万元)	新产品产值(万元)	新产品销售收入(万元)	#出口
总　计	**52**	**8631**	**56575**	**23584**	
太原市	51	8593	55972	22981	
大同市					
阳泉市					
长治市					
晋城市	1	38	603	603	
朔州市					
晋中市					
运城市					
忻州市					
临汾市					
吕梁市					

7-26 续表26

地　区	工艺品及其他制造业				
	新产品开发项目数(项)	新产品开发经费支出(万元)	新产品产值(万元)	新产品销售收入(万元)	#出口
总　计			**2247**		
太原市			2247		
大同市					
阳泉市					
长治市					
晋城市					
朔州市					
晋中市					
运城市					
忻州市					
临汾市					
吕梁市					

7-26 续表27

地　区	电力、燃气及水的生产和供应业				
	新产品开发项目数(项)	新产品开发经费支出(万元)	新产品产值(万元)	新产品销售收入(万元)	#出口
总　计	**131**	**36244**	**19091**	**18597**	
太原市	99	35790	494		
大同市					
阳泉市					
长治市	2	135			
晋城市					
朔州市	17	130	18597	18597	
晋中市	7	124			
运城市	6	64			
忻州市					
临汾市					
吕梁市					

8-1 企业专利

项　　目	专利申请数(件)	# 发明专利	有效发明专利数(件)	专利所有权转让及许可数(项)	专利所有权转让与许可收入(万元)
总　　计	**1798**	**694**	**856**	**74**	**2142**
按企业规模分组					
大中型企业	1425	514	681	67	242
大型企业	1097	394	461	32	212
中型企业	328	120	220	35	30
小型企业	373	180	175	7	1900
按控股情况分组					
国有控股	1199	438	534	30	10
集体控股	25	8	24		
私人控股	498	225	275	43	2102
港澳台商控股	20	3	2		
外商控股	14	7	9		
其他	42	13	12	1	30
按登记注册类型分组					
内资企业	1711	665	791	74	2142
国有企业	179	65	78		
集体企业	2	1	5		
股份合作企业	2				
有限责任公司	1118	450	469	68	1430
国有独资公司	646	240	195	3	
股份有限公司	197	72	115	4	212
私营企业	213	77	124	2	500
其他企业					
港、澳、台商投资企业	64	18	54		
外商投资企业	23	11	11		

8-2 大中型企业专利

项　　目	专利申请数(件)	#发明专利	有效发明专利数(件)	专利所有权转让及许可数(项)	专利所有权转让与许可收入(万元)
总　　计	**1425**	**514**	**681**	**67**	**242**
按控股情况分组					
国有控股	1175	429	524	30	10
集体控股	20	4	17		
私人控股	163	65	125	36	202
港澳台商控股	18	2	2		
外商控股	14	7	1		
其他	35	7	12	1	30
按登记注册类型分组					
内资企业	1343	487	625	67	242
国有企业	171	60	75		
集体企业	2	1	5		
股份合作企业					
有限责任公司	950	340	396	64	30
国有独资公司	646	240	195	3	
股份有限公司	185	61	109	3	212
私营企业	35	25	40		
其他企业					
港、澳、台商投资企业	63	18	54		
外商投资企业	19	9	2		

8-3 大型企业专利

项　目	专利申请数(件)	#发明专利	有效发明专利数(件)	专利所有权转让及许可数(项)	专利所有权转让与许可收入(万元)
总　计	**1097**	**394**	**461**	**32**	**212**
按控股情况分组					
国有控股	1048	381	429	30	10
集体控股					
私人控股	49	13	32	2	202
港澳台商控股					
外商控股					
其他					
按登记注册类型分组					
内资企业	1064	378	407	32	212
国有企业	164	59	41		
集体企业					
股份合作企业					
有限责任公司	802	277	282	29	
国有独资公司	632	229	173	3	
股份有限公司	98	42	84	3	212
私营企业					
其他企业					
港、澳、台商投资企业	32	15	53		
外商投资企业	1	1	1		

8-4 中型企业专利

项　　目	专利申请数(件)	#发明专利	有效发明专利数(件)	专利所有权转让及许可数(项)	专利所有权转让与许可收入(万元)
总　　计	**328**	**120**	**220**	**35**	**30**
按控股情况分组					
国有控股	127	48	95		
集体控股	20	4	17		
私人控股	114	52	93	34	
港澳台商控股	18	2	2		
外商控股	14	7	1		
其他	35	7	12	1	30
按登记注册类型分组					
内资企业	279	109	218	35	30
国有企业	7	1	34		
集体企业	2	1	5		
股份合作企业					
有限责任公司	148	63	114	35	30
国有独资公司	14	11	22		
股份有限公司	87	19	25		
私营企业	35	25	40		
其他企业					
港、澳、台商投资企业	31	3	1		
外商投资企业	18	8	1		

8-5 小型企业专利

项 目	专利申请数(件)	#发明专利	有效发明专利数(件)	专利所有权转让及许可数(项)	专利所有权转让与许可收入(万元)
总 计	**373**	**180**	**175**	**7**	**1900**
按控股情况分组					
国有控股	24	9	10		
集体控股	5	4	7		
私人控股	335	160	150	7	1900
港澳台商控股	2	1			
外商控股			8		
其他	7	6			
按登记注册类型分组					
内资企业	368	178	166	7	1900
国有企业	8	5	3		
集体企业					
股份合作企业	2				
有限责任公司	168	110	73	4	1400
国有独资公司					
股份有限公司	12	11	6	1	
私营企业	178	52	84	2	500
其他企业					
港、澳、台商投资企业	1				
外商投资企业	4	2	9		

8-6 按行业分企业专利

行　业	专利申请数(件)	#发明专利	有效发明专利数(件)	专利所有权转让及许可数(项)	专利所有权转让与许可收入(万元)
总　计	**1798**	**694**	**856**	**74**	**2142**
采矿业	171	60	71	2	202
煤炭开采和洗选业	171	60	71	2	202
制造业	1573	608	763	72	1940
农副食品加工业	25	1	1		
食品制造业	59	13	29	1	
饮料制造业	20	10	8	2	
烟草制品业			1		
纺织业	8	6	11		
纺织服装、鞋、帽制造业					
家具制造业					
造纸及纸制品业					
印刷业和记录媒介的复制	2	1			
文教体育用品制造业	5		2		
石油加工、炼焦及核燃料加工业	42	20	25	1	30
化学原料及化学制品制造业	82	47	43	2	10
医药制造业	76	23	57	2	500
橡胶制品业			10		
塑料制品业	7	3	9		
非金属矿物制品业	34	25	15	2	1400
黑色金属冶炼及压延加工业	379	124	117	28	
有色金属冶炼及压延加工业	36	22	66	34	
金属制品业	11	2	6		
通用设备制造业	84	41	56		
专用设备制造业	404	161	178		
交通运输设备制造业	75	26	52		
电气机械及器材制造业	173	49	43		
通信设备、计算机及其他电子设备制造业	10	4	9		
仪器仪表及文化、办公用机械制造业	41	30	25		
电力、燃气及水的生产和供应业	54	26	22		
电力、热力的生产和供应业	54	26	22		

8-7 按行业分大中型企业专利

行　　业	专利申请数(件)	#发明专利	有效发明专利数(件)	专利所有权转让及许可数(项)	专利所有权转让与许可收入(万元)
总　　计	**1425**	**514**	**681**	**67**	**242**
采矿业	169	58	71	2	202
煤炭开采和洗选业	169	58	71	2	202
制造业	1202	430	588	65	40
农副食品加工业					
食品制造业	17	6	6		
饮料制造业	11	1	4	1	
烟草制品业			1		
纺织业	1	1	3		
纺织服装、鞋、帽制造业					
家具制造业					
造纸及纸制品业					
印刷业和记录媒介的复制					
文教体育用品制造业					
石油加工、炼焦及核燃料加工业	36	15	23	1	30
化学原料及化学制品制造业	65	31	35	1	10
医药制造业	66	20	43		
橡胶制品业			10		
塑料制品业	1	1	9		
非金属矿物制品业	14	9	5		
黑色金属冶炼及压延加工业	378	123	117	28	
有色金属冶炼及压延加工业	28	18	62	34	
金属制品业					
通用设备制造业	32	3	24		
专用设备制造业	311	131	148		
交通运输设备制造业	73	25	52		
电气机械及器材制造业	143	33	28		
通信设备、计算机及其他电子设备制造业	8	2	2		
仪器仪表及文化、办公用机械制造业	18	11	16		
电力、燃气及水的生产和供应业	54	26	22		
电力、热力的生产和供应业	54	26	22		

8-8 按行业分大型企业专利

行业	专利申请数(件)	#发明专利	有效发明专利数(件)	专利所有权转让及许可数(项)	专利所有权转让与许可收入(万元)
总计	**1097**	**394**	**461**	**32**	**212**
采矿业	160	52	71	2	202
煤炭开采和洗选业	160	52	71	2	202
制造业	883	316	368	30	10
农副食品加工业					
食品制造业					
饮料制造业			3	1	
烟草制品业					
纺织业					
纺织服装、鞋、帽制造业					
家具制造业					
造纸及纸制品业					
印刷业和记录媒介的复制					
文教体育用品制造业					
石油加工、炼焦及核燃料加工业	16	4	9		
化学原料及化学制品制造业	50	23	23	1	10
医药制造业	29	2	24		
橡胶制品业					
塑料制品业					
非金属矿物制品业					
黑色金属冶炼及压延加工业	376	121	117	28	
有色金属冶炼及压延加工业	21	14	38		
金属制品业					
通用设备制造业	3		2		
专用设备制造业	251	113	114		
交通运输设备制造业	47	13	24		
电气机械及器材制造业	90	26	14		
通信设备、计算机及其他电子设备制造业					
仪器仪表及文化、办公用机械制造业					
电力、燃气及水的生产和供应业	54	26	22		
电力、热力的生产和供应业	54	26	22		

8-9 按行业分中型企业专利

行业	专利申请数(件)	#发明专利	有效发明专利数(件)	专利所有权转让及许可数(项)	专利所有权转让与许可收入(万元)
总计	**328**	**120**	**220**	**35**	**30**
采矿业	9	6			
煤炭开采和洗选业	9	6			
制造业	319	114	220	35	30
农副食品加工业					
食品制造业	17	6	6		
饮料制造业	11	1	1		
烟草制品业			1		
纺织业	1	1	3		
纺织服装、鞋、帽制造业					
家具制造业					
造纸及纸制品业					
印刷业和记录媒介的复制					
文教体育用品制造业					
石油加工、炼焦及核燃料加工业	20	11	14	1	30
化学原料及化学制品制造业	15	8	12		
医药制造业	37	18	19		
橡胶制品业			10		
塑料制品业	1	1	9		
非金属矿物制品业	14	9	5		
黑色金属冶炼及压延加工业	2	2			
有色金属冶炼及压延加工业	7	4	24	34	
金属制品业					
通用设备制造业	29	3	22		
专用设备制造业	60	18	34		
交通运输设备制造业	26	12	28		
电气机械及器材制造业	53	7	14		
通信设备、计算机及其他电子设备制造业	8	2	2		
仪器仪表及文化、办公用机械制造业	18	11	16		
电力、燃气及水的生产和供应业					
电力、热力的生产和供应业					

8-10 按行业分小型企业专利

行 业	专利申请数(件)	#发明专利	有效发明专利数(件)	专利所有权转让及许可数(项)	专利所有权转让与许可收入(万元)
总 计	**373**	**180**	**175**	**7**	**1900**
采矿业	2	2			
煤炭开采和洗选业	2	2			
制造业	371	178	175	7	1900
农副食品加工业	25	1	1		
食品制造业	42	7	23	1	
饮料制造业	9	9	4	1	
烟草制品业					
纺织业	7	5	8		
纺织服装、鞋、帽制造业					
家具制造业					
造纸及纸制品业					
印刷业和记录媒介的复制	2	1			
文教体育用品制造业	5		2		
石油加工、炼焦及核燃料加工业	6	5	2		
化学原料及化学制品制造业	17	16	8	1	
医药制造业	10	3	14	2	500
橡胶制品业					
塑料制品业	6	2			
非金属矿物制品业	20	16	10	2	1400
黑色金属冶炼及压延加工业	1	1			
有色金属冶炼及压延加工业	8	4	4		
金属制品业	11	2	6		
通用设备制造业	52	38	32		
专用设备制造业	93	30	30		
交通运输设备制造业	2	1			
电气机械及器材制造业	30	16	15		
通信设备、计算机及其他电子设备制造业	2	2	7		
仪器仪表及文化、办公用机械制造业	23	19	9		
电力、燃气及水的生产和供应业					
电力、热力的生产和供应业					

8-11 按行业分国有控股企业专利

行　　业	专利申请数(件)	#发明专利	有效发明专利数(件)	专利所有权转让及许可数(项)	专利所有权转让与许可收入(万元)
总　　计	**1199**	**438**	**534**	**30**	**10**
采矿业	150	48	64		
煤炭开采和洗选业	150	48	64		
制造业	995	364	448	30	10
农副食品加工业					
食品制造业					
饮料制造业	3	3	6	1	
烟草制品业			1		
纺织业	1	1	3		
纺织服装、鞋、帽制造业					
家具制造业					
造纸及纸制品业					
印刷业和记录媒介的复制					
文教体育用品制造业					
石油加工、炼焦及核燃料加工业	17	5	8		
化学原料及化学制品制造业	58	31	33	1	10
医药制造业	8	5	2		
橡胶制品业					
塑料制品业	3				
非金属矿物制品业	2	1	1		
黑色金属冶炼及压延加工业	376	121	117	28	
有色金属冶炼及压延加工业	29	18	42		
金属制品业					
通用设备制造业	13		17		
专用设备制造业	319	131	147		
交通运输设备制造业	49	13	45		
电气机械及器材制造业	112	30	15		
通信设备、计算机及其他电子设备制造业	1	1	3		
仪器仪表及文化、办公用机械制造业	4	4	8		
电力、燃气及水的生产和供应业	54	26	22		
电力、热力的生产和供应业	54	26	22		

8-12 按行业分内资企业专利

行　业	专利申请数(件)	#发明专利	有效发明专利数(件)	专利所有权转让及许可数(项)	专利所有权转让与许可收入(万元)
总　计	**1711**	**665**	**791**	**74**	**2142**
采矿业	171	60	71	2	202
煤炭开采和洗选业	171	60	71	2	202
制造业	1486	579	698	72	1940
农副食品加工业	25	1	1		
食品制造业	59	13	29	1	
饮料制造业	20	10	8	2	
烟草制品业			1		
纺织业	8	6	11		
纺织服装、鞋、帽制造业					
家具制造业					
造纸及纸制品业					
印刷业和记录媒介的复制	2	1			
文教体育用品制造业	5		2		
石油加工、炼焦及核燃料加工业	41	19	24	1	30
化学原料及化学制品制造业	82	47	43	2	10
医药制造业	75	22	49	2	500
橡胶制品业			10		
塑料制品业	7	3	9		
非金属矿物制品业	34	25	15	2	1400
黑色金属冶炼及压延加工业	379	124	117	28	
有色金属冶炼及压延加工业	36	22	66	34	
金属制品业	11	2	6		
通用设备制造业	81	40	56		
专用设备制造业	372	146	125		
交通运输设备制造业	70	25	52		
电气机械及器材制造业	142	46	42		
通信设备、计算机及其他电子设备制造业	10	4	9		
仪器仪表及文化、办公用机械制造业	27	23	23		
电力、燃气及水的生产和供应业	54	26	22		
电力、热力的生产和供应业	54	26	22		

8-13 按行业分国有企业专利

行　业	专利申请数(件)	#发明专利	有效发明专利数(件)	专利所有权转让及许可数(项)	专利所有权转让与许可收入(万元)
总　计	**179**	**65**	**78**		
采矿业					
煤炭开采和洗选业					
制造业	125	39	56		
农副食品加工业					
食品制造业					
饮料制造业	3	3	3		
烟草制品业					
纺织业					
纺织服装、鞋、帽制造业					
家具制造业					
造纸及纸制品业					
印刷业和记录媒介的复制					
文教体育用品制造业					
石油加工、炼焦及核燃料加工业					
化学原料及化学制品制造业	2	2			
医药制造业					
橡胶制品业					
塑料制品业	3				
非金属矿物制品业					
黑色金属冶炼及压延加工业					
有色金属冶炼及压延加工业					
金属制品业					
通用设备制造业			12		
专用设备制造业	24	7	5		
交通运输设备制造业	2		21		
电气机械及器材制造业	90	26	14		
通信设备、计算机及其他电子设备制造业	1	1	1		
仪器仪表及文化、办公用机械制造业					
电力、燃气及水的生产和供应业	54	26	22		
电力、热力的生产和供应业	54	26	22		

8-14　按行业分港澳台商投资企业专利

行　业	专利申请数(件)	#发明专利	有效发明专利数(件)	专利所有权转让及许可数(项)	专利所有权转让与许可收入(万元)
总　计	**64**	**18**	**54**		
采矿业					
煤炭开采和洗选业					
制造业	64	18	54		
农副食品加工业					
食品制造业					
饮料制造业					
烟草制品业					
纺织业					
纺织服装、鞋、帽制造业					
家具制造业					
造纸及纸制品业					
印刷业和记录媒介的复制					
文教体育用品制造业					
石油加工、炼焦及核燃料加工业					
化学原料及化学制品制造业					
医药制造业					
橡胶制品业					
塑料制品业					
非金属矿物制品业					
黑色金属冶炼及压延加工业					
有色金属冶炼及压延加工业					
金属制品业					
通用设备制造业	1				
专用设备制造业	32	15	53		
交通运输设备制造业					
电气机械及器材制造业	31	3	1		
通信设备、计算机及其他电子设备制造业					
仪器仪表及文化、办公用机械制造业					
电力、燃气及水的生产和供应业					
电力、热力的生产和供应业					

8-15 按行业分外商投资企业专利

行　业	专利申请数(件)	#发明专利	有效发明专利数(件)	专利所有权转让及许可数(项)	专利所有权转让与许可收入(万元)
总　计	**23**	**11**	**11**		
采矿业					
煤炭开采和洗选业					
制造业	23	11	11		
农副食品加工业					
食品制造业					
饮料制造业					
烟草制品业					
纺织业					
纺织服装、鞋、帽制造业					
家具制造业					
造纸及纸制品业					
印刷业和记录媒介的复制					
文教体育用品制造业					
石油加工、炼焦及核燃料加工业	1	1	1		
化学原料及化学制品制造业					
医药制造业	1	1	8		
橡胶制品业					
塑料制品业					
非金属矿物制品业					
黑色金属冶炼及压延加工业					
有色金属冶炼及压延加工业					
金属制品业					
通用设备制造业	2	1			
专用设备制造业					
交通运输设备制造业	5	1			
电气机械及器材制造业					
通信设备、计算机及其他电子设备制造业					
仪器仪表及文化、办公用机械制造业	14	7	2		
电力、燃气及水的生产和供应业					
电力、热力的生产和供应业					

8-16 各地市企业专利

地　区	专利申请数(件)	#发明专利	有效发明专利数(件)	专利所有权转让及许可数(项)	专利所有权转让与许可收入(万元)
总　计	**1789**	**694**	**856**	**74**	**2142**
太原市	926	349	373	3	
大同市	52	20	37		
阳泉市	55	28	62	1	1400
长治市	178	78	62	3	202
晋城市	108	35	31		
朔州市	9	3	4		
晋中市	162	68	92	2	500
运城市	190	62	121	34	
忻州市	14	6	11		
临汾市	90	35	53	28	40
吕梁市	14	10	10	3	

8-17 各地市大中型企业专利

地　区	专利申请数(件)	#发明专利	有效发明专利数(件)	专利所有权转让及许可数(项)	专利所有权转让与许可收入(万元)
总　计	**1425**	**514**	**681**	**67**	**242**
太原市	740	262	275	2	
大同市	52	20	37		
阳泉市	34	12	38		
长治市	147	70	56	2	202
晋城市	94	28	26		
朔州市	5	1	4		
晋中市	69	29	59		
运城市	184	57	119	34	
忻州市	10	2	11		
临汾市	86	31	53	28	40
吕梁市	4	2	3	1	

8-18 各地市大型企业专利

地区	专利申请数(件)	#发明专利	有效发明专利数(件)	专利所有权转让及许可数(项)	专利所有权转让与许可收入(万元)
总　计	**1097**	**394**	**461**	**32**	**212**
太原市	633	221	179	2	
大同市	46	14	34		
阳泉市	16	4	23		
长治市	111	55	30	2	202
晋城市	68	23	14		
朔州市	5	1	4		
晋中市	33	16	54		
运城市	154	47	84		
忻州市					
临汾市	31	13	36	27	10
吕梁市			3	1	

8-19 各地市中型企业专利

地区	专利申请数(件)	#发明专利	有效发明专利数(件)	专利所有权转让及许可数(项)	专利所有权转让与许可收入(万元)
总　计	**328**	**120**	**220**	**35**	**30**
太原市	107	41	96		
大同市	6	6	3		
阳泉市	18	8	15		
长治市	36	15	26		
晋城市	26	5	12		
朔州市					
晋中市	36	13	5		
运城市	30	10	35	34	
忻州市	10	2	11		
临汾市	55	18	17	1	30
吕梁市	4	2			

8-20 各地市小型企业专利

地 区	专利申请数(件)	#发明专利	有效发明专利数(件)	专利所有权转让及许可数(项)	专利所有权转让与许可收入(万元)
总 计	**373**	**180**	**175**	**7**	**1900**
太原市	186	87	98	1	
大同市					
阳泉市	21	16	24	1	1400
长治市	31	8	6	1	
晋城市	14	7	5		
朔州市	4	2			
晋中市	93	39	33	2	500
运城市	6	5	2		
忻州市	4	4			
临汾市	4	4			
吕梁市	10	8	7	2	

8-21 各地市国有控股企业专利

地 区	专利申请数(件)	#发明专利	有效发明专利数(件)	专利所有权转让及许可数(项)	专利所有权转让与许可收入(万元)
总 计	**1199**	**438**	**534**	**30**	**10**
太原市	720	253	244	2	
大同市	47	15	35		
阳泉市	32	10	38		
长治市	121	53	35		
晋城市	70	24	18		
朔州市	5	1	4		
晋中市	46	24	56		
运城市	125	45	60		
忻州市					
临汾市	31	13	41	27	10
吕梁市	2		3	1	

8-22 各地市内资企业专利

地区	专利申请数(件)	#发明专利	有效发明专利数(件)	专利所有权转让及许可数(项)	专利所有权转让与许可收入(万元)
总计	**1711**	**665**	**791**	**74**	**2142**
太原市	910	341	364	3	
大同市	51	19	37		
阳泉市	55	28	62	1	1400
长治市	176	77	61	3	202
晋城市	108	35	30		
朔州市	9	3	4		
晋中市	130	53	39	2	500
运城市	188	61	121	34	
忻州市	14	6	11		
临汾市	56	32	52	28	40
吕梁市	14	10	10	3	

8-23 各地市国有企业专利

地区	专利申请数(件)	#发明专利	有效发明专利数(件)	专利所有权转让及许可数(项)	专利所有权转让与许可收入(万元)
总计					
太原市	64	31	46		
大同市	1	1	3		
阳泉市					
长治市	20	7	13		
晋城市					
朔州市					
晋中市	4		2		
运城市	90	26	14		
忻州市					
临汾市					
吕梁市					

8-24 各地市港澳台商投资企业专利

地区	专利申请数(件)	#发明专利	有效发明专利数(件)	专利所有权转让及许可数(项)	专利所有权转让与许可收入(万元)
总计	**64**	**18**	**54**		
太原市					
大同市					
阳泉市					
长治市	1				
晋城市					
朔州市					
晋中市	32	15	53		
运城市					
忻州市					
临汾市	31	3	1		
吕梁市					

8-25 各地市外商投资企业专利

地区	专利申请数(件)	#发明专利	有效发明专利数(件)	专利所有权转让及许可数(项)	专利所有权转让与许可收入(万元)
总计	**23**	**11**	**11**		
太原市	16	8	9		
大同市	1	1			
阳泉市					
长治市	1	1	1		
晋城市			1		
朔州市					
晋中市					
运城市	2	1			
忻州市					
临汾市	3				
吕梁市					

8-26 各地市分行业企业专利

地　区	采矿业				
	专利申请数(件)	#发明专利	有效发明专利数(件)	专利所有权转让及许可数(项)	专利所有权转让与许可收入(万元)
总　计	**171**	**60**	**71**	**2**	**202**
太原市	15	3	8		
大同市	5	1	7		
阳泉市	16	4	23		
长治市	49	19	13	2	202
晋城市	68	23	14		
朔州市	5	1	4		
晋中市	10	9	1		
运城市					
忻州市					
临汾市	1		1		
吕梁市	2				

8-26　续表1

地　区	制造业				
	专利申请数(件)	#发明专利	有效发明专利数(件)	专利所有权转让及许可数(项)	专利所有权转让与许可收入(万元)
总　计	**1573**	**608**	**763**	**72**	**1940**
太原市	857	320	343	3	
大同市	47	19	30		
阳泉市	39	24	39	1	1400
长治市	129	59	49	1	
晋城市	40	12	17		
朔州市	4	2			
晋中市	152	59	91	2	500
运城市	190	62	121	34	
忻州市	14	6	11		
临汾市	89	35	52	28	40
吕梁市	12	10	10	3	

8–26 续表2

地区	农副食品加工业				
	专利申请数(件)	#发明专利	有效发明专利数(件)	专利所有权转让及许可数(项)	专利所有权转让与许可收入(万元)
总计	**25**	**1**	**1**		
太原市	3				
大同市					
阳泉市					
长治市	11	1	1		
晋城市	3				
朔州市					
晋中市	8				
运城市					
忻州市					
临汾市					
吕梁市					

8–26 续表3

地区	食品制造业				
	专利申请数(件)	#发明专利	有效发明专利数(件)	专利所有权转让及许可数(项)	专利所有权转让与许可收入(万元)
总计	**59**	**13**	**29**	**1**	
太原市	21	7	6		
大同市					
阳泉市					
长治市					
晋城市					
朔州市					
晋中市	36	4	21		
运城市					
忻州市					
临汾市					
吕梁市	2	2	2	1	

8–26 续表4

地 区	饮料制造业				
	专利申请数(件)	#发明专利	有效发明专利数(件)	专利所有权转让及许可数(项)	专利所有权转让与许可收入(万元)
总 计	**20**	**10**	**8**	**2**	
太原市	3	3	3		
大同市					
阳泉市					
长治市					
晋城市	11	1	1		
朔州市					
晋中市					
运城市					
忻州市					
临汾市					
吕梁市	6	6	4	2	

8–26 续表5

地 区	烟草制品业				
	专利申请数(件)	#发明专利	有效发明专利数(件)	专利所有权转让及许可数(项)	专利所有权转让与许可收入(万元)
总 计			**1**		
太原市			1		
大同市					
阳泉市					
长治市					
晋城市					
朔州市					
晋中市					
运城市					
忻州市					
临汾市					
吕梁市					

8-26　续表6

地　区	纺织业				
	专利申请数(件)	#发明专利	有效发明专利数(件)	专利所有权转让及许可数(项)	专利所有权转让与许可收入(万元)
总　计	**8**	**6**	**11**		
太原市			6		
大同市					
阳泉市					
长治市					
晋城市	1	1	3		
朔州市					
晋中市	7	5	2		
运城市					
忻州市					
临汾市					
吕梁市					

8-26　续表7

地　区	印刷业和记录媒介的复制				
	专利申请数(件)	#发明专利	有效发明专利数(件)	专利所有权转让及许可数(项)	专利所有权转让与许可收入(万元)
总　计	**2**	**1**			
太原市	2	1			
大同市					
阳泉市					
长治市					
晋城市					
朔州市					
晋中市					
运城市					
忻州市					
临汾市					
吕梁市					

8-26　续表8

地　　区	文教体育用品制造业				
	专利申请数(件)	#发明专利	有效发明专利数(件)	专利所有权转让及许可数(项)	专利所有权转让与许可收入(万元)
总　　计	**5**		**2**		
太 原 市	5		2		
大 同 市					
阳 泉 市					
长 治 市					
晋 城 市					
朔 州 市					
晋 中 市					
运 城 市					
忻 州 市					
临 汾 市					
吕 梁 市					

8-26　续表9

地　　区	石油加工、炼焦及核燃料加工业				
	专利申请数(件)	#发明专利	有效发明专利数(件)	专利所有权转让及许可数(项)	专利所有权转让与许可收入(万元)
总　　计	**42**	**20**	**25**	**1**	**30**
太 原 市	14	6	4		
大 同 市					
阳 泉 市					
长 治 市	2	1	1		
晋 城 市	12	3	3		
朔 州 市					
晋 中 市	4	4			
运 城 市					
忻 州 市					
临 汾 市	10	6	17	1	30
吕 梁 市					

8-26　续表10

地　　区	化学原料及化学制品制造业				
	专利申请数(件)	#发明专利	有效发明专利数(件)	专利所有权转让及许可数(项)	专利所有权转让与许可收入(万元)
总　　计	**82**	**47**	**43**	**2**	**10**
太原市	27	14	11		
大同市	4	2	2		
阳泉市	6	6	10		
长治市	11	8	10		
晋城市					
朔州市					
晋中市	7	7	1	1	
运城市	14	5	8		
忻州市	8	1	1		
临汾市	5	4		1	10
吕梁市					

8-26　续表11

地　　区	医药制造业				
	专利申请数(件)	#发明专利	有效发明专利数(件)	专利所有权转让及许可数(项)	专利所有权转让与许可收入(万元)
总　　计	**76**	**23**	**57**	**2**	**500**
太原市	3	3	19		
大同市	5	5	2		
阳泉市					
长治市	14	9	5	1	
晋城市	4	1			
朔州市					
晋中市	19	3	3	1	500
运城市	29	2	24		
忻州市					
临汾市					
吕梁市	2		4		

8-26　续表12

地　　区	橡胶制品业				
	专利申请数(件)	#发明专利	有效发明专利数(件)	专利所有权转让及许可数(项)	专利所有权转让与许可收入(万元)
总　　计			**10**		
太原市					
大同市					
阳泉市					
长治市					
晋城市					
朔州市					
晋中市					
运城市					
忻州市			10		
临汾市					
吕梁市					

8-26　续表13

地　　区	塑料制品业				
	专利申请数(件)	#发明专利	有效发明专利数(件)	专利所有权转让及许可数(项)	专利所有权转让与许可收入(万元)
总　　计	**7**	**3**	**9**		
太原市	3				
大同市					
阳泉市					
长治市	1	1	9		
晋城市	3	2			
朔州市					
晋中市					
运城市					
忻州市					
临汾市					
吕梁市					

8-26　续表14

地　区	非金属矿物制品业				
	专利申请数(件)	#发明专利	有效发明专利数(件)	专利所有权转让及许可数(项)	专利所有权转让与许可收入(万元)
总　计	**34**	**25**	**15**	**2**	**1400**
太原市	11	8	8	1	
大同市					
阳泉市	3	3	1	1	1400
长治市	1		1		
晋城市	4	4	4		
朔州市	4	2			
晋中市	1				
运城市	8	6	1		
忻州市	2	2			
临汾市					
吕梁市					

8-26　续表15

地　区	黑色金属冶炼及压延加工业				
	专利申请数(件)	#发明专利	有效发明专利数(件)	专利所有权转让及许可数(项)	专利所有权转让与许可收入(万元)
总　计	**379**	**124**	**117**	**28**	
太原市	375	122	91	2	
大同市					
阳泉市					
长治市					
晋城市					
朔州市					
晋中市					
运城市					
忻州市					
临汾市	2		26	26	
吕梁市	2	2			

8-26 续表16

地区	有色金属冶炼及压延加工业				
	专利申请数(件)	#发明专利	有效发明专利数(件)	专利所有权转让及许可数(项)	专利所有权转让与许可收入(万元)
总计	**36**	**22**	**66**	**34**	
太原市	8	4	4		
大同市					
阳泉市					
长治市					
晋城市					
朔州市					
晋中市					
运城市	26	17	62	34	
忻州市	2	1			
临汾市					
吕梁市					

8-26 续表17

地区	金属制品业				
	专利申请数(件)	#发明专利	有效发明专利数(件)	专利所有权转让及许可数(项)	专利所有权转让与许可收入(万元)
总计	**11**	**2**	**6**		
太原市	10	2	2		
大同市					
阳泉市			4		
长治市	1				
晋城市					
朔州市					
晋中市					
运城市					
忻州市					
临汾市					
吕梁市					

8-26 续表18

地　区	通用设备制造业				
	专利申请数(件)	#发明专利	有效发明专利数(件)	专利所有权转让及许可数(项)	专利所有权转让与许可收入(万元)
总　计	**84**	**41**	**56**		
太原市	10	6	14		
大同市			2		
阳泉市	15	1	10		
长治市	15	7	14		
晋城市					
朔州市					
晋中市	20	19	8		
运城市	22	6	8		
忻州市	2	2			
临汾市					
吕梁市					

8-26 续表19

地　区	专用设备制造业				
	专利申请数(件)	#发明专利	有效发明专利数(件)	专利所有权转让及许可数(项)	专利所有权转让与许可收入(万元)
总　计	**404**	**161**	**178**		
太原市	283	107	107		
大同市					
阳泉市					
长治市	51	28	7		
晋城市	1				
朔州市					
晋中市	50	17	56		
运城市					
忻州市					
临汾市	19	9	8		
吕梁市					

8-26　续表20

地　区	交通运输设备制造业				
	专利申请数(件)	#发明专利	有效发明专利数(件)	专利所有权转让及许可数(项)	专利所有权转让与许可收入(万元)
总　计	**75**	**26**	**52**		
太原市	17	4	24		
大同市	37	11	23		
阳泉市					
长治市					
晋城市	1		5		
朔州市					
晋中市					
运城市					
忻州市					
临汾市	20	11			
吕梁市					

8-26　续表21

地　区	电气机械及器材制造业				
	专利申请数(件)	#发明专利	有效发明专利数(件)	专利所有权转让及许可数(项)	专利所有权转让与许可收入(万元)
总　计	**173**	**49**	**43**		
太原市	13		9		
大同市					
阳泉市	15	14	14		
长治市	22	4	1		
晋城市					
朔州市					
晋中市					
运城市	90	26	18		
忻州市					
临汾市	33	5	1		
吕梁市					

8–26 续表22

地区	通信设备、计算机及其他电子设备制造业				
	专利申请数(件)	#发明专利	有效发明专利数(件)	专利所有权转让及许可数(项)	专利所有权转让与许可收入(万元)
总计	**10**	**4**	**9**		
太原市	8	3	8		
大同市	1	1	1		
阳泉市					
长治市					
晋城市					
朔州市					
晋中市					
运城市	1				
忻州市					
临汾市					
吕梁市					

8–26 续表23

地区	仪器仪表及文化、办公用机械制造业				
	专利申请数(件)	#发明专利	有效发明专利数(件)	专利所有权转让及许可数(项)	专利所有权转让与许可收入(万元)
总计	**41**	**30**	**25**		
太原市	41	30	24		
大同市					
阳泉市					
长治市					
晋城市			1		
朔州市					
晋中市					
运城市					
忻州市					
临汾市					
吕梁市					

8-26 续表24

地　区	电力、燃气及水的生产和供应业				
	专利申请数(件)	#发明专利	有效发明专利数(件)	专利所有权转让及许可数(项)	专利所有权转让与许可收入(万元)
总　计	**54**	**26**	**22**		
太原市	54	26	22		
大同市					
阳泉市					
长治市					
晋城市					
朔州市					
晋中市					
运城市					
忻州市					
临汾市					
吕梁市					

9-1 企业政府相关政策落实

项　　目	使用来自政府部门的科技活动资金(万元)	研究开发费用加计扣除减免税(万元)	高新技术企业减免税(万元)
总　　计	**52108**	**92313**	**4863**
按企业规模分组			
大中型企业	48156	91110	3924
大型企业	40046	85215	1078
中型企业	8111	5896	2846
小型企业	3951	1203	939
按企业控股情况分组			
国有控股	41084	89719	1605
集体控股	771	17	198
私人控股	8379	1324	2856
港澳台商控股	30	263	76
外商控股	650	990	127
其他	1195		
按登记注册类型分组			
内资企业	50741	91323	4736
国有企业	444	4672	244
集体企业	10		
股份合作企业	5		
有限责任公司	41713	84525	1545
国有独资公司	20065	72578	688
股份有限公司	2947	1496	1592
私营企业	5622	631	1355
其他内资企业			
港、澳、台商投资企业	574		
外商投资企业	793	990	127

9-2 大中型企业政府相关政策落实

项　　目	使用来自政府部门的科技活动资金(万元)	研究开发费用加计扣除减免税(万元)	高新技术企业减免税(万元)
总　　计	**48156**	**91110**	**3924**
按企业控股情况分组			
国有控股	40985	89323	1429
集体控股	525		69
私人控股	4855	535	2223
港澳台商控股		263	76
外商控股	608	990	127
其他	1185		
按登记注册类型分组			
内资企业	46862	90120	3797
国有企业	414	4660	206
集体企业	10		
股份合作企业			
有限责任公司	40112	83656	859
国有独资公司	20065	72578	688
股份有限公司	2746	1496	1592
私营企业	3580	309	1139
港、澳、台商投资企业	574		
外商投资企业	721	990	127

9-3 大型企业政府相关政策落实

项 目	使用来自政府部门的科技活动资金(万元)	研究开发费用加计扣除减免税(万元)	高新技术企业减免税(万元)
总 计	**40046**	**85215**	**1078**
按企业控股情况分组			
国有控股	38890	85133	428
集体控股			
私人控股	115	82	650
港澳台商控股			
外商控股	41		
其他	1000		
按登记注册类型分组			
内资企业	39431	85215	1078
国有企业	283	4573	
集体企业			
股份合作企业			
有限责任公司	37513	79593	22
国有独资公司	19465	72031	22
股份有限公司	1635	1049	1056
私营企业			
港、澳、台商投资企业	574		
外商投资企业	41		

9-4 中型企业政府相关政策落实

项　　目	使用来自政府部门的科技活动资金(万元)	研究开发费用加计扣除减免税(万元)	高新技术企业减免税(万元)
总　　计	**8111**	**5896**	**2846**
按企业控股情况分组			
国有控股	2094	4190	1001
集体控股	525		69
私人控股	4740	453	1573
港澳台商控股		263	76
外商控股	567	990	127
其他	185		
按登记注册类型分组			
内资企业	7431	4906	2719
国有企业	131	87	206
集体企业	10		
股份合作企业			
有限责任公司	2599	4063	837
国有独资公司	600	547	665
股份有限公司	1111	447	537
私营企业	3580	309	1139
港、澳、台商投资企业			
外商投资企业	680	990	127

9–5 小型企业政府相关政策落实

项　　目	使用来自政府部门的科技活动资金(万元)	研究开发费用加计扣除减免税(万元)	高新技术企业减免税(万元)
总　　计	**3951**	**1203**	**939**
按企业控股情况分组			
国有控股	99	397	176
集体控股	246	17	130
私人控股	3524	789	634
港澳台商控股	30		
外商控股	42		
其他	10		
按登记注册类型分组			
内资企业	3879	1203	939
国有企业	30	11	38
集体企业			
股份合作企业	5		
有限责任公司	1601	870	686
国有独资公司			
股份有限公司	201		
私营企业	2042	322	216
港、澳、台商投资企业			
外商投资企业	72		

9-6 按行业分企业政府相关政策落实

行业	使用来自政府部门的科技活动资金(万元)	研究开发费用加计扣除减免税(万元)	高新技术企业减免税(万元)
总计	**52108**	**92313**	**4863**
采矿业	12058	7421	
煤炭开采和洗选业	12058	7421	
制造业	39949	80870	4863
农副食品加工业	218	243	
食品制造业	345		
饮料制造业	118	18	
纺织业	210	68	36
纺织服装、鞋、帽制造业	10		
家具制造业	20		
文教体育用品制造业	205		
石油加工、炼焦及核燃料加工业	3760	210	
化学原料及化学制品制造业	3445	953	293
医药制造业	967	344	1406
塑料制品业	325		
非金属矿物制品业	637	151	158
黑色金属冶炼及压延加工业	1806	14555	
有色金属冶炼及压延加工业	1696	664	444
金属制品业	90		
通用设备制造业	1046	297	7
专用设备制造业	20146	57809	379
交通运输设备制造业	1952	4280	775
电气机械及器材制造业	620	202	10
通信设备、计算机及其他电子设备制造业	710	77	545
仪器仪表及文化、办公用机械制造业	1622	1001	808
电力、燃气及水的生产和供应业	101	4022	
电力、热力的生产和供应业	101	4022	

9-7 按行业分大中型企业政府相关政策落实

行　业	使用来自政府部门的科技活动资金(万元)	研究开发费用加计扣除减免税(万元)	高新技术企业减免税(万元)
总　计	**48156**	**91110**	**3924**
采矿业	12048	7421	
煤炭开采和洗选业	12048	7421	
制造业	36007	79667	3924
农副食品加工业			
食品制造业	120		
饮料制造业	68	18	
烟草制品业			
纺织业	150	37	5
纺织服装、鞋、帽制造业	10		
家具制造业			
文教体育用品制造业	205		
石油加工、炼焦及核燃料加工业	3725	210	
化学原料及化学制品制造业	3114	953	293
医药制造业	589	312	1267
塑料制品业	110		
非金属矿物制品业	340	151	121
黑色金属冶炼及压延加工业	1806	14555	
有色金属冶炼及压延加工业	1676	638	306
属制品业			
通用设备制造业	306	297	
专用设备制造业	19396	57308	
交通运输设备制造业	1519	3940	775
电气机械及器材制造业	605	202	4
通信设备、计算机及其他电子设备制造业	708	57	545
仪器仪表及文化、办公用机械制造业	1562	990	608
电力、燃气及水的生产和供应业	101	4022	
电力、热力的生产和供应业	101	4022	

9-8　按行业分大型企业政府相关政策落实

行业	使用来自政府部门的科技活动资金(万元)	研究开发费用加计扣除减免税(万元)	高新技术企业减免税(万元)
总　　计	**40046**	**85215**	**1078**
采矿业	12028	7421	
煤炭开采和洗选业	12028	7421	
制造业	28018	73794	1078
农副食品加工业			
食品制造业			
饮料制造业	38	18	
烟草制品业			
纺织业			
纺织服装、鞋、帽制造业			
家具制造业			
文教体育用品制造业			
石油加工、炼焦及核燃料加工业	2900	210	
化学原料及化学制品制造业	3059	832	22
医药制造业	35		650
塑料制品业			
非金属矿物制品业			
黑色金属冶炼及压延加工业	1796	14555	
有色金属冶炼及压延加工业	371		
属制品业			
通用设备制造业	25	273	
专用设备制造业	19099	57308	
交通运输设备制造业	381	598	406
电气机械及器材制造业	283		
通信设备、计算机及其他电子设备制造业	31		
仪器仪表及文化、办公用机械制造业			
电力、燃气及水的生产和供应业		4000	
电力、热力的生产和供应业		4000	

9–9 按行业分中型企业政府相关政策落实

行业	使用来自政府部门的科技活动资金(万元)	研究开发费用加计扣除减免税(万元)	高新技术企业减免税(万元)
总 计	**8111**	**5896**	**2846**
采矿业	20		
煤炭开采和洗选业	20		
制造业	7990	5874	2846
农副食品加工业			
食品制造业	120		
饮料制造业	30		
烟草制品业			
纺织业	150	37	5
纺织服装、鞋、帽制造业	10		
家具制造业			
文教体育用品制造业	205		
石油加工、炼焦及核燃料加工业	825		
化学原料及化学制品制造业	55	121	271
医药制造业	554	312	618
塑料制品业	110		
非金属矿物制品业	340	151	121
黑色金属冶炼及压延加工业	10		
有色金属冶炼及压延加工业	1305	638	306
属制品业			
通用设备制造业	281	24	
专用设备制造业	296		
交通运输设备制造业	1137	3342	369
电气机械及器材制造业	322	202	4
通信设备、计算机及其他电子设备制造业	677	57	545
仪器仪表及文化、办公用机械制造业	1562	990	608
电力、燃气及水的生产和供应业	101	22	
电力、热力的生产和供应业	101	22	

9-10 按行业分小型企业政府相关政策落实

行　业	使用来自政府部门的科技活动资金(万元)	研究开发费用加计扣除减免税(万元)	高新技术企业减免税(万元)
总　计	**3951**	**1203**	**939**
采矿业	10		
煤炭开采和洗选业	10		
制造业	3941	1203	939
农副食品加工业	218	243	
食品制造业	225		
饮料制造业	50		
烟草制品业			
纺织业	60	31	31
纺织服装、鞋、帽制造业			
家具制造业	20		
文教体育用品制造业			
石油加工、炼焦及核燃料加工业	36		
化学原料及化学制品制造业	331		
医药制造业	378	32	139
塑料制品业	215		
非金属矿物制品业	297		37
黑色金属冶炼及压延加工业			
有色金属冶炼及压延加工业	20	25	138
属制品业	90		
通用设备制造业	740		7
专用设备制造业	751	501	379
交通运输设备制造业	433	340	
电气机械及器材制造业	15		7
通信设备、计算机及其他电子设备制造业	3	20	
仪器仪表及文化、办公用机械制造业	60	11	201
电力、燃气及水的生产和供应业			
电力、热力的生产和供应业			

9-11 按行业分国有控股企业政府相关政策落实

行　业	使用来自政府部门的科技活动资金(万元)	研究开发费用加计扣除减免税(万元)	高新技术企业减免税(万元)
总　计	**41084**	**89719**	**1605**
采矿业	11988	7421	
煤炭开采和洗选业	11988	7421	
制造业	28995	78276	1605
农副食品加工业			
食品制造业			
饮料制造业	38	18	
纺织业	150	37	5
纺织服装、鞋、帽制造业			
家具制造业			
文教体育用品制造业			
石油加工、炼焦及核燃料加工业	1900	210	
化学原料及化学制品制造业	3019	750	22
医药制造业	330		
塑料制品业			
非金属矿物制品业	30	16	121
黑色金属冶炼及压延加工业	1796	14555	
有色金属冶炼及压延加工业	381	572	391
金属制品业	10		
通用设备制造业	180	297	
专用设备制造业	19465	57308	
交通运输设备制造业	681	4280	612
电气机械及器材制造业	415	202	4
通信设备、计算机及其他电子设备制造业		20	
仪器仪表及文化、办公用机械制造业	600	11	450
电力、燃气及水的生产和供应业	101	4022	
电力、热力的生产和供应业	101	4022	

9-12 按行业分内资企业政府相关政策落实

行业	使用来自政府部门的科技活动资金(万元)	研究开发费用加计扣除减免税(万元)	高新技术企业减免税(万元)
总计	**50741**	**91323**	**4736**
采矿业	12058	7421	
煤炭开采和洗选业	12058	7421	
制造业	38582	79880	4736
农副食品加工业	218	243	
食品制造业	345		
饮料制造业	118	18	
纺织业	210	68	36
纺织服装、鞋、帽制造业	10		
家具制造业	20		
文教体育用品制造业	205		
石油加工、炼焦及核燃料加工业	3760	210	
化学原料及化学制品制造业	3425	953	293
医药制造业	915	344	1406
塑料制品业	325		
非金属矿物制品业	637	151	158
黑色金属冶炼及压延加工业	1806	14555	
有色金属冶炼及压延加工业	1696	664	444
金属制品业	90		
通用设备制造业	1046	297	7
专用设备制造业	19572	57809	379
交通运输设备制造业	1809	1280	775
电气机械及器材制造业	620	202	10
通信设备、计算机及其他电子设备制造业	680	77	545
仪器仪表及文化、办公用机械制造业	1075	11	682
电力、燃气及水的生产和供应业	101	4022	
电力、热力的生产和供应业	101	4022	

9-13 按行业分国有企业政府相关政策落实

行　业	使用来自政府部门的科技活动资金(万元)	研究开发费用加计扣除减免税(万元)	高新技术企业减免税(万元)
总　计	**444**	**4672**	**244**
采矿业			
煤炭开采和洗选业			
制造业	443	650	244
农副食品加工业			
食品制造业			
饮料制造业			
纺织业			
纺织服装、鞋、帽制造业			
家具制造业			
文教体育用品制造业			
石油加工、炼焦及核燃料加工业			
化学原料及化学制品制造业			
医药制造业			
塑料制品业			
非金属矿物制品业	20		
黑色金属冶炼及压延加工业			
有色金属冶炼及压延加工业			
金属制品业			10
通用设备制造业			130
专用设备制造业			
交通运输设备制造业			
电气机械及器材制造业			283
通信设备、计算机及其他电子设备制造业			
仪器仪表及文化、办公用机械制造业			
电力、燃气及水的生产和供应业			1
电力、热力的生产和供应业			1

9-14 按行业分港澳台商投资企业政府相关政策落实

行　　业	使用来自政府部门的科技活动资金(万元)	研究开发费用加计扣除减免税(万元)	高新技术企业减免税(万元)
总　　计	**574**		
采矿业			
煤炭开采和洗选业			
制造业	574		
农副食品加工业			
食品制造业			
饮料制造业			
纺织业			
纺织服装、鞋、帽制造业			
家具制造业			
文教体育用品制造业			
石油加工、炼焦及核燃料加工业			
化学原料及化学制品制造业			
医药制造业			
塑料制品业			
非金属矿物制品业			
黑色金属冶炼及压延加工业			
有色金属冶炼及压延加工业			
金属制品业			
通用设备制造业			
专用设备制造业	574		
交通运输设备制造业			
电气机械及器材制造业			
通信设备、计算机及其他电子设备制造业			
仪器仪表及文化、办公用机械制造业			
电力、燃气及水的生产和供应业			
电力、热力的生产和供应业			

9-15 按行业分外商投资企业政府相关政策落实

行　业	使用来自政府部门的科技活动资金(万元)	研究开发费用加计扣除减免税(万元)	高新技术企业减免税(万元)
总　计	**793**	**990**	**127**
采矿业			
煤炭开采和洗选业			
制造业	793	990	127
农副食品加工业			
食品制造业			
饮料制造业			
纺织业			
纺织服装、鞋、帽制造业			
家具制造业			
文教体育用品制造业			
石油加工、炼焦及核燃料加工业			
化学原料及化学制品制造业	20		
医药制造业	52		
塑料制品业			
非金属矿物制品业			
黑色金属冶炼及压延加工业			
有色金属冶炼及压延加工业			
金属制品业			
通用设备制造业			
专用设备制造业			
交通运输设备制造业	143		
电气机械及器材制造业			
通信设备、计算机及其他电子设备制造业	31		
仪器仪表及文化、办公用机械制造业	547	990	127
电力、燃气及水的生产和供应业			
电力、热力的生产和供应业			

9-16 各地市企业政府相关政策落实

地　　区	使用来自政府部门的科技活动资金(万元)	研究开发费用加计扣除减免税(万元)	高新技术企业减免税(万元)
总　　计	**52108**	**92313**	**4863**
太 原 市	23929	81090	2319
大 同 市	2006	348	
阳 泉 市	786	1524	5
长 治 市	4689	4987	545
晋 城 市	10762	2037	8
朔 州 市	139	22	
晋 中 市	3102	266	76
运 城 市	2349	644	1194
忻 州 市	985	100	324
临 汾 市	3322	1246	253
吕 梁 市	38	50	139

9-17 各地市大中型企业相关政策落实

地　　区	使用来自政府部门的科技活动资金(万元)	研究开发费用加计扣除减免税(万元)	高新技术企业减免税(万元)
总　　计	48156	91110	3924
太 原 市	22151	80285	1526
大 同 市	1991	348	
阳 泉 市	626	1524	
长 治 市	4308	4984	545
晋 城 市	10333	2037	5
朔 州 市	139	22	
晋 中 市	2329	263	76
运 城 市	2203	304	1194
忻 州 市	785	100	324
临 汾 市	3254	1226	253
吕 梁 市	38	18	

9-18 各地市大型企业相关政策落实

地　　区	使用来自政府部门的科技活动资金(万元)	研究开发费用加计扣除减免税(万元)	高新技术企业减免税(万元)
总　　计	**40046**	**85125**	**1078**
太 原 市	19001	75735	428
大 同 市	1991	299	
阳 泉 市	430	1500	
长 治 市	3369	4984	
晋 城 市	9580	2000	
朔 州 市	139		
晋 中 市	1574		
运 城 市	939		650
忻 州 市			
临 汾 市	2986	679	
吕 梁 市	38	18	

9-19 各地市中型企业相关政策落实

地　　区	使用来自政府部门的科技活动资金(万元)	研究开发费用加计扣除减免税(万元)	高新技术企业减免税(万元)
总　　计	**8111**	**5896**	**2846**
太 原 市	3150	4550	1098
大 同 市		49	
阳 泉 市	196	24	
长 治 市	939		545
晋 城 市	753	37	5
朔 州 市		22	
晋 中 市	755	263	76
运 城 市	1264	304	545
忻 州 市	785	100	324
临 汾 市	268	547	253
吕 梁 市			

9–20 各地市小型企业相关政策落实

地　区	使用来自政府部门的科技活动资金(万元)	研究开发费用加计扣除减免税(万元)	高新技术企业减免税(万元)
总　计	**3951**	**1203**	**939**
太 原 市	1779	805	792
大 同 市	15		
阳 泉 市	160		5
长 治 市	382	3	
晋 城 市	429		3
朔 州 市			
晋 中 市	773	3	
运 城 市	146	340	
忻 州 市	200		
临 汾 市	68	20	
吕 梁 市		32	139

9–21 各地市国有控股企业相关政策落实

地　区	使用来自政府部门的科技活动资金(万元)	研究开发费用加计扣除减免税(万元)	高新技术企业减免税(万元)
总　计	**41084**	**89719**	**1605**
太 原 市	20338	79352	1344
大 同 市	1981	299	
阳 泉 市	566	1524	
长 治 市	3709	4902	4
晋 城 市	9699	2037	5
朔 州 市	139	22	
晋 中 市	714		
运 城 市	914	340	
忻 州 市			
临 汾 市	2986	1226	253
吕 梁 市	38	18	

9-22 各地市内资企业相关政策落实

地　　区	使用来自政府部门的科技活动资金(万元)	研究开发费用加计扣除减免税(万元)	高新技术企业减免税(万元)
总　　计	**50741**	**91323**	**4736**
太原市	23290	80100	2192
大同市	1996	348	
阳泉市	786	1524	5
长治市	4689	4987	545
晋城市	10731	2037	8
朔州市	139	22	
晋中市	2528	266	76
运城市	2349	644	1194
忻州市	985	100	324
临汾市	3209	1246	253
吕梁市	38	50	139

9-23 各地市国有企业相关政策落实

地　　区	使用来自政府部门的科技活动资金(万元)	研究开发费用加计扣除减免税(万元)	高新技术企业减免税(万元)
总　　计	**444**	**4672**	**244**
太原市	30	4076	244
大同市			
阳泉市	1		
长治市		573	
晋城市			
朔州市		22	
晋中市	130		
运城市	283		
忻州市			
临汾市			
吕梁市			

9-24 各地市港澳台商投资企业相关政策落实

地　区	使用来自政府部门的科技活动资金(万元)	研究开发费用加计扣除减免税(万元)	高新技术企业减免税(万元)
总　计	**574**		
太原市			
大同市			
阳泉市			
长治市			
晋城市			
朔州市			
晋中市	574		
运城市			
忻州市			
临汾市			
吕梁市			

9-25 各地市外商投资企业相关政策落实

地　区	使用来自政府部门的科技活动资金(万元)	研究开发费用加计扣除减免税(万元)	高新技术企业减免税(万元)
总　计	**793**	**990**	**127**
太原市	639	990	127
大同市	10		
阳泉市			
长治市			
晋城市	31		
朔州市			
晋中市			
运城市			
忻州市			
临汾市	113		
吕梁市			

9-26 各地市分行业企业相关政策落实

地　区	采矿业		
	使用来自政府部门的科技活动资金(万元)	研究开发费用加计扣除减免税(万元)	高新技术企业减免税(万元)
总　计	**12058**	**7421**	
太原市	200	2459	
大同市	1600		
阳泉市	440	1500	
长治市	110	1462	
晋城市	9559	2000	
朔州市	139		
晋中市	10		
运城市			
忻州市			
临汾市			
吕梁市			

9-26 续表1

地　区	制造业		
	使用来自政府部门的科技活动资金(万元)	研究开发费用加计扣除减免税(万元)	高新技术企业减免税(万元)
总　计	**39949**	**80870**	**4863**
太原市	23729	74631	2319
大同市	406	348	
阳泉市	245	24	5
长治市	4579	3525	545
晋城市	1203	37	8
朔州市			
晋中市	3092	266	76
运城市	2349	644	1194
忻州市	985	100	324
临汾市	3322	1246	253
吕梁市	38	50	139

9-26 续表2

地 区	农副食品加工业		
	使用来自政府部门的科技活动资金(万元)	研究开发费用加计扣除减免税(万元)	高新技术企业减免税(万元)
总 计	**218**	**243**	
太原市	83	220	
大同市	15		
阳泉市			
长治市	83	3	
晋城市	22		
朔州市			
晋中市	15		
运城市			
忻州市			
临汾市		20	
吕梁市			

9-26 续表3

地 区	食品制造业		
	使用来自政府部门的科技活动资金(万元)	研究开发费用加计扣除减免税(万元)	高新技术企业减免税(万元)
总 计	**345**		
太原市	150		
大同市			
阳泉市			
长治市			
晋城市			
朔州市			
晋中市	184		
运城市	5		
忻州市			
临汾市			
吕梁市			

9-26 续表4

地　区	饮料制造业		
	使用来自政府部门的科技活动资金(万元)	研究开发费用加计扣除减免税(万元)	高新技术企业减免税(万元)
总　计	**118**	**18**	
太原市			
大同市			
阳泉市			
长治市			
晋城市	30		
朔州市			
晋中市			
运城市			
忻州市	50		
临汾市			
吕梁市	38	18	

9-26 续表5

地　区	纺织业		
	使用来自政府部门的科技活动资金(万元)	研究开发费用加计扣除减免税(万元)	高新技术企业减免税(万元)
总　计	**210**	**68**	**36**
太原市	60	31	31
大同市			
阳泉市			
长治市			
晋城市	150	37	5
朔州市			
晋中市			
运城市			
忻州市			
临汾市			
吕梁市			

9-26　续表6

地　区	纺织服装、鞋、帽制造业		
	使用来自政府部门的科技活动资金(万元)	研究开发费用加计扣除减免税(万元)	高新技术企业减免税(万元)
总　计	**10**		
太原市			
大同市			
阳泉市			
长治市			
晋城市			
朔州市			
晋中市			
运城市	10		
忻州市			
临汾市			
吕梁市			

9-26　续表7

地　区	家具制造业		
	使用来自政府部门的科技活动资金(万元)	研究开发费用加计扣除减免税(万元)	高新技术企业减免税(万元)
总　计	**20**		
太原市			
大同市			
阳泉市			
长治市			
晋城市			
朔州市			
晋中市	20		
运城市			
忻州市			
临汾市			
吕梁市			

9–26 续表8

地 区	文教体育用品制造业		
	使用来自政府部门的科技活动资金(万元)	研究开发费用加计扣除减免税(万元)	高新技术企业减免税(万元)
总 计	**205**		
太原市			
大同市			
阳泉市			
长治市	205		
晋城市			
朔州市			
晋中市			
运城市			
忻州市			
临汾市			
吕梁市			

9–26 续表9

地 区	石油加工、炼焦及核燃料加工业		
	使用来自政府部门的科技活动资金(万元)	研究开发费用加计扣除减免税(万元)	高新技术企业减免税(万元)
总 计	**3760**	**210**	
太原市	11		
大同市			
阳泉市	10		
长治市	85		
晋城市			
朔州市			
晋中市	1600		
运城市			
忻州市			
临汾市	2055	210	
吕梁市			

9-26 续表10

地　区	化学原料及化学制品制造业		
	使用来自政府部门的科技活动资金(万元)	研究开发费用加计扣除减免税(万元)	高新技术企业减免税(万元)
总　计	**3445**	**953**	**293**
太原市	2608		22
大同市			
阳泉市	10		
长治市	240	832	
晋城市			
朔州市			
晋中市	174		
运城市	295	112	
忻州市		9	271
临汾市	118		
吕梁市			

9-26 续表11

地　区	医药制造业		
	使用来自政府部门的科技活动资金(万元)	研究开发费用加计扣除减免税(万元)	高新技术企业减免税(万元)
总　计	**967**	**344**	**1406**
太原市	162		
大同市	10	49	
阳泉市			
长治市	554		541
晋城市	186		
朔州市			
晋中市		263	76
运城市	25		650
忻州市			
临汾市	30		
吕梁市		32	139

9-26　续表12

地　区	塑料制品业		
	使用来自政府部门的科技活动资金(万元)	研究开发费用加计扣除减免税(万元)	高新技术企业减免税(万元)
总　计	**325**		
太原市			
大同市			
阳泉市			
长治市	100		
晋城市	215		
朔州市			
晋中市			
运城市	10		
忻州市			
临汾市			
吕梁市			

9-26　续表13

地　区	非金属矿物制品业		
	使用来自政府部门的科技活动资金(万元)	研究开发费用加计扣除减免税(万元)	高新技术企业减免税(万元)
总　计	**637**	**151**	**158**
太原市	150	16	155
大同市			
阳泉市	90		
长治市	37		
晋城市	189		3
朔州市			
晋中市	15		
运城市	26	135	
忻州市	130		
临汾市			
吕梁市			

9-26　续表14

地　区	黑色金属冶炼及压延加工业		
	使用来自政府部门的科技活动资金(万元)	研究开发费用加计扣除减免税(万元)	高新技术企业减免税(万元)
总　计	**1806**	**14555**	
太原市	1796	14555	
大同市			
阳泉市			
长治市	10		
晋城市			
朔州市			
晋中市			
运城市			
忻州市			
临汾市			
吕梁市			

9-26　续表15

地　区	有色金属冶炼及压延加工业		
	使用来自政府部门的科技活动资金(万元)	研究开发费用加计扣除减免税(万元)	高新技术企业减免税(万元)
总　计	**1696**	**664**	**444**
太原市	10	25	138
大同市			
阳泉市	10		
长治市			
晋城市			
朔州市			
晋中市			
运城市	871		
忻州市	785	91	53
临汾市	20	547	253
吕梁市			

9-26　续表16

地　区	金属制品业		
	使用来自政府部门的科技活动资金(万元)	研究开发费用加计扣除减免税(万元)	高新技术企业减免税(万元)
总　计	**90**		
太原市	15		
大同市			
阳泉市			
长治市	75		
晋城市			
朔州市			
晋中市			
运城市			
忻州市			
临汾市			
吕梁市			

9-26　续表17

地　区	通用设备制造业		
	使用来自政府部门的科技活动资金(万元)	研究开发费用加计扣除减免税(万元)	高新技术企业减免税(万元)
总　计	**1046**	**297**	**7**
太原市	380	273	2
大同市			
阳泉市	125	24	5
长治市	62		
晋城市			
朔州市			
晋中市	212		
运城市	247		
忻州市	20		
临汾市			
吕梁市			

9-26 续表18

地 区	专用设备制造业		
	使用来自政府部门的科技活动资金(万元)	研究开发费用加计扣除减免税(万元)	高新技术企业减免税(万元)
总 计	**20146**	**57809**	**379**
太原市	15420	54647	379
大同市			
阳泉市			
长治市	3019	2690	
晋城市			
朔州市			
晋中市	722	3	
运城市			
忻州市			
临汾市	986	469	
吕梁市			

9-26 续表19

地 区	交通运输设备制造业		
	使用来自政府部门的科技活动资金(万元)	研究开发费用加计扣除减免税(万元)	高新技术企业减免税(万元)
总 计	**1952**	**4280**	**775**
太原市	933	3641	775
大同市	381	299	
阳泉市			
长治市			
晋城市	374		
朔州市			
晋中市	150		
运城市		340	
忻州市			
临汾市	113		
吕梁市			

9-26　续表20

地　区	电气机械及器材制造业		
	使用来自政府部门的科技活动资金(万元)	研究开发费用加计扣除减免税(万元)	高新技术企业减免税(万元)
总　计	**620**	**202**	**10**
太原市	227	202	7
大同市			
阳泉市			
长治市	110		4
晋城市			
朔州市			
晋中市			
运城市	283		
忻州市			
临汾市			
吕梁市			

9-26　续表21

地　区	通信设备、计算机及其他电子设备制造业		
	使用来自政府部门的科技活动资金(万元)	研究开发费用加计扣除减免税(万元)	高新技术企业减免税(万元)
总　计	**710**	**77**	**545**
太原市	103	20	
大同市			
阳泉市			
长治市			
晋城市	31		
朔州市			
晋中市			
运城市	577	57	545
忻州市			
临汾市			
吕梁市			

9-26　续表22

地　　区	仪器仪表及文化、办公用机械制造业		
	使用来自政府部门的科技活动资金(万元)	研究开发费用加计扣除减免税(万元)	高新技术企业减免税(万元)
总　　计	**1622**	**1001**	**808**
太 原 市	1622	1001	808
大 同 市			
阳 泉 市			
长 治 市			
晋 城 市			
朔 州 市			
晋 中 市			
运 城 市			
忻 州 市			
临 汾 市			
吕 梁 市			

9-26　续表23

地　　区	电力、燃气及水的生产与供应业		
	使用来自政府部门的科技活动资金(万元)	研究开发费用加计扣除减免税(万元)	高新技术企业减免税(万元)
总　　计	**101**	**4022**	
太 原 市		4000	
大 同 市			
阳 泉 市	101		
长 治 市			
晋 城 市			
朔 州 市		22	
晋 中 市			
运 城 市			
忻 州 市			
临 汾 市			
吕 梁 市			

10-1 工业企业技术获取和技术改造情况

项　　目	引进国外技术经费支出(万元)	引进技术的消化吸收经费支出(万元)	购买国内技术经费支出(万元)	技术改造经费支出(万元)
总　计	**56557**	**116530**	**29508**	**1217882**
按企业规模分组				
大中型企业	55300	113064	28195	1171228
大型企业	50287	112414	25914	1067372
中型企业	5014	650	2281	103856
小型企业	1257	3466	1313	46655
按控股情况分组				
国有控股	50194	112056	25110	1115096
集体控股	500	157	969	36798
私人控股	5458	843	2715	54744
港澳台商控股		120	180	694
外商控股	406	500	350	4993
其他		2855	184	5557
按登记注册类型分组				
内资企业	56152	115613	28778	1210759
国有企业		172	288	45296
集体企业				9368
股份合作企业			300	112
联营企业				11
有限责任公司	48472	111631	20155	994479
国有独资公司	15377	85451	4724	712289
股份有限公司	6263	814	7264	149193
私营企业	1417	2997	771	12124
其他内资企业				176
港、澳、台商投资企业		120	180	1507
外商投资企业	406	797	550	5616

10–2 大中型企业技术获取和技术改造

项　　目	引进国外技术经费支出(万元)	引进技术的消化吸收经费支出(万元)	购买国内技术经费支出(万元)	技术改造经费支出(万元)
总　　计	**55300**	**113064**	**28195**	**1171228**
按控股情况分组				
国有控股	50194	111940	25110	1105265
集体控股	500	157	824	27089
私人控股	4201	467	1850	30844
港澳台商控股				32
外商控股	406	500	350	4963
其他			61	3034
按登记注册类型分组				
内资企业	54895	112464	27645	1165119
国有企业		166	288	37142
集体企业				8005
股份合作企业			300	100
联营企业				
有限责任公司	48472	111405	19645	963930
国有独资公司	15377	85451	4724	712289
股份有限公司	6263	814	7264	148547
私营企业	160	80	148	7295
其他内资企业				100
港、澳、台商投资企业				845
外商投资企业	406	600	550	5263

10-3 大型企业技术获取和技术改造

项　　目	引进国外技术经费支出(万元)	引进技术的消化吸收经费支出(万元)	购买国内技术经费支出(万元)	技术改造经费支出(万元)
总　计	**50287**	**112414**	**25914**	**1067372**
按控股情况分组				
国有控股	50044	111759	24472	1063276
集体控股				300
私人控股	93	155	1092	3327
港澳台商控股				
外商控股	150	500	350	
其他				469
按登记注册类型分组				
内资企业	50137	111814	25364	1066259
国有企业		20	20	21052
集体企业				
股份合作企业				
联营企业				
有限责任公司	47822	111146	18539	923005
国有独资公司	15377	85451	4709	711697
股份有限公司	2315	648	6805	122202
私营企业				
其他内资企业				
港、澳、台商投资企业				813
外商投资企业	150	600	550	300

10-4 中型企业技术获取和技术改造

项目	引进国外技术经费支出(万元)	引进技术的消化吸收经费支出(万元)	购买国内技术经费支出(万元)	技术改造经费支出(万元)
总计	**5014**	**650**	**2281**	**103856**
按控股情况分组				
国有控股	150	181	638	41990
集体控股	500	157	824	26789
私人控股	4108	312	758	27518
港澳台商控股				32
外商控股	256			4963
其他			61	2565
按登记注册类型分组				
内资企业	4758	650	2281	98861
国有企业		146	268	16090
集体企业				8005
股份合作企业			300	100
联营企业				
有限责任公司	650	259	1106	40926
国有独资公司			15	592
股份有限公司	3948	166	459	26346
私营企业	160	80	148	7295
其他内资企业				100
港、澳、台商投资企业				32
外商投资企业	256			4963

10-5 小型企业技术获取和技术改造

项　　目	引进国外技术经费支出(万元)	引进技术的消化吸收经费支出(万元)	购买国内技术经费支出(万元)	技术改造经费支出(万元)
总　计	**1257**	**3466**	**1313**	**46655**
按控股情况分组				
国有控股		116		9830
集体控股			145	9710
私人控股	1257	376	865	23900
港澳台商控股		120	180	662
外商控股				29
其他		2855	123	2523
按登记注册类型分组				
内资企业	1257	3149	1133	45640
国有企业		6		8154
集体企业				1364
股份合作企业				12
联营企业				11
有限责任公司		226	510	30549
国有独资公司				
股份有限公司				645
私营企业	1257	2917	623	4830
其他内资企业				76
港、澳、台商投资企业		120	180	662
外商投资企业		197		353

10-6 按行业分企业技术获取和技术改造情况

行业	引进国外技术经费支出(万元)	引进技术的消化吸收经费支出(万元)	购买国内技术经费支出(万元)	技术改造经费支出(万元)
总计	**56557**	**116530**	**29508**	**1217882**
采矿业	46205	104047	16286	560425
煤炭开采和洗选业	46205	104047	16286	560335
黑色金属矿采选业				14
有色金属矿采选业				75
制造业	10352	12354	13042	620585
农副食品加工业		91		3796
食品制造业		44	182	636
饮料制造业	57	107	374	3599
烟草制品业				901
纺织业				1160
造纸及纸制品业				4
印刷业和记录媒介的复制			99	3
文教体育用品制造业		21		5
石油加工、炼焦及核燃料加工业	400	8055	1802	11869
化学原料及化学制品制造业	6768	1386	4737	58212
医药制造业	1350	501	1638	2425
橡胶制品业				139
塑料制品业		6		236
非金属矿物制品业		49	108	11574
黑色金属冶炼及压延加工业			1106	438559
有色金属冶炼及压延加工业	317		15	33478
金属制品业				5062
通用设备制造业	160	621	613	15550
专用设备制造业	650	1168	2013	22747
交通运输设备制造业				8915
电气机械及器材制造业	150	85	95	1048
通信设备、计算机及其他电子设备制造业	500	110	260	95
仪器仪表及文化、办公用机械制造业		110		574
电力、燃气及水的生产和供应业		130	180	36873
电力、热力的生产和供应业		130	180	36728
燃气生产和供应业				12
水的生产和供应业				133

10-7 按行业分大中型企业技术获取和技术改造

行　业	引进国外技术经费支出(万元)	引进技术的消化吸收经费支出(万元)	购买国内技术经费支出(万元)	技术改造经费支出(万元)
总　计	**55300**	**113064**	**28195**	**1171228**
采矿业	46205	101238	16286	551244
煤炭开采和洗选业	46205	101238	16286	551244
黑色金属矿采选业				
有色金属矿采选业				
制造业	9095	11816	11909	585218
农副食品加工业				830
食品制造业		24	80	369
饮料制造业		47	374	1313
烟草制品业				901
纺织业				882
造纸及纸制品业				
印刷业和记录媒介的复制				3
文教体育用品制造业		21		5
石油加工、炼焦及核燃料加工业	400	8055	1800	11806
化学原料及化学制品制造业	6768	1301	4717	55350
医药制造业	150	500	1242	1290
橡胶制品业				80
塑料制品业				62
非金属矿物制品业			3	1920
黑色金属冶炼及压延加工业			1106	437938
有色金属冶炼及压延加工业	317		15	33187
金属制品业				
通用设备制造业	160	556	204	6420
专用设备制造业	650	1168	2013	22466
交通运输设备制造业				8787
电气机械及器材制造业	150	35	95	1038
通信设备、计算机及其他电子设备制造业	500	110	260	
仪器仪表及文化、办公用机械制造业				574
电力、燃气及水的生产和供应业		10		34765
电力、热力的生产和供应业		10		34765
燃气生产和供应业				
水的生产和供应业				

10–8　按行业分大型企业技术获取和技术改造

行　业	引进国外技术经费支出(万元)	引进技术的消化吸收经费支出(万元)	购买国内技术经费支出(万元)	技术改造经费支出(万元)
总　计	**50287**	**112414**	**25914**	**1067372**
采矿业	46205	101238	15336	526094
煤炭开采和洗选业	46205	101238	15336	526094
黑色金属矿采选业				
有色金属矿采选业				
制造业	4082	11176	10578	535278
农副食品加工业				330
食品制造业				
饮料制造业				354
烟草制品业				
纺织业				
造纸及纸制品业				
印刷业和记录媒介的复制				
文教体育用品制造业				
石油加工、炼焦及核燃料加工业	400	8055	1800	6335
化学原料及化学制品制造业	2565	1203	4632	37627
医药制造业	150	500	1242	
橡胶制品业				
塑料制品业				
非金属矿物制品业				
黑色金属冶炼及压延加工业			1106	430938
有色金属冶炼及压延加工业	317			28725
金属制品业				
通用设备制造业		260		296
专用设备制造业	650	1158	1798	22155
交通运输设备制造业				8519
电气机械及器材制造业				
通信设备、计算机及其他电子设备制造业				
仪器仪表及文化、办公用机械制造业				
电力、燃气及水的生产和供应业				6000
电力、热力的生产和供应业				6000
燃气生产和供应业				
水的生产和供应业				

10-9 按行业分中型企业技术获取和技术改造

行业	引进国外技术经费支出(万元)	引进技术的消化吸收经费支出(万元)	购买国内技术经费支出(万元)	技术改造经费支出(万元)
总计	**5014**	**650**	**2281**	**103856**
采矿业			950	25151
煤炭开采和洗选业			950	25151
黑色金属矿采选业				
有色金属矿采选业				
制造业	5014	640	1331	49940
农副食品加工业				500
食品制造业		24	80	369
饮料制造业		47	374	959
烟草制品业				901
纺织业				882
造纸及纸制品业				
印刷业和记录媒介的复制				3
文教体育用品制造业		21		5
石油加工、炼焦及核燃料加工业				5471
化学原料及化学制品制造业	4204	98	85	17722
医药制造业				1290
橡胶制品业				80
塑料制品业				62
非金属矿物制品业			3	1920
黑色金属冶炼及压延加工业				7000
有色金属冶炼及压延加工业			15	4463
金属制品业				
通用设备制造业	160	296	204	6124
专用设备制造业		10	215	311
交通运输设备制造业				268
电气机械及器材制造业	150	35	95	1038
通信设备、计算机及其他电子设备制造业	500	110	260	
仪器仪表及文化、办公用机械制造业				574
电力、燃气及水的生产和供应业		10		28765
电力、热力的生产和供应业		10		28765
燃气生产和供应业				
水的生产和供应业				

10-10 按行业分小型企业技术获取和技术改造

行业	引进国外技术经费支出(万元)	引进技术的消化吸收经费支出(万元)	购买国内技术经费支出(万元)	技术改造经费支出(万元)
总计	**1257**	**3466**	**1313**	**46655**
采矿业		2809		9180
煤炭开采和洗选业		2809		9091
黑色金属矿采选业				14
有色金属矿采选业				75
制造业	1257	538	1133	35367
农副食品加工业		91		2966
食品制造业		20	102	267
饮料制造业	57	60		2287
烟草制品业				
纺织业				277
造纸及纸制品业				4
印刷业和记录媒介的复制			99	
文教体育用品制造业				
石油加工、炼焦及核燃料加工业			2	63
化学原料及化学制品制造业		85	20	2863
医药制造业	1200	1	396	1135
橡胶制品业				59
塑料制品业		6		175
非金属矿物制品业		49	105	9654
黑色金属冶炼及压延加工业				621
有色金属冶炼及压延加工业				291
金属制品业				5062
通用设备制造业		65	409	9131
专用设备制造业				281
交通运输设备制造业				128
电气机械及器材制造业		50		10
通信设备、计算机及其他电子设备制造业				95
仪器仪表及文化、办公用机械制造业		110		
电力、燃气及水的生产和供应业		120	180	2108
电力、热力的生产和供应业		120	180	1963
燃气生产和供应业				12
水的生产和供应业				133

10-11 按行业分国有控股企业技术获取和技术改造

行　　业	引进国外技术经费支出(万元)	引进技术的消化吸收经费支出(万元)	购买国内技术经费支出(万元)	技术改造经费支出(万元)
总　　计	**50194**	**112056**	**25110**	**1115096**
采矿业	46205	101238	15336	535448
煤炭开采和洗选业	46205	101238	15336	535448
黑色金属矿采选业				
有色金属矿采选业				
制造业	3989	10808	9774	548321
农副食品加工业				
食品制造业				
饮料制造业				367
烟草制品业				901
纺织业				595
造纸及纸制品业				
印刷业和记录媒介的复制				3
文教体育用品制造业				
石油加工、炼焦及核燃料加工业	400	7955	1600	3209
化学原料及化学制品制造业	2472	1148	4632	40566
医药制造业				1029
橡胶制品业				
塑料制品业				
非金属矿物制品业			3	1659
黑色金属冶炼及压延加工业			1106	430938
有色金属冶炼及压延加工业	317		15	28748
金属制品业				5000
通用设备制造业		396	65	3713
专用设备制造业	650	1158	1998	22219
交通运输设备制造业				8552
电气机械及器材制造业	150	35	95	249
通信设备、计算机及其他电子设备制造业			260	
仪器仪表及文化、办公用机械制造业		110		574
电力、燃气及水的生产和供应业		10		31327
电力、热力的生产和供应业		10		31183
燃气生产和供应业				12
水的生产和供应业				133

10-12 按行业分内资企业技术获取和技术改造情况

行　业	引进国外技术经费支出(万元)	引进技术的消化吸收经费支出(万元)	购买国内技术经费支出(万元)	技术改造经费支出(万元)
总　计	**56152**	**115613**	**28778**	**1210759**
采矿业	46205	104047	16286	560425
煤炭开采和洗选业	46205	104047	16286	560335
黑色金属矿采选业				14
有色金属矿采选业				75
制造业	9947	11556	12492	619007
农副食品加工业		4		3796
食品制造业		44	182	606
饮料制造业	57	107	374	3486
烟草制品业				901
纺织业				1160
造纸及纸制品业				4
印刷业和记录媒介的复制			99	3
文教体育用品制造业		21		5
石油加工、炼焦及核燃料加工业	400	7955	1602	11546
化学原料及化学制品制造业	6513	1386	4737	58212
医药制造业	1200	1	1288	2425
橡胶制品业				59
塑料制品业		6		236
非金属矿物制品业		49	108	11554
黑色金属冶炼及压延加工业			1106	438559
有色金属冶炼及压延加工业	317		15	33469
金属制品业				5062
通用设备制造业	160	621	613	15360
专用设备制造业	650	1168	2013	21934
交通运输设备制造业				8915
电气机械及器材制造业	150	85	95	1048
通信设备、计算机及其他电子设备制造业	500	110	260	95
仪器仪表及文化、办公用机械制造业				574
电力、燃气及水的生产和供应业		10		31327
电力、热力的生产和供应业		10		31183
燃气生产和供应业				12
水的生产和供应业				133

10-13 按行业分国有企业技术获取和技术改造

行业	引进国外技术经费支出(万元)	引进技术的消化吸收经费支出(万元)	购买国内技术经费支出(万元)	技术改造经费支出(万元)
总计		**172**	**288**	**45296**
采矿业		20	20	10283
煤炭开采和洗选业		20	20	10283
黑色金属矿采选业				
有色金属矿采选业				
制造业		142	268	19248
农副食品加工业				
食品制造业				
饮料制造业				13
烟草制品业				
纺织业				
造纸及纸制品业				
印刷业和记录媒介的复制				3
文教体育用品制造业				
石油加工、炼焦及核燃料加工业				11
化学原料及化学制品制造业				7
医药制造业				
橡胶制品业				
塑料制品业		6		
非金属矿物制品业			3	742
黑色金属冶炼及压延加工业				
有色金属冶炼及压延加工业				
金属制品业				
通用设备制造业				136
专用设备制造业				
交通运输设备制造业				
电气机械及器材制造业				
通信设备、计算机及其他电子设备制造业				
仪器仪表及文化、办公用机械制造业				
电力、燃气及水的生产和供应业				10
电力、热力的生产和供应业				10
燃气生产和供应业				
水的生产和供应业				

10-14 按行业分港澳台商投资企业技术获取和技术改造

行　业	引进国外技术经费支出(万元)	引进技术的消化吸收经费支出(万元)	购买国内技术经费支出(万元)	技术改造经费支出(万元)
总　计		**120**	**180**	**1507**
采矿业				
煤炭开采和洗选业				
黑色金属矿采选业				
有色金属矿采选业				
制造业				845
农副食品加工业				
食品制造业				
饮料制造业				
烟草制品业				
纺织业				
造纸及纸制品业				
印刷业和记录媒介的复制				
文教体育用品制造业				
石油加工、炼焦及核燃料加工业				23
化学原料及化学制品制造业				
医药制造业				
橡胶制品业				
塑料制品业				
非金属矿物制品业				
黑色金属冶炼及压延加工业				
有色金属冶炼及压延加工业				9
金属制品业				
通用设备制造业				
专用设备制造业				813
交通运输设备制造业				
电气机械及器材制造业				
通信设备、计算机及其他电子设备制造业				
仪器仪表及文化、办公用机械制造业				
电力、燃气及水的生产和供应业		120	180	662
电力、热力的生产和供应业		120	180	662
燃气生产和供应业				
水的生产和供应业				

10-15 按行业分外商投资企业技术获取和技术改造

行　业	引进国外技术经费支出(万元)	引进技术的消化吸收经费支出(万元)	购买国内技术经费支出(万元)	技术改造经费支出(万元)
总　计	**406**	**797**	**550**	**5616**
采矿业				
煤炭开采和洗选业				
黑色金属矿采选业				
有色金属矿采选业				
制造业	406	797	550	733
农副食品加工业		87		
食品制造业				29
饮料制造业				113
烟草制品业				
纺织业				
造纸及纸制品业				
印刷业和记录媒介的复制				
文教体育用品制造业				
石油加工、炼焦及核燃料加工业		100	200	300
化学原料及化学制品制造业	256			
医药制造业	150	500	350	
橡胶制品业				80
塑料制品业				
非金属矿物制品业				20
黑色金属冶炼及压延加工业				
有色金属冶炼及压延加工业				
金属制品业				
通用设备制造业				
专用设备制造业				
交通运输设备制造业				
电气机械及器材制造业				
通信设备、计算机及其他电子设备制造业				
仪器仪表及文化、办公用机械制造业				110
电力、燃气及水的生产和供应业				
电力、热力的生产和供应业				
燃气生产和供应业				
水的生产和供应业				

10-16 各地市企业技术获取和技术改造

地　区	引进国外技术经费支出(万元)	引进技术的消化吸收经费支出(万元)	购买国内技术经费支出(万元)	技术改造经费支出(万元)
总　计	**56557**	**116530**	**29508**	**1217882**
太原市	5263	10744	7729	526549
大同市	28802	8625	8045	66080
阳泉市		7600		31775
长治市	2558	889	4062	43601
晋城市	13853	83774	3437	231117
朔州市	1200	2979	866	78123
晋中市	3948	312	130	156161
运城市	317	90	2234	55186
忻州市	217	203	185	12539
临汾市	400	1228	2748	13968
吕梁市		87	72	2784

10-17 各地市大中型企业技术获取和技术改造

地　区	引进国外技术经费支出(万元)	引进技术的消化吸收经费支出(万元)	购买国内技术经费支出(万元)	技术改造经费支出(万元)
总　计	**55300**	**113064**	**28195**	**1171228**
太原市	5263	10729	7488	520426
大同市	28802	8625	8045	66006
阳泉市		7600		30657
长治市	2558	859	4050	30038
晋城市	13853	83660	3192	223611
朔州市		10	500	73482
晋中市	3948	206	80	154739
运城市	317	90	1934	54143
忻州市	160	108	157	3330
临汾市	400	1178	2748	13963
吕梁市				832

10-18 各地市大型企业技术获取和技术改造

地　区	引进国外技术经费支出(万元)	引进技术的消化吸收经费支出(万元)	购买国内技术经费支出(万元)	技术改造经费支出(万元)
总　计	**50287**	**112414**	**25914**	**1067372**
太原市	4507	10595	6900	515921
大同市	28802	8625	8045	66006
阳泉市		7600		28100
长治市	2408	803	4001	14010
晋城市	13853	83613	2307	190662
朔州市				50760
晋中市				143389
运城市	317		1928	44262
忻州市				
临汾市	400	1178	2733	13831
吕梁市				431

10-19 各地市中型企业技术获取和技术改造

地　区	引进国外技术经费支出(万元)	引进技术的消化吸收经费支出(万元)	购买国内技术经费支出(万元)	技术改造经费支出(万元)
总　计	**5014**	**650**	**2281**	**103856**
太原市	756	134	588	4504
大同市				
阳泉市				2557
长治市	150	56	50	16028
晋城市		47	885	32949
朔州市		10	500	22723
晋中市	3948	206	80	11351
运城市		90	6	9882
忻州市	160	108	157	3330
临汾市			15	132
吕梁市				401

10-20 各地市小型企业技术获取和技术改造

地 区	引进国外技术经费支出(万元)	引进技术的消化吸收经费支出(万元)	购买国内技术经费支出(万元)	技术改造经费支出(万元)
总 计	**1257**	**3466**	**1313**	**46655**
太原市		15	241	6123
大同市				74
阳泉市				1118
长治市		30	12	13563
晋城市		114	244	7505
朔州市	1200	2969	366	4641
晋中市		106	50	1422
运城市			300	1043
忻州市	57	95	28	9209
临汾市		50		5
吕梁市		87	72	1952

10-21 各地市国有控股企业技术获取和技术改造

地 区	引进国外技术经费支出(万元)	引进技术的消化吸收经费支出(万元)	购买国内技术经费支出(万元)	技术改造经费支出(万元)
总 计	**50194**	**112056**	**25110**	**1115096**
太原市	4507	10601	7408	525119
大同市	28652	8125	7695	66006
阳泉市		7600		28597
长治市	2465	683	3850	24093
晋城市	13853	83723	2307	199158
朔州市		10		67960
晋中市		136	65	143728
运城市	317		1036	42168
忻州市				2972
临汾市	400	1178	2748	13831
吕梁市				1464

10–22 各地市内资企业技术获取和技术改造

地　区	引进国外技术经费支出(万元)	引进技术的消化吸收经费支出(万元)	购买国内技术经费支出(万元)	技术改造经费支出(万元)
总　计	**56152**	**115613**	**28778**	**1210759**
太原市	5007	10744	7729	526549
大同市	28652	8125	7695	66080
阳泉市		7600		31755
长治市	2558	789	3862	43221
晋城市	13853	83664	3437	230927
朔州市	1200	2859	686	72578
晋中市	3948	312	130	155348
运城市	317	90	2234	55043
忻州市	217	203	185	12539
临汾市	400	1228	2748	13968
吕梁市			72	2752

10–23 各地市国有企业技术获取和技术改造

地　区	引进国外技术经费支出(万元)	引进技术的消化吸收经费支出(万元)	购买国内技术经费支出(万元)	技术改造经费支出(万元)
总　计		**172**	**288**	**45296**
太原市		6	203	15047
大同市				
阳泉市				475
长治市				10850
晋城市		20	20	4646
朔州市		10		11380
晋中市		136	65	808
运城市				
忻州市				1120
临汾市				
吕梁市				970

10-24 各地市港澳台商投资企业技术获取和技术改造

地区	引进国外技术经费支出(万元)	引进技术的消化吸收经费支出(万元)	购买国内技术经费支出(万元)	技术改造经费支出(万元)
总计		**120**	**180**	**1507**
太原市				
大同市				
阳泉市				
长治市				
晋城市				
朔州市		120	180	662
晋中市				813
运城市				
忻州市				
临汾市				
吕梁市				32

10-25 各地市外商投资企业技术获取和技术改造

地区	引进国外技术经费支出(万元)	引进技术的消化吸收经费支出(万元)	购买国内技术经费支出(万元)	技术改造经费支出(万元)
总计	**406**	**797**	**550**	**5616**
太原市	256			
大同市	150	500	350	
阳泉市				20
长治市		100	200	380
晋城市		110		190
朔州市				4883
晋中市				
运城市				143
忻州市				
临汾市				
吕梁市		87		

10-26 各地市分行业企业技术获取和技术改造

地　区	采矿业			
	引进国外技术经费支出(万元)	引进技术的消化吸收经费支出(万元)	购买国内技术经费支出(万元)	技术改造经费支出(万元)
总　计	**46205**	**104047**	**16286**	**560425**
太原市	3700	1900	5000	59148
大同市	28652	8125	7695	58936
阳泉市		7600		30180
长治市			334	89
晋城市	13853	83613	2757	214195
朔州市		2809	500	53849
晋中市				142107
运城市				
忻州市				1120
临汾市				
吕梁市				801

10-26 续表1

地　区	制造业			
	引进国外技术经费支出(万元)	引进技术的消化吸收经费支出(万元)	购买国内技术经费支出(万元)	技术改造经费支出(万元)
总　计	**10352**	**12354**	**13042**	**620585**
太原市	1563	8844	2729	461401
大同市	150	500	350	7144
阳泉市				1320
长治市	2558	889	3728	34741
晋城市		161	679	16922
朔州市	1200	40	186	3773
晋中市	3948	312	130	14055
运城市	317	90	2234	55186
忻州市	217	203	185	10128
临汾市	400	1228	2748	13968
吕梁市		87	72	1949

10–26 续表2

地　区	农副食品加工业			
	引进国外技术经费支出(万元)	引进技术的消化吸收经费支出(万元)	购买国内技术经费支出(万元)	技术改造经费支出(万元)
总　计		**91**		**3796**
太原市				
大同市				
阳泉市				
长治市				557
晋城市		4		247
朔州市				
晋中市				
运城市				516
忻州市				2471
临汾市				
吕梁市		87		6

10–26 续表3

地　区	食品制造业			
	引进国外技术经费支出(万元)	引进技术的消化吸收经费支出(万元)	购买国内技术经费支出(万元)	技术改造经费支出(万元)
总　计		**44**	**182**	**636**
太原市		24	80	369
大同市				
阳泉市				
长治市				
晋城市				200
朔州市				
晋中市		20	30	14
运城市				29
忻州市				
临汾市				
吕梁市			72	23

10–26　续表4

地　区	饮料制造业			
	引进国外技术经费支出(万元)	引进技术的消化吸收经费支出(万元)	购买国内技术经费支出(万元)	技术改造经费支出(万元)
总　计	**57**	**107**	**374**	**3599**
太原市				
大同市				
阳泉市				
长治市		30		1970
晋城市		47	374	946
朔州市				153
晋中市				
运城市				113
忻州市	57	30		37
临汾市				
吕梁市				380

10–26　续表5

地　区	烟草制品业			
	引进国外技术经费支出(万元)	引进技术的消化吸收经费支出(万元)	购买国内技术经费支出(万元)	技术改造经费支出(万元)
总　计				**901**
太原市				901
大同市				
阳泉市				
长治市				
晋城市				
朔州市				
晋中市				
运城市				
忻州市				
临汾市				
吕梁市				

10–26 续表6

地区	纺织业			
	引进国外技术经费支出(万元)	引进技术的消化吸收经费支出(万元)	购买国内技术经费支出(万元)	技术改造经费支出(万元)
总计				**1160**
太原市				66
大同市				
阳泉市				
长治市				
晋城市				35
朔州市				
晋中市				200
运城市				299
忻州市				560
临汾市				
吕梁市				

10–26 续表7

地区	造纸及纸制品业			
	引进国外技术经费支出(万元)	引进技术的消化吸收经费支出(万元)	购买国内技术经费支出(万元)	技术改造经费支出(万元)
总计				**4**
太原市				
大同市				
阳泉市				
长治市				
晋城市				
朔州市				
晋中市				
运城市				
忻州市				
临汾市				
吕梁市				4

10–26　续表8

地　　区	印刷业和记录媒介的复制			
	购买国内技术经费支出(万元)	引进技术的消化吸收经费支出(万元)	购买国内技术经费支出(万元)	技术改造经费支出(万元)
总　　计	**99**			**3**
太原市				
大同市				
阳泉市				
长治市				
晋城市	99			
朔州市				
晋中市				
运城市				
忻州市				
临汾市				
吕梁市				3

10–26　续表9

地　　区	文教体育用品制造业			
	引进技术的消化吸收经费支出(万元)	引进技术的消化吸收经费支出(万元)	购买国内技术经费支出(万元)	技术改造经费支出(万元)
总　　计	**21**			**5**
太原市				
大同市				
阳泉市				
长治市	21			5
晋城市				
朔州市				
晋中市				
运城市				
忻州市				
临汾市				
吕梁市				

10–26　续表10

地　区	石油加工、炼焦及核燃料加工业			
	引进国外技术经费支出(万元)	引进技术的消化吸收经费支出(万元)	购买国内技术经费支出(万元)	技术改造经费支出(万元)
总　计	**400**	**8055**	**1802**	**11869**
太原市		7755		2398
大同市				
阳泉市				250
长治市		100	202	300
晋城市				260
朔州市				2415
晋中市				2869
运城市				2367
忻州市				
临汾市	400	200	1600	800
吕梁市				209

10–26　续表11

地　区	化学原料及化学制品制造业			
	引进国外技术经费支出(万元)	引进技术的消化吸收经费支出(万元)	购买国内技术经费支出(万元)	技术改造经费支出(万元)
总　计	**6768**	**1386**	**4737**	**58212**
太原市	413	500	129	14856
大同市				316
阳泉市				1
长治市	2408	703	3467	10212
晋城市			61	9018
朔州市				876
晋中市	3948	145	20	6332
运城市			1036	13635
忻州市		38	24	463
临汾市				2468
吕梁市				36

10-26 续表12

地 区	医药制造业			
	引进国外技术经费支出(万元)	引进技术的消化吸收经费支出(万元)	购买国内技术经费支出(万元)	技术改造经费支出(万元)
总 计	**1350**	**501**	**1638**	**2425**
太原市			241	66
大同市	150	500	350	
阳泉市				
长治市			10	1179
晋城市			145	
朔州市	1200			
晋中市		1		402
运城市			892	779
忻州市				
临汾市				
吕梁市				

10-26 续表13

地 区	橡胶制品业			
	引进国外技术经费支出(万元)	引进技术的消化吸收经费支出(万元)	购买国内技术经费支出(万元)	技术改造经费支出(万元)
总 计				**139**
太原市				
大同市				
阳泉市				
长治市				139
晋城市				
朔州市				
晋中市				
运城市				
忻州市				
临汾市				
吕梁市				

10-26 续表14

地　区	塑料制品业			
	引进国外技术经费支出(万元)	引进技术的消化吸收经费支出(万元)	购买国内技术经费支出(万元)	技术改造经费支出(万元)
总　计		**6**		**236**
太原市		6		163
大同市				
阳泉市				
长治市				62
晋城市				
朔州市				
晋中市				
运城市				
忻州市				
临汾市				
吕梁市				12

10-26 续表15

地　区	非金属矿物制品业			
	引进国外技术经费支出(万元)	引进技术的消化吸收经费支出(万元)	购买国内技术经费支出(万元)	技术改造经费支出(万元)
总　计		**49**	**108**	**11574**
太原市		9	3	1646
大同市				
阳泉市				555
长治市				7619
晋城市				1003
朔州市		40	105	310
晋中市				103
运城市				
忻州市				
临汾市				
吕梁市				339

10-26　续表16

地　区	黑色金属冶炼及压延加工业			
	引进国外技术经费支出(万元)	引进技术的消化吸收经费支出(万元)	购买国内技术经费支出(万元)	技术改造经费支出(万元)
总　计			**1106**	**438559**
太原市			1106	425987
大同市				
阳泉市				200
长治市				5547
晋城市				4460
朔州市				
晋中市				2010
运城市				330
忻州市				
临汾市				
吕梁市				24

10-26　续表17

地　区	有色金属冶炼及压延加工业			
	引进国外技术经费支出(万元)	引进技术的消化吸收经费支出(万元)	购买国内技术经费支出(万元)	技术改造经费支出(万元)
总　计	**317**		**15**	**33478**
太原市				43
大同市				
阳泉市				200
长治市				
晋城市				
朔州市				
晋中市				
运城市	317			33199
忻州市				
临汾市			15	5
吕梁市				31

10-26 续表18

地区	金属制品业			
	引进国外技术经费支出(万元)	引进技术的消化吸收经费支出(万元)	购买国内技术经费支出(万元)	技术改造经费支出(万元)
总　计				**5062**
太原市				5000
大同市				
阳泉市				
长治市				
晋城市				
朔州市				
晋中市				
运城市				59
忻州市				
临汾市				
吕梁市				4

10-26 续表19

地区	通用设备制造业			
	引进国外技术经费支出(万元)	引进技术的消化吸收经费支出(万元)	购买国内技术经费支出(万元)	技术改造经费支出(万元)
总　计	**160**	**621**	**613**	**15550**
太原市		260		1236
大同市				
阳泉市				114
长治市				2501
晋城市				504
朔州市			81	20
晋中市		136	65	844
运城市		90	306	2870
忻州市	160	135	161	6597
临汾市				
吕梁市				864

10–26　续表20

地　区	专用设备制造业			
	引进国外技术经费支出(万元)	引进技术的消化吸收经费支出(万元)	购买国内技术经费支出(万元)	技术改造经费支出(万元)
总　计	**650**	**1168**	**2013**	**22747**
太原市	650	180	865	6127
大同市				
阳泉市				
长治市				4532
晋城市				
朔州市				
晋中市		10	15	1152
运城市				230
忻州市				
临汾市		978	1133	10695
吕梁市				12

10–26　续表21

地　区	交通运输设备制造业			
	引进国外技术经费支出(万元)	引进技术的消化吸收经费支出(万元)	购买国内技术经费支出(万元)	技术改造经费支出(万元)
总　计				**8915**
太原市				1789
大同市				6828
阳泉市				
长治市				
晋城市				250
朔州市				
晋中市				34
运城市				15
忻州市				
临汾市				
吕梁市				

10–26　续表22

地　　区	电气机械及器材制造业			
	引进国外技术经费支出(万元)	引进技术的消化吸收经费支出(万元)	购买国内技术经费支出(万元)	技术改造经费支出(万元)
总　　计	**150**	**85**	**95**	**1048**
太 原 市			45	180
大 同 市				
阳 泉 市				
长 治 市	150	35	50	119
晋 城 市				
朔 州 市				
晋 中 市				
运 城 市				744
忻 州 市				
临 汾 市		50		
吕 梁 市				5

10–26　续表23

地　　区	通信设备、计算机及其他电子设备制造业			
	引进国外技术经费支出(万元)	引进技术的消化吸收经费支出(万元)	购买国内技术经费支出(万元)	技术改造经费支出(万元)
总　　计	**500**	**110**	**260**	**95**
太 原 市	500	110	260	
大 同 市				
阳 泉 市				
长 治 市				
晋 城 市				
朔 州 市				
晋 中 市				95
运 城 市				
忻 州 市				
临 汾 市				
吕 梁 市				

10–26 续表24

地 区	仪器仪表及文化、办公用机械制造业			
	引进国外技术经费支出(万元)	引进技术的消化吸收经费支出(万元)	购买国内技术经费支出(万元)	技术改造经费支出(万元)
总 计		**110**		**574**
太原市				574
大同市				
阳泉市				
长治市				
晋城市		110		
朔州市				
晋中市				
运城市				
忻州市				
临汾市				
吕梁市				

10–26 续表25

地 区	电力、燃气及水的生产和供应业			
	引进国外技术经费支出(万元)	引进技术的消化吸收经费支出(万元)	购买国内技术经费支出(万元)	技术改造经费支出(万元)
总 计		**130**	**180**	**36873**
太原市				6000
大同市				
阳泉市				275
长治市				8771
晋城市				
朔州市		130	180	20501
晋中市				
运城市				
忻州市				1292
临汾市				
吕梁市				34

第二部分
政府属研究机构

全省政府部门属研究机构

自然科学与技术领域研究机构

社会与人文科学领域研究机构

科技信息与文献机构

11-1 科技活动基本情况

指　标	单位	合计	自然科学和技术领域	社会、人文科学领域	科技信息与文献机构
机构数	个	165	133	20	12
从业人员	人	10559	9323	907	329
科技活动人员	人	8110	7070	737	303
#具有博士学位	人	196	187	9	
具有硕士学位	人	833	704	119	10
#具有高级职称	人	1845	1540	240	65
科技活动收入	千元	1129378	1022450	79255	27673
政府资金	千元	863746	772705	66775	24266
#财政拨款	千元	606789	524870	65496	16423
#承担政府科研项目收入	千元	186880	179489	904	6487
非政府资金	千元	265632	249745	12480	3407
#技术性收入	千元	232617	228985	375	3257
国外资金	千元	7095	7095		
科技经费内部支出	千元	1058595	945783	86192	26620
#日常性支出	千元	928149	815337	86192	26620
人员劳务费	千元	364652	314158	38525	11969
设备购置费	千元	147465	143559	2335	1571
其他日常支出	项	416032	357620	45332	13080
科技活动课题数	人年	1627	1440	113	74
科技活动课题参加人员全时当量	人年	3581	3138	314	129
科技活动课题经费内部支出	千元	289902	257902	23974	8026
#政府资金	千元	234282	215265	11211	7806
科研仪器设备原价	千元	569110	543139	11251	14720
#进口	千元	198400	196798	1602	

11-2 研究与试验发展(R&D)活动基本情况

指　标	单位	合计	自然科学和技术领域	社会、人文科学领域	科技信息与文献机构
R&D人员数	人	2700	2511	181	8
#全时人员	人	1597	1434	155	8
#女性	人	906	834	69	3
#博士	人	224	220	4	
硕士	人	518	455	63	
R&D人员折合全时当量	人年	1939	1772	159	8
#研究人员	人年	1056	931	123	2
#基础研究	人年	75	51	24	
应用研究	人年	873	730	135	8
试验发展	人年	991	991		
R&D经费内部支出	千元	339557	330747	8430	380
#基础研究	千元	4753	3777	976	
应用研究	千元	221476	213642	7454	380
试验发展	千元	113328	113328		
#经常费支出	千元	227594	218784	8430	380
人员费用	千元	98060	92486	5294	280
设备购置费	千元	74146	72988	1123	35
其他	千元	55388	53310	2013	65
#政府资金	千元	221893	216338	5175	380
企业资金	千元	36604	33904	2700	
事业单位资金	千元	11224	10669	555	
国外资金	千元	3186	3186		
其他	千元	66650	66650		
R&D资金外部支出	项	5990	5990		
R&D课题数	人年	830	808	20	2
R&D课题参加人员全时当量	人年	1786	1619	159	8
R&D课题经费内部支出	千元	161141	152381	8430	330

11-3 科技活动成果

指　　标	单位	合计	自然科学和技术领域	社会、人文科学领域	科技信息与文献机构
专利申请受理数	件	139	139		
#发明专利	件	99	99		
专利申请授权数	件	87	87		
#发明专利	件	71	71		
#国外授权	件				
有效发明专利数	件	424	424		
专利所有权转让及许可数	件	4	4		
专利所有权转让及许可收入	千元	26510	26510		
发表科技论文	篇	1757	1304	379	74
#国外发表	篇	169	169		
出版科技著作	种	91	65	24	2
形成国家或行业标准数	项	10	10		
集成电路布图设计登记数	件				

11-4 从业人员和科技活动人员按性别和工作性质分

项目	机构数(个)	从业人员(人)	科技活动人员(人)	#女性	科技管理	课题活动	科技服务
总计	**165**	**10559**	**8110**	**3401**	**1388**	**4975**	**1747**
按隶属关系分组							
地方部门属	164	10015	7674	3263	1348	4673	1653
省级部门属	86	8023	6087	2470	1040	4002	1045
地市级部门属	78	1992	1587	793	308	671	608
中央部门属	1	544	436	138	40	302	94
中国科学院	1	544	436	138	40	302	94
按地区分组							
太原市	97	7760	6062	2618	1014	3802	1246
大同市	8	351	290	131	57	189	44
阳泉市	6	100	61	8	12	35	14
长治市	13	381	289	101	41	154	94
晋城市	5	69	66	37	23	20	23
朔州市	2	67	44	13	6	22	16
晋中市	4	483	324	112	49	160	115
运城市	7	458	276	113	56	148	72
忻州市	10	295	253	96	55	156	42
临汾市	8	359	247	106	24	179	44
吕梁市	5	236	198	66	51	110	37
按机构的学科领域分组							
自然科学领域	11	1003	776		147	527	102
农业科学领域	54	3375	2598		503	1661	434
医学科学领域	19	1337	1096		161	593	342
工程科学与技术领域	48	3656	2672		415	1635	622
社会、人文科学领域	33	1188	968		162	559	247
按服务的国民经济行业分组							
农、林、牧、渔业	51	3366	2575				
农业	26	2312	1735				
林业	8	239	192				
畜牧业	3	302	209				
渔业	2	54	44				
农、林、牧、渔服务业	12	459	395				
采矿业	2	125	45				
煤炭开采和洗选业	2	125	45				

11-4 续表

项 目	机构数(个)	从业人员(人)	科技活动人员(人)	#女性	科技管理	课题活动	科技服务
制造业	28	1552	961				
农副食品加工业	1	6	6				
食品制造业	2	56	53				
饮料制造业	1	97	34				
印刷业和记录媒介的复制	1	42	27				
化学原料及化学制品制造业	5	490	292				
医药制造业	2	186	129				
塑料制品业	1	75	57				
非金属矿物制品业	1	69	39				
专用设备制造业	3	58	26				
交通运输设备制造业	1	129	63				
电气机械及器材制造业	1	172	127				
通信设备、计算机及其他电子设备制造业	4	75	63				
仪器仪表及文化、办公用机械制造业	1	1	1				
工艺品及其他制造业	4	96	44				
建筑业	1	467	414				
房屋和土木工程建筑业	1	467	414				
信息传输、计算机服务和软件业	1	94	80				
软件业	1	94	80				
科学研究、技术服务和地质勘查业	27	2369	1944				
研究与试验发展	5	903	726				
专业技术服务业	6	212	183				
科技交流和推广服务业	13	238	208				
地质勘查业	3	1016	827				
水利、环境和公共设施管理业	14	518	413				
水利管理业	11	447	354				
环境管理业	3	71	59				
教育	2	149	142				
教育	2	149	142				
卫生、社会保障和社会福利业	18	1250	1027				
卫生	18	1250	1027				
文化、体育和娱乐业	12	427	319				
文化艺术业	10	368	277				
体育	2	59	42				
公共管理和社会组织	9	242	190				
国家机构	9	242	190				

11-5 科技活动人员按学历和职称分

项目	科技活动人员(人)	学历					职称		
		博士	硕士	本科	大专	其他	高级	中级	其他
总计	**8110**	**196**	**833**	**3980**	**1871**	**1230**	**1845**	**3027**	**3238**
按隶属关系分组									
地方部门属	7674	108	750	3857	1824	1135	1700	2869	3105
省级部门属	6087	105	706	3103	1327	846	1397	2234	2456
地市级部门属	1587	3	44	754	497	289	303	635	649
中央部门属	436	88	83	123	47	95	145	158	133
中国科学院	436	88	83	123	47	95	145	158	133
按地区分组									
太原市	6062	172	731	3051	1329	779	1539	2197	2326
大同市	290	4	13	147	80	46	46	127	117
阳泉市	61			37	15	9	14	35	12
长治市	289	2	12	118	68	89	36	76	177
晋城市	66			30	23	13	6	31	29
朔州市	44			10	18	16	2	9	33
晋中市	324	3	23	152	74	72	30	114	180
运城市	276	10	22	127	70	47	53	128	95
忻州市	253	1	4	111	68	69	36	112	105
临汾市	247	2	18	117	66	44	56	119	72
吕梁市	198	2	10	80	60	46	27	79	92

11-6　科技活动收入按来源分

项　　目	科技活动收入(千元)	政府资金	#财政拨款	承担政府科研项目收入	其他	非政府资金	#技术性收入	国外资金
总　　计	**1129378**	**863746**	**606789**	**186880**	**11280**	**265632**	**232242**	**7095**
按隶属关系分组								
地方部门属	891777	705593	514209	170997	10217	186184	159906	
省级部门属	809897	628808	446112	163445	9679	181089	155765	
地市级部门属	81880	76785	68097	7552	538	5095	4141	
中央部门属	237601	158153	92580	15883	1063	79448	72336	7095
中国科学院	237601	158153	92580	15883	1063	79448	72336	7095
按地区分组								
太原市	941723	689657	494299	128285	9088	252066	221942	7095
大同市	22267	19765	10736	9029		2502	2502	
阳泉市	2365	2105	1500	605		260	260	
长治市	19560	16517	12333	3884	300	3043	369	
晋城市	6100	5743	5137	586	20	357	207	
朔州市	3020	2518	2518			502	60	
晋中市	39752	34275	19323	14949	3	5477	5477	
运城市	32167	32167	17076	14291	400			
忻州市	16379	14954	9737	4738	80	1425	1425	
临汾市	24748	24748	18467	4879	1389			
吕梁市	21297	21297	15663	5634				
按机构学科领域分组								
自然科学领域	95152	64334	33047	29591	1696	30818	30818	
农业科学领域	363045	347355	236383	106681	2906	15690	9067	
医学科学领域	72011	70643	66112	881	20	1368	1368	
工程科学与技术领域	498848	297174	191211	47458	4723	201674	187537	7095
社会、人文科学领域	100322	84240	80036	2269	1935	16082	3452	
按服务的国民经济行业分组								
农、林、牧、渔业	364786	350096	236143	109391	3177	14690	8187	
农业	281622	268320	178722	86500	2264	13302	6799	
林业	17824	17764	15944	1820		60	60	
畜牧业	18556	17421	9851	7170	400	1135	1135	
渔业	3426	3426	2276	1150				
农、林、牧、渔服务业	43358	43165	29350	12751	513	193	193	
采矿业	7605	7605	7605					
煤炭开采和洗选业	7605	7605	7605					

11-6 续表

项　目	科技活动收入(千元)	政府资金	#财政拨款	承担政府科研项目收　入	其他	非政府资金	技术性收　入	国外资金
制造业	103966	45565	28526	13481	3003	58401	58222	
农副食品加工业	150					150	30	
食品制造业	6357	3307	3307			3050	3050	
饮料制造业	3117	2275	2270			842	842	
印刷业和记录媒介的复制	3853	3853	850		3003			
化学原料及化学制品制造业	39089	7522	3922	3600		31567	31567	
医药制造业	10106	9895	6065	3830		211	211	
塑料制品业	3981	3719	2469	1250		262	262	
非金属矿物制品业	3006	3006	3006					
专用设备制造业	3550	3550	3550					
交通运输设备制造业	2484	2302		2302		182	182	
电气机械及器材制造业	23492	1978	478	1500		21514	21514	
通信设备、计算机及其他电子设备制造业	2957	2874	1474	850		83	83	
仪器仪表及文化、办公用机械制造业								
工艺品及其他制造业	1824	1284	1135	149		540	481	
建筑业	88696	8037		4400	637	80659	80659	
房屋和土木工程建筑业	88696	8037		4400	637	80659	80659	
信息传输、计算机服务和软件业	7638	3920		3920		3718	3718	
软件业	7638	3920		3920		3718	3718	
科学研究、技术服务和地质勘查业	382901	295156	192249	51237	1443	87745	72893	7095
研究与试验发展	267432	187360	118033	19637	1063	80072	72336	7095
专业技术服务业	54384	47328	33704	12004	20	7056	90	
科技交流和推广服务业	13456	12839	10684	1795	360	617	467	
地质勘查业	47629	47629	29828	17801				
水利、环境和公共设施管理业	38744	31549	26629	3420	1500	7195	7195	
水利管理业	31031	26338	21418	3420	1500	4693	4693	
环境管理业	7713	5211	5211			2502	2502	
教育	10774	10774	10774					
教育	10774	10774	10774					
卫生、社会保障和社会福利业	67063	65695	61464	581	20	1368	1368	
卫生	67063	65695	61464	581	20	1368	1368	
文化、体育和娱乐业	28274	16419	16239	180		11855		
文化艺术业	24789	12934	12934			11855		
体育	3485	3485	3305	180				
公共管理和社会组织	28931	28930	27160	270	1500	1		
国家机构	28931	28930	27160	270	1500	1		

11-7 科技经费内部支出按费用类别分

项　目	科技经费内部支出(千元)	科技经费日常支出	人员劳务费	设备购置费	其他日常支出	科研基建
总　计	**1058595**	**928149**	**364652**	**147465**	**416032**	**130446**
按隶属关系分组						
地方部门属	793584	779201	324150	77636	377415	14383
省级部门属	673603	659844	261763	73079	325002	13759
地市级部门属	119981	119357	62387	4557	52413	624
中央部门属	265011	148948	40502	69829	38617	116063
中国科学院	265011	148948	40502	69829	38617	116063
按地区分组						
太原市	870853	743146	285894	140345	316907	127707
大同市	36415	36389	13255	1157	21977	26
阳泉市	14999	14999	1532	61	13406	
长治市	17633	17633	9226	2710	5697	
晋城市	5160	5160	3502	133	1525	
朔州市	3077	3077	1650	224	1203	
晋中市	32119	32119	13139	1186	17794	
运城市	25546	23245	13370	534	9341	2301
忻州市	18696	18297	8543	900	8854	399
临汾市	21031	21018	9118	123	11777	13
吕梁市	13066	13066	5423	92	7551	
按机构学科领域分组						
自然科学领域	90665	90665	43953	11603	35109	
农业科学领域	303891	300605	122546	16932	161127	3286
医学科学领域	69669	66039	28588	11277	26174	3630
工程科学与技术领域	487818	364288	120407	102456	141425	123530
社会、人文科学领域	106552	106552	49158	5197	52197	
按服务的国民经济行业分组						
农、林、牧、渔业	304548	301262	123674	15997	161591	3286
农业	232941	230206	85978	12536	131692	2735
林业	13119	13119	7744	290	5085	
畜牧业	14496	14496	10542	1048	2906	
渔业	3426	3426	1660	196	1570	
农、林、牧、渔服务业	40566	40015	17750	1927	20338	551
采矿业	5928	5928	3963	1000	965	
煤炭开采和洗选业	5928	5928	3963	1000	965	

11-7 续表

项　目	科技经费内部支出(千元)	科技经费日常支出	人员劳务费	设备购置费	其他日常支出	科研基建
制造业	93239	92684	39089	15758	37837	555
农副食品加工业	57	57	57			
食品制造业	6392	6392	1922	101	4369	
饮料制造业	1620	1615	711	600	304	5
印刷业和记录媒介的复制	3665	3665	902	2255	508	
化学原料及化学制品制造业	30575	30575	15703	9404	5468	
医药制造业	10457	10457	5705	705	4047	
塑料制品业	3114	3114	2596	95	423	
非金属矿物制品业	3174	3174	846	1153	1175	
专用设备制造业	3539	3539	1347	602	1590	
交通运输设备制造业	1864	1864	944	284	636	
电气机械及器材制造业	23492	23492	5596		17896	
通信设备、计算机及其他电子设备制造业	3267	2717	1234	520	963	550
仪器仪表及文化、办公用机械制造业	162	162	10		152	
工艺品及其他制造业	1861	1861	1516	39	306	
建筑业	71188	66482	17196	5706	43580	4706
房屋和土木工程建筑业	71188	66482	17196	5706	43580	4706
信息传输、计算机服务和软件业	7720	7720	5183	594	1943	
软件业	7720	7720	5183	594	1943	
科学研究、技术服务和地质勘查业	389695	271452	95078	89213	87161	118243
研究与试验发展	283041	166978	48075	71210	47693	116063
专业技术服务业	40318	38138	5720	16904	15514	2180
科技交流和推广服务业	12181	12181	8997	215	2969	
质勘查业	54155	54155	32286	884	20985	
水利、环境和公共设施管理业	33049	33023	15221	4034	13768	26
水利管理业	28162	28162	13406	3008	11748	
环境管理业	4887	4861	1815	1026	2020	26
教育	11814	11814	6155		5659	
教育	11814	11814	6155		5659	
卫生、社会保障和社会福利业	64721	61091	25860	10671	24560	3630
卫生	64721	61091	25860	10671	24560	3630
文化、体育和娱乐业	48569	48569	19791	1822	26956	
文化艺术业	44716	44716	17639	1142	25935	
体育	3853	3853	2152	680	1021	
公共管理和社会组织	28124	28124	13442	2670	12012	
国家机构	28124	28124	13442	2670	12012	

11-8 科研仪器设备

项　　目	科研仪器设备(千元)	#进口
总　　计	**569110**	**198400**
按隶属关系分组		
地方部门属	431691	131270
省级部门属	404608	130542
地市级部门属	27083	728
中央部门属	137419	67130
中国科学院	137419	67130
按地区分组		
太原市	536669	195187
大同市	4505	
阳泉市	209	
长治市	5343	584
晋城市	93	
朔州市	360	35
晋中市	7686	394
运城市	1010	350
忻州市	3276	645
临汾市	6208	
吕梁市	3751	1205

11-9 课题人员与经费

项目	课题数合计(个)	课题经费内部支出(千元)	#政府资金	投入人员(人年)
总计	**1627**	**289902**	**234282**	**3580**
按隶属关系分组				
地方部门属	1391	200478	168339	3135
省级部门属	1263	187964	157806	2743
地市级部门属	128	12514	10533	392
中央部门属	236	89424	65943	445
中国科学院	236	89424	65943	445
按地区分组				
太原市	1189	239315	184448	2608
大同市	56	5813	5813	95
阳泉市	5	343	343	14
长治市	56	7766	7362	132
晋城市	5	896	896	30
朔州市	9	717	704	33
晋中市	96	13159	12966	244
运城市	53	8383	8383	122
忻州市	57	5534	5438	91
临汾市	70	6445	6415	153
吕梁市	31	1531	1514	59
按课题活动类型分组				
基础研究	35	3224	3194	70
应用研究	341	88430	66951	783
试验发展	454	69487	60840	933
研究与试验发展成果应用	450	57859	45950	982
科技服务	347	70902	57348	813
按课题来源分组				
中央政府部门下达课题	301	103500	102445	654
地方政府部门下达课题	937	102319	93171	2033
企业委托课题	57	25918	152	167

11-9 续表1

项　目	课题数合计(个)	课题经费内部支出(千元)	#政府资金	投入人员(人年)
自选课题	117	29459	24902	370
国际合作课题	21	3685	1416	46
其它课题	194	25021	12197	311
按课题合作形式分组				
与境外机构合作	16	5112	3483	35
与国内高校合作	54	7345	6690	147
与国内独立研究机构合作	98	14434	13696	180
与境内注册的外商独资企业合作	1	593		1
与境内注册的其他企业合作	83	33460	15840	199
独立研究	1299	210631	176565	2814
按课题学科分组				
自然科学领域	162	44983	28730	346
信息科学与系统科学	17	2803	2563	44
化学	92	28541	13646	159
地球科学	2	6711	6711	28
生物学	51	6928	5810	115
农业科学领域	826	92705	91449	1482
农学	698	79662	78419	1237
林学	48	3066	3053	101
畜牧、兽医科学	76	8813	8813	118
水产学	4	1164	1164	25
医学科学领域	116	9685	6998	254
基础医学	7	1724	1724	25
临床医学	46	4198	1921	65
预防医学与公共卫生学	9	1518	1108	35
中医学与中药学	54	2245	2245	129
工程科学与技术领域	378	115837	93664	1096
工程与技术科学基础学科	2	560	560	8
信息与系统科学相关工程与技术	4	2315	325	22
自然科学相关工程与技术	17	1772	1772	48

11-9　续表2

项　　目	课题数合　计(个)	课题经费内部支出(千元)	#政府资金	投入人员(人年)
测绘科学技术	5	12515	12515	44
材料科学	81	27931	24602	220
矿山工程技术	5	802	261	22
冶金工程技术	3	364	114	5
机械工程	9	723	565	19
动力与电气工程	1	30		2
能源科学技术	23	15048	13111	40
电子与通信技术	12	3316	1886	69
计算机科学技术	25	3880	2565	52
化学工程	65	25703	18210	144
产品应用相关工程技术	3	2008	1600	14
食品科学技术	22	1518	1498	48
水利工程	42	6470	6440	170
交通运输工程	22	4370	3320	82
环境科学技术及资源科学技术	23	4619	2426	65
管理学	14	1894	1894	25
社会、人文科学领域	145	26692	13442	403
语言学	1	252	252	7
艺术学	17	763	356	41
历史学	7	855	744	34
考古学	26	13403	819	52
经济学	59	8220	8192	160
政治学	1	180	180	5
法学	2	416	416	11
社会学	7	967	967	21
新闻学与传播学	2	375	375	5
图书馆、情报与文献学	5	567	447	25
教育学	1	123	123	1
体育科学	10	240	240	34
统计学	7	331	331	8

11-9 续表3

项　　目	课题数合　计(个)	课题经费内部支出(千元)	#政府资金	投入人员(人年)
按课题服务的国民经济行业分组				
农、林、牧、渔业	924	101302	99893	1615
农业	627	73887	72684	1116
林业	47	2818	2805	99
畜牧业	67	8208	8208	105
渔业	4	1164	1164	25
农、林、牧、渔服务业	179	15225	15032	270
采矿业				
煤炭开采和洗选业				
制造业	85	18687	11352	358
农副食品加工业				
食品制造业	2	220		6
饮料制造业	6	529	529	10
印刷业和记录媒介的复制				
化学原料及化学制品制造业	17	8090	3500	71
医药制造业	32	3152	1994	119
塑料制品业	8	1166	1114	32
非金属矿物制品业	2	200	200	18
专用设备制造业	1	141	141	4
交通运输设备制造业	6	1864	1864	49
电气机械及器材制造业	2	1900	1500	12
通信设备、计算机及其他电子设备制造业	6	909	361	23
仪器仪表及文化、办公用机械制造业				
工艺品及其他制造业	3	516	149	14
建筑业	30	5840	4790	109
房屋和土木工程建筑业	30	5840	4790	109
信息传输、计算机服务和软件业	16	5799	600	66
软件业	16	5799	600	66

11-9 续表4

项　　目	课题数合计(个)	课题经费内部支出(千元)	#政府资金	投入人员(人年)
科学研究、技术服务和地质勘查业	334	123103	97846	847
研究与试验发展	300	99395	75803	664
专业技术服务业	20	14779	13114	91
科技交流和推广服务业	11	1508	1508	60
质勘查业	3	7421	7421	31
水利、环境和公共设施管理业	52	7234	7204	209
水利管理业	51	7124	7094	206
环境管理业	1	110	110	3
教育				
教育				
卫生、社会保障和社会福利业	101	9356	6669	200
卫生	101	9356	6669	200
文化、体育和娱乐业	50	13890	1266	113
文化艺术业	40	13650	1026	79
体育	10	240	240	34
公共管理和社会组织	35	4691	4663	64
国家机构	35	4691	4663	64
按课题社会经济目标分组				
环境保护、生态建设及污染防治	91	9869	6593	232
能源生产、分配和合理利用	156	67103	48114	397
卫生事业的发展	109	9679	6670	233
教育事业发展	1	180	180	3
基础设施以及城市和农村规划	55	8619	7292	165
社会发展和社会服务	127	27925	14972	357
地球和大气层的探索与利用	11	2610	2610	48
民用空间的探测及开发	1	139	139	2
促进农林牧渔业发展	872	98781	97016	1587
工商业发展	153	44807	30609	420
非定向研究	12	2240	2240	44
其他民用目标	14	1563	1461	22
国防	25	16389	16389	70

11-10 各类R&D人员人数

项目	R&D人员(人)	#全时人员	#女性	学历			
				博士	硕士	本科	其他
总计	**2700**	**1597**	**906**	**224**	**518**	**1317**	**641**
按隶属关系分组							
地方部门属	1945	1190	667	72	374	1104	395
省级部门属	1865	1124	635	72	374	1059	360
地市级部门属	80	66	32			45	35
中央部门属	755	407	239	152	144	213	246
中国科学院	755	407	239	152	144	213	246
按地区分组							
太原市	1758	972	629	202	430	770	356
大同市	86	44	31	3	6	68	9
阳泉市	8	3	1			3	5
长治市	133	92	44	1	11	74	47
晋城市	6	4	5				6
朔州市	7	7	1			2	5
晋中市	237	169	60	3	22	134	78
运城市	176	87	56	10	20	92	54
忻州市	74	45	23	1	4	47	22
临汾市	165	124	56	2	16	88	59
吕梁市	50	50		2	9	39	
按机构的学科领域分组							
自然科学领域	101	51	42	2	21	63	15
农业科学领域	1149	750	374	47	144	669	289
医学科学领域	257	77	111	15	69	121	52
工程科学与技术领域	1012	564	310	156	221	359	276
社会、人文科学领域	181	155	69	4	63	105	9

11-11 各类R&D人员折合全时工作量

项目	R&D人员(人年)	#研究人员	#基础研究	应用研究	试验发展
总　计	**1939**	**1056**	**75**	**873**	**991**
按隶属关系分组					
地方部门属	1435	754	66	455	914
省级部门属	1366	727	66	431	869
地市级部门属	69	27		24	45
中央部门属	504	302	9	418	77
中国科学院	504	302	9	418	77
按地区分组					
太原市	1235	746	73	830	332
大同市	55	30			55
阳泉市	3	2			3
长治市	114	34		18	96
晋城市	6	1		6	
朔州市	7	4			7
晋中市	172	29			172
运城市	101	89	2		99
忻州市	59	18			59
临汾市	137	68		12	125
吕梁市	50	35		7	43
按机构学科领域分组					
自然科学领域	63	40	2	17	44
农业科学领域	861	411	18	81	762
医学科学领域	157	82	16	128	13
工程科学与技术领域	699	400	15	512	172
社会、人文科学领域	159	123	24	135	
按服务的国民经济行业分组					
农、林、牧、渔业	882	428	20	79	783
农业	796	380	3	47	746
林业	9	5	1	1	7
畜牧业	22	10	7	4	11
渔业					
农、林、牧、渔服务业	55	33	9	27	19
采矿业					
煤炭开采和洗选业					

11-11 续表

项目	R&D人员(人年)	#研究人员	#基础研究	应用研究	试验发展
制造业	116	66		33	83
农副食品加工业					
食品制造业					
饮料制造业	1	1		1	
印刷业和记录媒介的复制					
化学原料及化学制品制造业	68	40		32	36
医药制造业	3	2			3
塑料制品业					
非金属矿物制品业					
专用设备制造业					
交通运输设备制造业	35	21			35
电气机械及器材制造业					
通信设备、计算机及其他电子设备制造业					
仪器仪表及文化、办公用机械制造业					
工艺品及其他制造业	9	2			9
建筑业	94	43	6	63	25
房屋和土木工程建筑业	94	43	6	63	25
信息传输、计算机服务和软件业					
软件业					
科学研究、技术服务和地质勘查业	657	430	33	537	87
研究与试验发展	639	422	33	529	77
专业技术服务业	7	4			7
科技交流和推广服务业	11	4		8	3
质勘查业					
水利、环境和公共设施管理业	9	4		9	
水利管理业	6	2		6	
环境管理业	3	2		3	
教育					
教育					
卫生、社会保障和社会福利业	157	82	16	128	13
卫生	157	82	16	128	13
文化、体育和娱乐业	24	3		24	
文化艺术业	24	3		24	
体育					
公共管理和社会组织					
国家机构					

11-12 R&D经费内部支出按来源分

项　目	R&D经费内部支出(千元)	政府资金	企业资金	事业单位资　金	国外资金	其他资金
总　计	**339557**	**221893**	**36604**	**11224**	**3186**	**66650**
按隶属关系分组						
地方部门属	93097	81087	3497	4991		3522
省级部门属	89876	78277	3200	4991		3408
地市级部门属	3221	2810	297			114
中央部门属	246460	140806	33107	6233	3186	63128
中国科学院	246460	140806	33107	6233	3186	63128
按地区分组						
太原市	296054	180702	36307	9323	3186	66536
大同市	2990	2990				
阳泉市	80	80				
长治市	9801	9390	297			114
晋城市	506	506				
朔州市	311	311				
晋中市	8310	8310				
运城市	12156	10255		1901		
忻州市	2485	2485				
临汾市	5855	5855				
吕梁市	1009	1009				
按机构学科领域分组						
自然科学领域	6979	3894				3085
农业科学领域	57825	55924		1901		
医学科学领域	7314	6664		612		38
工程科学与技术领域	259009	150236	33904	8156	3186	63527
社会、人文科学领域	8430	5175	2700	555		

11-13　R&D经费内部支出按活动类型分

项　目	R&D经费内部支出(千元)	基础研究	应用研究	试验发展
总　计	**339557**	**4753**	**221476**	**113328**
按隶属关系分组				
地方部门属	93097	3130	24286	65681
省级部门属	89876	3130	23023	63723
地市级部门属	3221		1263	1958
中央部门属	246460	1623	197190	47647
中国科学院	246460	1623	197190	47647
按地区分组				
太原市	296054	4625	219032	72397
大同市	2990			2990
阳泉市	80			80
长治市	9801		935	8866
晋城市	506		506	
朔州市	311			311
晋中市	8310			8310
运城市	12156	128		12028
忻州市	2485			2485
临汾市	5855		621	5234
吕梁市	1009		382	627
按机构学科领域分组				
自然科学领域	6979	128	1060	5791
农业科学领域	57825	980	4742	52103
医学科学领域	7314	646	5787	881
工程科学与技术领域	259009	2023	202433	54553
社会、人文科学领域	8430	976	7454	

11-14 R&D经费内部支出按费用类别分

项目	R&D经费内部支出(千元)	经常费支出	#人员费用	设备购置费	其他	基本建设费	仪器设备费	土建费
总计	**339557**	**227594**	**98060**	**74146**	**55388**	**111963**	**69756**	**42207**
按隶属关系分组								
地方部门属	93097	89072	60393	9205	19474	4025	2557	1468
省级部门属	89876	85851	58345	8918	18588	4025	2557	1468
地市级部门属	3221	3221	2048	287	886			
中央部门属	246460	138522	37667	64941	35914	107938	67199	40739
中国科学院	246460	138522	37667	64941	35914	107938	67199	40739
按地区分组								
太原市	296054	186622	66684	71383	48555	109432	68693	40739
大同市	2990	2990	2288	317	385			
阳泉市	80	80	40		40			
长治市	9801	9801	6264	1481	2056			
晋城市	506	506	224	100	182			
朔州市	311	311	224		87			
晋中市	8310	8310	6262	449	1599			
运城市	12156	9855	8625	286	944	2301	833	1468
忻州市	2485	2255	1886	130	239	230	230	
临汾市	5855	5855	4685		1170			
吕梁市	1009	1009	878		131			
按机构学科领域分组								
自然科学领域	6979	6979	3751	793	2435			
农业科学领域	57825	55294	39165	4311	11818	2531	1063	1468
医学科学领域	7314	7000	5220	520	1260	314	314	
工程科学与技术领域	259009	149891	44630	67399	37862	109118	68379	40739
社会、人文科学领域	8430	8430	5294	1123	2013			
按服务的国民经济行业分组								
农、林、牧、渔业	59272	56741	40219	4373	12149	2531	1063	1468
农业	53421	50890	37187	3879	9824	2531	1063	1468
林业	396	396	278		118			
畜牧业	1496	1496	1173	51	272			
渔业								
农、林、牧、渔服务业	3959	3959	1581	443	1935			
采矿业								
煤炭开采和洗选业								

11-14 续表

项目	R&D经费							
	内部支出(千元)	经常费支出	#人员费用	设备购置费	其他	基本建设费	仪器设备费	土建费
制造业	10009	10009	4984	1373	3652			
农副食品加工业								
食品制造业								
饮料制造业	40	40	26		14			
印刷业和记录媒介的复制								
化学原料及化学制品制造业	8110	8110	3926	1076	3108			
医药制造业	245	245	180	6	59			
塑料制品业								
非金属矿物制品业								
专用设备制造业								
交通运输设备制造业	1351	1351	734	252	365			
电气机械及器材制造业								
通信设备、计算机及其他电子设备制造业								
仪器仪表及文化、办公用机械制造业								
工艺品及其他制造业	263	263	118	39	106			
建筑业	5020	5020	3964	900	156			
房屋和土木工程建筑业	5020	5020	3964	900	156			
信息传输、计算机服务和软件业								
软件业								
科学研究、技术服务和地质勘查业	254023	144905	41976	66592	36337	109118	68379	40739
研究与试验发展	251298	143360	41476	65681	36203	107938	67199	40739
专业技术服务业	2265	1085	180	876	29	1180	1180	
科技交流和推广服务业	460	460	320	35	105			
质勘查业								
水利、环境和公共设施管理业	327	327	212	5	110			
水利管理业	217	217	137		80			
环境管理业	110	110	75	5	30			
教育								
教育								
卫生、社会保障和社会福利业	7314	7000	5220	520	1260	314	314	
卫生	7314	7000	5220	520	1260	314	314	
文化、体育和娱乐业	3592	3592	1485	383	1724			
文化艺术业	3592	3592	1485	383	1724			
体育								
公共管理和社会组织								
国家机构								

11-15 R&D经费外部支出按流向分

项　目	R&D经费外部支出(千元)	流向国内研究机构	流向国内高等学校	流　向国内企业	流向境外机构
总　计	**5990**	**426**	**750**	**4794**	
按隶属关系分组					
地方部门属	1356	426	750	160	
省级部门属	1356	426	750	160	
地市级部门属					
中央部门属	4634			4634	
中国科学院	4634			4634	
按地区分组					
太原市	5564		750	4794	
大同市					
阳泉市					
长治市					
晋城市					
朔州市					
晋中市	426	426			
运城市					
忻州市					
临汾市					
吕梁市					
按机构学科领域分组					
自然科学领域					
农业科学领域	426	426			
医学科学领域					
工程科学与技术领域	5564		750	4794	
社会、人文科学领域					
按服务的国民经济行业分组					
农、林、牧、渔业	426	426			
农业	426	426			
林业					
畜牧业					
渔业					
农、林、牧、渔服务业					
采矿业					
煤炭开采和洗选业					

11-15 续表

项　　目	R&D经费外部支出(千元)	流向国内研究机构	流向国内高等学校	流　向国内企业	流　向境外机构
制造业					
农副食品加工业					
食品制造业					
饮料制造业					
印刷业和记录媒介的复制					
化学原料及化学制品制造业					
医药制造业					
塑料制品业					
非金属矿物制品业					
专用设备制造业					
交通运输设备制造业					
电气机械及器材制造业					
通信设备、计算机及其他电子设备制造业					
仪器仪表及文化、办公用机械制造业					
工艺品及其他制造业					
建筑业	750		750		
房屋和土木工程建筑业	750		750		
信息传输、计算机服务和软件业					
软件业					
科学研究、技术服务和地质勘查业	4814			4794	
研究与试验发展	4634			4634	
专业技术服务业	180			160	
科技交流和推广服务业					
质勘查业					
水利、环境和公共设施管理业					
水利管理业					
环境管理业					
教育					
教育					
卫生、社会保障和社会福利业					
卫生					
文化、体育和娱乐业					
文化艺术业					
体育					
公共管理和社会组织					
国家机构					

11-16 R&D课题人员和经费

项　目	课题数合计(个)	课题经费内部支出(千元)	投入人员(人年)
总　计	**830**	**161141**	**1785**
按隶属关系分组			
地方部门属	603	77905	1379
省级部门属	586	75111	1310
地市级部门属	17	2794	69
中央部门属	227	83236	407
中国科学院	227	83236	407
按地区分组			
太原市	523	127470	1116
大同市	32	2648	55
阳泉市	1	80	3
长治市	46	6365	113
晋城市	2	280	6
朔州市	4	311	7
晋中市	62	8167	172
运城市	45	7978	101
忻州市	32	2254	47
临汾市	58	4784	118
吕梁市	25	804	48
按课题来源分组			
中央政府部门下达课题	213	68973	411
地方政府部门下达课题	416	44275	870
企业委托课题	34	17659	66
自选课题	71	17644	249
国际合作课题	11	2381	27
其它课题	85	10210	162
按课题合作形式分组			
与境外机构合作	7	3479	15
与国内高校合作	22	4625	56
与国内独立研究机构合作	45	8469	85
与境内注册的外商独资企业合作	1	593	1
与境内注册的其他企业合作	33	19640	93
独立研究	717	123899	1527
其他	5	437	8
按课题学科分组			
自然科学领域	118	32712	214
信息科学与系统科学	5	1421	17
化学	89	28312	152
地球科学			
生物学	24	2979	45
农业科学领域	421	42318	775
农学	403	41274	745
林学	4	297	9
畜牧、兽医科学	14	748	22
水产学			

11-16 续表1

项 目	课题数合计 (个)	课题经费 内部支出 (千元)	投入人员 (人年)
医学科学领域	73	6536	151
基础医学	7	1724	25
临床医学	20	1859	29
预防医学与公共卫生学	7	1038	21
中医学与中药学	39	1916	76
工程科学与技术领域	196	70740	479
工程与技术科学基础学科	1	360	6
信息与系统科学相关工程与技术			
自然科学相关工程与技术	9	1148	15
测绘科学技术			
材料科学	66	24117	159
矿山工程技术			
冶金工程技术			
机械工程	2	400	8
动力与电气工程			
能源科学技术	18	13645	27
电子与通信技术	5	1351	35
计算机科学技术			
化学工程	62	23208	123
产品应用相关工程技术			
食品科学技术	3	137	5
水利工程	1	217	6
交通运输工程	18	3820	72
环境科学技术及资源科学技术	10	2152	20
管理学	1	185	5
社会、人文科学领域	22	8835	166
语言学	1	252	7
艺术学	2	256	9
历史学	1	360	10
考古学	4	3592	24
经济学	9	2997	84
政治学	1	180	5
法学	1	360	10
社会学	2	504	14
新闻学与传播学	1	334	3
图书馆、情报与文献学			
教育学			
体育科学			
统计学			
按课题服务的国民经济行业分组			
农、林、牧、渔业	456	46315	836
农业	404	41754	754
林业	4	297	9
畜牧业	14	938	22
渔业			
农、林、牧、渔服务业	34	3327	52
采矿业			
煤炭开采和洗选业			

11-16 续表2

项目	课题数合计(个)	课题经费内部支出(千元)	投入人员(人年)
制造业	24	9782	113
农副食品加工业			
食品制造业			
饮料制造业	1	40	1
印刷业和记录媒介的复制			
化学原料及化学制品制造业	15	7890	65
医药制造业	1	245	3
塑料制品业			
非金属矿物制品业			
专用设备制造业			
交通运输设备制造业	5	1351	35
电气机械及器材制造业			
通信设备、计算机及其他电子设备制造业			
仪器仪表及文化、办公用机械制造业			
工艺品及其他制造业	2	256	9
建筑业	23	5020	94
房屋和土木工程建筑业	23	5020	94
信息传输、计算机服务和软件业			
软件业			
科学研究、技术服务和地质勘查业	248	89569	559
研究与试验发展	243	88074	542
专业技术服务业	2	1085	7
科技交流和推广服务业	3	410	11
质勘查业			
水利、环境和公共设施管理业	2	327	9
水利管理业	1	217	6
环境管理业	1	110	3
教育			
教育			
卫生、社会保障和社会福利业	73	6536	151
卫生	73	6536	151
文化、体育和娱乐业	4	3592	24
文化艺术业	4	3592	24
体育			
公共管理和社会组织			
国家机构			
按课题社会经济目标			
环境保护、生态建设及污染防治	43	3344	69
能源生产、分配和合理利用	120	54718	237
卫生事业的发展	71	6256	145
教育事业发展	1	180	3
基础设施以及城市和农村规划	25	5650	112
社会发展和社会服务	17	6906	117
地球和大气层的探索与利用			
民用空间的探测及开发	1	139	2
促进农林牧渔业发展	431	45152	799
工商业发展	74	20925	177
非定向研究	12	2240	44
其他民用目标	13	1445	19
国防	22	14186	60

11-17 课题经费按活动类型分

项目	课题经费内部支出合计(千元)	基础研究	应用研究	试验发展
总计	**161141**	**3224**	**88430**	**69487**
按隶属关系分组				
地方部门属	77905	2676	21834	53395
省级部门属	75111	2676	20847	51588
地市级部门属	2794		987	1807
中央部门属	83236	548	66596	16092
中国科学院	83236	548	66596	16092
按地区分组				
太原市	127470	3096	86456	37918
大同市	2648			2648
阳泉市	80			80
长治市	6365		885	5480
晋城市	280		280	
朔州市	311			311
晋中市	8167			8167
运城市	7978	128		7850
忻州市	2254			2254
临汾市	4784		620	4164
吕梁市	804		189	615

11-18 课题投入人员按活动类型分

项　　目	投入人员合计(人年)	基础研究	应用研究	试验发展
总　计	**1786**	**70**	**783**	**933**
按隶属关系分组				
地方部门属	1379	63	445	871
省级部门属	1311	63	422	826
地市级部门属	69		24	45
中央部门属	406	7	337	62
中国科学院	406	7	337	62
按地区分组				
太原市	1117	68	741	308
大同市	55			55
阳泉市	3			3
长治市	113		18	95
晋城市	6		6	
朔州市	7			7
晋中市	172			172
运城市	101	2		99
忻州市	47			47
临汾市	118		12	106
吕梁市	48		6	42

11-19 专利及专利所有权转让

项　目	专利申请受理数(件)	#发明专利	专利申请授权数(件)	#发明专利	#国外授权	有效发明专利总数(件)	专利所有权转让及许可数(件)	专利所有权转让及许可收入(千元)
总　计	**139**	**99**	**87**	**71**		**424**	**4**	**26510**
按隶属关系分组								
地方部门属	63	32	31	16		46		
省级部门属	58	30	28	15		43		
地市级部门属	5	2	3	1		3		
中央部门属	76	67	56	55		378	4	26510
中国科学院	76	67	56	55		378	4	26510
按地区分组								
太原市	131	95	82	68		414	4	26510
大同市								
阳泉市								
长治市	3		1					
晋城市								
朔州市								
晋中市						2		
运城市	3	3	1			5		
忻州市								
临汾市	2	1	1	1		1		
吕梁市			2	2		2		
按机构学科领域分组								
自然科学领域	12	5	7			8		
农业科学领域	26	12	13	9		20		
医学科学领域	2	2						
工程科学与技术领域	99	80	67	62		396	4	26510
社会、人文科学领域								
按服务的国民经济行业分组								
农、林、牧、渔业	28	14	13	9		20		
采矿业								
制造业	27	15	14	6		25		
建筑业	4	1	2	1		1		
信息传输、计算机服务和软件业								
科学研究、技术服务和地质勘查业	77	67	57	55		378	4	26510
水利、环境和公共设施管理业	1		1					
教育								
卫生、社会保障和社会福利业	2	2						
文化、体育和娱乐业								
公共管理和社会组织								

11-20 论文、著作及其他科技成果

项　目	发表科技论文(篇)	#国外发表	出版科技著作(种)	形成国家或行业标准(件)	集成电路布图设计登记(件)	植物新品种权授予(项)	软件著作权(件)	新药证书(件)
总　计	**1757**	**169**	**91**	**10**		**17**	**2**	
按隶属关系分组								
地方部门属	1549	62	90	10		17	2	
省级部门属	1394	18	87	10		17	2	
地市级部门属	155	44	3					
中央部门属	208	107	1					
中国科学院	208	107	1					
按地区分组								
太原市	1479	167	85	9		11	2	
大同市	15							
阳泉市	6							
长治市	35		1					
晋城市	5							
朔州市	1							
晋中市	55		3					
运城市	54	2	1	1		3		
忻州市	42							
临汾市	33		1			3		
吕梁市	32							
按机构学科领域分组								
自然科学领域	86	5	3	8				
农业科学领域	476	7	41	1		17	2	
医学科学领域	266	4	19					
工程科学与技术领域	499	153	4	1				
社会、人文科学领域	430		24					
按服务的国民经济行业分组								
农、林、牧、渔业	515	12	41	1		17	2	
采矿业	15							
制造业	113	43	1	8				
建筑业	86			1				
信息传输、计算机服务和软件业	13							
科学研究、技术服务和地质勘查业	523	107	26					
水利、环境和公共设施管理业	65							
教育								
卫生、社会保障和社会福利业	257	4	18					
文化、体育和娱乐业	138	3	5					
公共管理和社会组织	32							

12-1 自然科学与技术领域机构从业人员和科技活动人员按性别和工作性质分

项　　目	机构数(个)	从业人员(人)	科技活动人员(人)				
				#女性	#科技管理	课题活动	科技服务
总　　计	**133**	**9323**	**7070**	**2922**	**1208**	**4370**	**1492**
按隶属关系分组							
地方部门属	132	8779	6634	2784	1168	4068	1398
省级部门属	71	7240	5450	2184	938	3601	911
地市级部门属	61	1539	1184	600	230	467	487
中央部门属	1	544	436	138	40	302	94
中国科学院	1	544	436	138	40	302	94
按地区分组							
太原市	74	6761	5225		883	3282	1060
大同市	6	238	196		31	146	19
阳泉市	5	89	50		9	32	9
长治市	12	363	271		36	141	94
晋城市	4	54	52		18	20	14
朔州市	2	67	44		6	22	16
晋中市	4	483	324		49	160	115
运城市	6	444	266		56	148	62
忻州市	8	243	211		48	135	28
临汾市	7	345	233		21	174	38
吕梁市	5	236	198		51	110	37
按机构学科领域分组							
自然科学领域	8	847	631		121	432	78
化学	2	259	182				
地球科学	2	363	325				
生物学	4	225	124				
农业科学领域	54	3375	2598		503	1661	434
农学	41	2866	2177				
林学	8	239	192				
畜牧、兽医科学	3	216	185				
水产学	2	54	44				
医学科学领域	19	1337	1096		161	593	342
临床医学	8	593	496				
预防医学与公共卫生学	4	95	69				
药学	1	28	24				
中医学与中药学	6	621	507				
工程科学与技术领域	47	3641	2658		412	1624	622
工程与技术科学基础学科	3	97	48				
自然科学相关工程与技术	1	39	28				
测绘科学技术	2	73	68				
矿山工程技术	2	674	517				
冶金工程技术	1	34	4				
机械工程	4	233	168				
能源科学技术	3	708	518				
电子与通信技术	8	319	223				
化学工程	6	385	216				
纺织科学技术	2	58	37				
食品科学技术	3	133	62				
土木建筑工程	1	61	49				
水利工程	6	246	213				
交通运输工程	1	467	414				
环境科学技术及资源科学技术	4	114	93				
社会、人文科学领域	5	123	87		11	60	16
艺术学	2	36	17				
法学	1	28	28				
体育科学	2	59	42				
按机构服务的国民经济行业分组							
农、林、牧、渔业	49	3297	2511				
农业	25	2256	1683				

12-1 续表

项目	机构数(个)	从业人员(人)	科技活动人员(人)	#女性	#科技管理	课题活动	科技服务
林业	8	239	192				
畜牧业	3	302	209				
渔业	2	54	44				
农、林、牧、渔服务业	11	446	383				
采矿业	2	125	45				
煤炭开采和洗选业	2	125	45				
制造业	27	1512	921				
农副食品加工业	1	6	6				
食品制造业	1	16	13				
饮料制造业	1	97	34				
印刷业和记录媒介的复制	1	42	27				
化学原料及化学制品制造业	5	490	292				
医药制造业	2	186	129				
塑料制品业	1	75	57				
非金属矿物制品业	1	69	39				
专用设备制造业	3	58	26				
交通运输设备制造业	1	129	63				
电气机械及器材制造业	1	172	127				
通信设备、计算机及其他电子设备制造业	4	75	63				
仪器仪表及文化、办公用机械制造业	1	1	1				
工艺品及其他制造业	4	96	44				
建筑业	1	467	414				
房屋和土木工程建筑业	1	467	414				
信息传输、计算机服务和软件业	1	94	80				
软件业	1	94	80				
科学研究、技术服务和地质勘查业	15	1869	1528				
研究与试验发展	2	554	446				
专业技术服务业	6	212	183				
科技交流和推广服务业	4	87	72				
地质勘查业	3	1016	827				
水利、环境和公共设施管理业	14	518	413				
水利管理业	11	447	354				
环境管理业	3	71	59				
卫生、社会保障和社会福利业	18	1250	1027				
卫生	18	1250	1027				
文化、体育和娱乐业	5	163	103				
文化艺术业	3	104	61				
体育	2	59	42				
公共管理和社会组织	1	28	28				
国家机构	1	28	28				
中央部门属合计	**1**	**544**	**436**				
按机构服务的国民经济行业分组							
科学研究、技术服务和地质勘查业	1	544	436				
研究与试验发展	1	544	436				
地方部门属合计	**132**	**8779**	**6634**	**2784**	**1168**	**4068**	**1398**
按地区分组							
太原市	73	6217	4789	2093	843	2980	966
大同市	6	238	196	89	31	146	19
阳泉市	5	89	50	7	9	32	9
长治市	12	363	271	93	36	141	94
晋城市	4	54	52	29	18	20	14
朔州市	2	67	44	13	6	22	16
晋中市	4	483	324	112	49	160	115
运城市	6	444	266	109	56	148	62
忻州市	8	243	211	75	48	135	28
临汾市	7	345	233	98	21	174	38
吕梁市	5	236	198	66	51	110	37

12-2 自然科学与技术领域机构科技活动人员按学历和职称分

项目	科技活动人员(人)	学历					职称		
		博士	硕士	本科	大专	其他	高级	中级	其他
总计	**7070**	**187**	**704**	**3367**	**1661**	**1151**	**1540**	**2612**	**2918**
按隶属关系分组									
地方部门属	6634	99	621	3244	1614	1056	1395	2454	2785
省级部门属	5450	98	590	2741	1218	803	1199	1984	2267
地市级部门属	1184	1	31	503	396	253	196	470	518
中央部门属	436	88	83	123	47	95	145	158	133
中国科学院	436	88	83	123	47	95	145	158	133
按地区分组									
太原市	5225	164	604	2533	1194	730	1268	1873	2084
大同市	196	3	11	110	37	35	30	87	79
阳泉市	50			31	14	5	12	31	7
长治市	271	2	12	108	60	89	34	72	165
晋城市	52			19	21	12	3	24	25
朔州市	44			10	18	16	2	9	33
晋中市	324	3	23	152	74	72	30	114	180
运城市	266	10	22	119	68	47	50	123	93
忻州市	211	1	4	96	54	56	31	91	89
临汾市	233	2	18	109	61	43	53	109	71
吕梁市	198	2	10	80	60	46	27	79	92
地方部门属合计	**6634**	**99**	**621**	**3244**	**1614**	**1056**	**1395**	**2454**	**2785**
按地区分组									
太原市	4789	76	521	2410	1147	635	1123	1715	1951
大同市	196	3	11	110	37	35	30	87	79
阳泉市	50			31	14	5	12	31	7
长治市	271	2	12	108	60	89	34	72	165
晋城市	52			19	21	12	3	24	25
朔州市	44			10	18	16	2	9	33
晋中市	324	3	23	152	74	72	30	114	180
运城市	266	10	22	119	68	47	50	123	93
忻州市	211	1	4	96	54	56	31	91	89
临汾市	233	2	18	109	61	43	53	109	71
吕梁市	198	2	10	80	60	46	27	79	92

12-3 自然科学与技术领域机构科技活动收入按来源分

项目	科技活动收入（千元）	政府资金	#财政拨款	承担政府科研项目收入	其他	非政府资金	#技术性收入	国外资金
总计	**1022450**	**772705**	**524870**	**179489**	**9549**	**249745**	**228985**	**7095**
按隶属关系分组								
地方部门属	784849	614552	432290	163606	8486	170297	156649	
省级部门属	726351	560167	384504	157783	8308	166184	152715	
地市级部门属	58498	54385	47786	5823	178	4113	3934	
中央部门属	237601	158153	92580	15883	1063	79448	72336	7095
中国科学院	237601	158153	92580	15883	1063	79448	72336	7095
按地区分组								
太原市	841920	605384	417923	121759	7717	236536	218892	7095
大同市	21309	18807	9778	9029		2502	2502	
阳泉市	1368	1108	808	300		260	260	
长治市	18282	15239	11515	3724		3043	369	
晋城市	4493	4493	4287	186	20			
朔州市	3020	2518	2518			502	60	
晋中市	39752	34275	19323	14949	3	5477	5477	
运城市	31560	31560	16469	14291	400			
忻州市	15110	13685	8528	4738	20	1425	1425	
临汾市	24339	24339	18058	4879	1389			
吕梁市	21297	21297	15663	5634				
按机构学科领域分组								
自然科学领域	80505	49687	24998	24289	400	30818	30818	
农业科学领域	363045	347355	236383	106681	2906	15690	9067	
医学科学领域	72011	70643	66112	881	20	1368	1368	
工程科学与技术领域	498074	296400	190437	47458	4723	201674	187537	7095
社会、人文科学领域	8815	8620	6940	180	1500	195	195	
按服务的国民经济行业分组								
农、林、牧、渔业	358318	343628	233208	107229	1806	14690	8187	
农业	275829	262527	176087	84338	1268	13302	6799	
林业	17824	17764	15944	1820		60	60	
畜牧业	18556	17421	9851	7170	400	1135	1135	
渔业	3426	3426	2276	1150				
农、林、牧、渔服务业	42683	42490	29050	12751	138	193	193	
采矿业	7605	7605	7605					
煤炭开采和洗选业	7605	7605	7605					
制造业	98307	42956	25917	13481	3003	55351	55172	
农副食品加工业	150					150	30	
食品制造业	698	698	698					
饮料制造业	3117	2275	2270			842	842	
印刷业和记录媒介的复制	3853	3853	850		3003			
化学原料及化学制品制造业	39089	7522	3922	3600		31567	31567	
医药制造业	10106	9895	6065	3830		211	211	

12-3 续表

项目	科技活动收入(千元)	政府资金	#财政拨款	承担政府科研项目收入	其他	非政府资金	#技术性收入	国外资金
塑料制品业	3981	3719	2469	1250		262	262	
非金属矿物制品业	3006	3006	3006					
专用设备制造业	3550	3550	3550					
交通运输设备制造业	2484	2302		2302		182	182	
电气机械及器材制造业	23492	1978	478	1500		21514	21514	
通信设备、计算机及其他电子设备制造业	2957	2874	1474	850		83	83	
仪器仪表及文化、办公用机械制造业								
工艺品及其他制造业	1824	1284	1135	149		540	481	
建筑业	88696	8037		4400	637	80659	80659	
房屋和土木工程建筑业	88696	8037		4400	637	80659	80659	
信息传输、计算机服务和软件业	7638	3920		3920		3718	3718	
软件业	7638	3920		3920		3718	3718	
科学研究、技术服务和地质勘查业	344860	258096	160508	46278	1083	86764	72686	7095
研究与试验发展	238036	158588	92875	16023	1063	79448	72336	7095
专业技术服务业	54384	47328	33704	12004	20	7056	90	
科技交流和推广服务业	4811	4551	4101	450		260	260	
地质勘查业	47629	47629	29828	17801				
水利、环境和公共设施管理业	38744	31549	26629	3420	1500	7195	7195	
水利管理业	31031	26338	21418	3420	1500	4693	4693	
环境管理业	7713	5211	5211			2502	2502	
卫生、社会保障和社会福利业	67063	65695	61464	581	20	1368	1368	
卫生	67063	65695	61464	581	20	1368	1368	
文化、体育和娱乐业	7219	7219	7039	180				
文化艺术业	3734	3734	3734					
体育	3485	3485	3305	180				
公共管理和社会组织	4000	4000	2500		1500			
国家机构	4000	4000	2500		1500			
地方部门属合计	**784849**	**614552**	**432290**	**163606**	**8486**	**170297**	**156649**	
按地区分组								
太原市	604319	447231	325343	105876	6654	157088	146556	
大同市	21309	18807	9778	9029		2502	2502	
阳泉市	1368	1108	808	300		260	260	
长治市	18282	15239	11515	3724		3043	369	
晋城市	4493	4493	4287	186	20			
朔州市	3020	2518	2518			502	60	
晋中市	39752	34275	19323	14949	3	5477	5477	
运城市	31560	31560	16469	14291	400			
忻州市	15110	13685	8528	4738	20	1425	1425	
临汾市	24339	24339	18058	4879	1389			
吕梁市	21297	21297	15663	5634				

12-4 自然科学与技术领域机构科技经费内部支出按费用类别分

项目	科技经费内部支出(千元)	科技经费日常支出	人员劳务费	设备购置费	其他日常支出	科研基建
总计	**945783**	**815337**	**314158**	**143559**	**357620**	**130446**
按隶属关系分组						
地方部门属	680772	666389	273656	73730	319003	14383
省级部门属	603575	589816	230498	69706	289612	13759
地市级部门属	77197	76573	43158	4024	29391	624
中央部门属	265011	148948	40502	69829	38617	116063
中国科学院	265011	148948	40502	69829	38617	116063
按地区分组						
太原市	784885	657178	244501	136759	275918	127707
大同市	15339	15313	8241	1022	6050	26
阳泉市	14334	14334	1179	5	13150	
长治市	16597	16597	8650	2657	5290	
晋城市	4067	4067	2674	133	1260	
朔州市	3077	3077	1650	224	1203	
晋中市	32119	32119	13139	1186	17794	
运城市	24927	22626	12787	498	9341	2301
忻州市	16750	16351	7185	860	8306	399
临汾市	20622	20609	8729	123	11757	13
吕梁市	13066	13066	5423	92	7551	
按机构学科领域分组						
自然科学领域	76077	76077	38464	10214	27399	
农业科学领域	303891	300605	122546	16932	161127	3286
医学科学领域	69669	66039	28588	11277	26174	3630
工程科学与技术领域	486699	363169	119514	102456	141199	123530
社会、人文科学领域	9447	9447	5046	2680	1721	
按服务的国民经济行业分组						
农、林、牧、渔业	299462	296176	120956	15300	159920	3286
农业	228530	225795	83635	11839	130321	2735
林业	13119	13119	7744	290	5085	
畜牧业	14496	14496	10542	1048	2906	
渔业	3426	3426	1660	196	1570	
农、林、牧、渔服务业	39891	39340	17375	1927	20038	551
采矿业	5928	5928	3963	1000	965	
煤炭开采和洗选业	5928	5928	3963	1000	965	
制造业	87403	86848	37668	15668	33512	555
农副食品加工业	57	57	57			
食品制造业	556	556	501	11	44	
饮料制造业	1620	1615	711	600	304	5
印刷业和记录媒介的复制	3665	3665	902	2255	508	
化学原料及化学制品制造业	30575	30575	15703	9404	5468	
医药制造业	10457	10457	5705	705	4047	

12–4 续表

项目	科技经费内部支出(千元)	科技经费日常支出	人员劳务费	设备购置费	其他日常支出	科研基建
塑料制品业	3114	3114	2596	95	423	
非金属矿物制品业	3174	3174	846	1153	1175	
专用设备制造业	3539	3539	1347	602	1590	
交通运输设备制造业	1864	1864	944	284	636	
电气机械及器材制造业	23492	23492	5596		17896	
通信设备、计算机及其他电子设备制造业	3267	2717	1234	520	963	550
仪器仪表及文化、办公用机械制造业	162	162	10		152	
工艺品及其他制造业	1861	1861	1516	39	306	
建筑业	71188	66482	17196	5706	43580	4706
房屋和土木工程建筑业	71188	66482	17196	5706	43580	4706
信息传输、计算机服务和软件业	7720	7720	5183	594	1943	
软件业	7720	7720	5183	594	1943	
科学研究、技术服务和地质勘查业	364838	246595	82059	87689	76847	118243
研究与试验发展	265416	149353	40691	69831	38831	116063
专业技术服务业	40318	38138	5720	16904	15514	2180
科技交流和推广服务业	4949	4949	3362	70	1517	
质勘查业	54155	54155	32286	884	20985	
水利、环境和公共设施管理业	33049	33023	15221	4034	13768	26
水利管理业	28162	28162	13406	3008	11748	
环境管理业	4887	4861	1815	1026	2020	26
卫生、社会保障和社会福利业	64721	61091	25860	10671	24560	3630
卫生	64721	61091	25860	10671	24560	3630
文化、体育和娱乐业	7474	7474	4552	897	2025	
文化艺术业	3621	3621	2400	217	1004	
体育	3853	3853	2152	680	1021	
公共管理和社会组织	4000	4000	1500	2000	500	
国家机构	4000	4000	1500	2000	500	
地方部门属合计	**680772**	**666389**	**273656**	**73730**	**319003**	**14383**
按地区分组						
太原市	519874	508230	203999	66930	237301	11644
大同市	15339	15313	8241	1022	6050	26
阳泉市	14334	14334	1179	5	13150	
长治市	16597	16597	8650	2657	5290	
晋城市	4067	4067	2674	133	1260	
朔州市	3077	3077	1650	224	1203	
晋中市	32119	32119	13139	1186	17794	
运城市	24927	22626	12787	498	9341	2301
忻州市	16750	16351	7185	860	8306	399
临汾市	20622	20609	8729	123	11757	13
吕梁市	13066	13066	5423	92	7551	

12-5 自然科学与技术领域机构科研仪器设备

项　目	科研仪器设备(千元)	#进口
总　计	**543139**	**196798**
按隶属关系分组		
地方部门属	405720	129668
省级部门属	383144	128940
地市级部门属	22576	728
中央部门属	137419	67130
中国科学院	137419	67130
按地区分组		
太原市	512952	193585
大同市	3020	
阳泉市	209	
长治市	4848	584
晋城市	93	
朔州市	360	35
晋中市	7686	394
运城市	1010	350
忻州市	3002	645
临汾市	6208	
吕梁市	3751	1205
地方部门属合计	**405720**	**129668**
按地区分组		
太原市	375533	126455
大同市	3020	
阳泉市	209	
长治市	4848	584
晋城市	93	
朔州市	360	35
晋中市	7686	394
运城市	1010	350
忻州市	3002	645
临汾市	6208	
吕梁市	3751	1205

12-6 自然科学与技术领域机构课题人员与经费

项　　目	课题数合计(个)	课题经费内部支出(千元)	#政府资金	投入人员(人年)
总　　计	**1440**	**257902**	**215265**	**3138**
按隶属关系分组				
地方部门属	1204	168478	149322	2692
省级部门属	1112	160334	143048	2395
地市级部门属	92	8144	6274	298
中央部门属	236	89424	65943	445
中国科学院	236	89424	65943	445
按地区分组				
太原市	1008	208127	166243	2185
大同市	56	5813	5813	95
阳泉市	2	186	186	8
长治市	54	7436	7032	124
晋城市	4	571	571	24
朔州市	9	717	704	33
晋中市	96	13159	12966	244
运城市	53	8383	8383	122
忻州市	57	5534	5438	91
临汾市	70	6445	6415	153
吕梁市	31	1531	1514	59
按课题活动类型分组				
基础研究	31	2248	2218	46
应用研究	323	80646	62422	640
试验发展	454	69487	60840	933
研究与试验发展成果应用	405	52981	41092	904
科技服务	227	52540	48694	615
按课题来源分组				
中央政府部门下达课题	292	102576	101571	634
地方政府部门下达课题	824	88581	80457	1822
企业委托课题	57	25918	152	167
自选课题	84	25019	20502	234
国际合作课题	21	3685	1416	46
其它课题	162	12123	11168	235
按课题合作形式分组				
与境外机构合作	14	4548	2919	31
与国内高校合作	49	7223	6568	142
与国内独立研究机构合作	83	12389	12175	156
与境内注册的外商独资企业合作	1	593		1
与境内注册的其他企业合作	62	23813	15335	169
独立研究	1193	194061	163173	2516
其他	38	15275	15095	122
按课题学科分组				
自然科学领域	151	43595	27442	321
信息科学与系统科学	6	1415	1275	19
化学	92	28541	13646	159
地球科学	2	6711	6711	28
生物学	51	6928	5810	115

12-6 续表1

项　　目	课题数合计(个)	课题经费内部支出(千元)	#政府资金	投入人员(人年)
农业科学领域	814	91189	89933	1466
农学	690	78770	77527	1227
林学	48	3066	3053	101
畜牧、兽医科学	72	8189	8189	113
水产学	4	1164	1164	25
医学科学领域	114	9607	6920	252
基础医学	7	1724	1724	25
临床医学	46	4198	1921	65
预防医学与公共卫生学	9	1518	1108	35
中医学与中药学	52	2167	2167	128
工程科学与技术领域	342	111666	89493	1039
工程与技术科学基础学科	2	560	560	8
信息与系统科学相关工程与技术	3	1990		16
自然科学相关工程与技术	17	1772	1772	48
测绘科学技术	5	12515	12515	44
材料科学	81	27931	24602	220
矿山工程技术	5	802	261	22
冶金工程技术	1	350	100	3
机械工程	9	723	565	19
动力与电气工程	1	30		2
能源科学技术	22	14738	12801	39
电子与通信技术	11	3294	1864	68
计算机科学技术	10	2162	847	29
化学工程	64	25683	18190	143
产品应用相关工程技术	3	2008	1600	14
食品科学技术	20	1429	1409	45
水利工程	42	6470	6440	170
交通运输工程	22	4370	3320	82
环境科学技术及资源科学技术	23	4619	2426	65
管理学	1	221	221	4
社会、人文科学领域	19	1845	1478	60
艺术学	3	516	149	14
经济学	4	730	730	8
社会学	1	25	25	1
新闻学与传播学	1	334	334	3
体育科学	10	240	240	34
按课题服务的国民经济行业				
农、林、牧、渔业	885	98785	97376	1575
农业	604	71670	70467	1087
林业	47	2818	2805	99
畜牧业	67	8208	8208	105
渔业	4	1164	1164	25

12-6 续表2

项　　目	课题数合计(个)	课题经费内部支出(千元)	#政府资金	投入人员(人年)
农、林、牧、渔服务业	163	14925	14732	258
采矿业				
煤炭开采和洗选业				
制造业	83	18467	11352	352
农副食品加工业				
食品制造业				
饮料制造业	6	529	529	10
印刷业和记录媒介的复制				
化学原料及化学制品制造业	17	8090	3500	71
医药制造业	32	3152	1994	119
塑料制品业	8	1166	1114	32
非金属矿物制品业	2	200	200	18
专用设备制造业	1	141	141	4
交通运输设备制造业	6	1864	1864	49
电气机械及器材制造业	2	1900	1500	12
通信设备、计算机及其他电子设备制造业	6	909	361	23
仪器仪表及文化、办公用机械制造业				
工艺品及其他制造业	3	516	149	14
建筑业	30	5840	4790	109
房屋和土木工程建筑业	30	5840	4790	109
信息传输、计算机服务和软件业	16	5799	600	66
软件业	16	5799	600	66
科学研究、技术服务和地质勘查业	263	112181	87035	594
研究与试验发展	237	89645	66164	449
专业技术服务业	20	14779	13114	91
科技交流和推广服务业	3	336	336	22
质勘查业	3	7421	7421	31
水利、环境和公共设施管理业	52	7234	7204	209
水利管理业	51	7124	7094	206
环境管理业	1	110	110	3
卫生、社会保障和社会福利业	101	9356	6669	200
卫生	101	9356	6669	200
文化、体育和娱乐业	10	240	240	34
文化艺术业				
体育	10	240	240	34
公共管理和社会组织				
国家机构				
中央部门属合计	**236**	**89424**	**65943**	**445**
按课题来源分组				
中央政府部门下达课题	142	60242	60242	269
国家自然科学基金课题	31	4384	4384	53
863计划课题	18	11670	11670	47
国家973计划课题	14	6712	6712	20
其它课题	79	37476	37476	149

12-6 续表3

项 目	课题数合计(个)	课题经费内部支出(千元)	#政府资金	投入人员(人年)
地方政府部门下达课题	28	1419	1419	39
地方自然科学基金课题	21	817	817	29
地方科技攻关计划课题	1	257	257	2
其它课题	6	345	345	8
企业委托课题	38	21394		94
自选课题	16	4004	4004	24
国际合作课题	9	2087		17
其它课题	3	278	278	3
按课题合作形式分组				
与境外机构合作	7	3479	1850	15
与国内高校合作	9	2761	2761	13
与国内独立研究机构合作	9	2206	2132	13
与境内注册的外商独资企业合作	1	593		1
与境内注册的其他企业合作	28	17858	11993	61
独立研究	181	62463	47143	341
其他	1	64	64	1
地方部门属合计	**1204**	**168478**	**149322**	**2692**
按课题来源分组				
中央政府部门下达课题	150	42335	41329	366
地方政府部门下达课题	796	87161	79038	1783
企业委托课题	19	4524	152	73
自选课题	68	21015	16498	211
国际合作课题	12	1598	1416	28
其它课题	159	11845	10890	232
按课题合作形式分组				
与境外机构合作	7	1069	1069	16
与国内高校合作	40	4462	3807	129
与国内独立研究机构合作	74	10183	10043	143
与境内注册的其他企业合作	34	5955	3342	108
独立研究	1012	131598	116030	2175
其他	37	15211	15031	122
按地区分组				
太原市	772	118703	100300	1740
大同市	56	5813	5813	95
阳泉市	2	186	186	8
长治市	54	7436	7032	124
晋城市	4	571	571	24
朔州市	9	717	704	33
晋中市	96	13159	12966	244
运城市	53	8383	8383	122
忻州市	57	5534	5438	91
临汾市	70	6445	6415	153
吕梁市	31	1531	1514	59

12–7 自然科学与技术领域机构各类R&D人员人数

项　　目	R&D人员(人)	#全时人员	非全时人员	#女性	学 历			
					博士	硕士	本科	其他
总　　计	**2511**	**1434**	**1077**	**834**	**220**	**455**	**1204**	**632**
按隶属关系分组								
地方部门属	1756	1027	729	595	68	311	991	386
省级部门属	1684	969	715	566	68	311	954	351
地市级部门属	72	58	14	29			37	35
中央部门属	755	407	348	239	152	144	213	246
中国科学院	755	407	348	239	152	144	213	246
按地区分组								
太原市	1577	817	760	560	198	367	665	347
大同市	86	44	42	31	3	6	68	9
阳泉市	8	3	5	1			3	5
长治市	125	84	41	41	1	11	66	47
晋城市	6	4	2	5				6
朔州市	7	7		1			2	5
晋中市	237	169	68	60	3	22	134	78
运城市	176	87	89	56	10	20	92	54
忻州市	74	45	29	23	1	4	47	22
临汾市	165	124	41	56	2	16	88	59
吕梁市	50	50			2	9	39	
按机构学科领域分组								
自然科学领域	93	43	50	39	2	21	55	15
农业科学领域	1149	750	399	374	47	144	669	289
医学科学领域	257	77	180	111	15	69	121	52
工程科学与技术领域	1012	564	448	310	156	221	359	276
社会、人文科学领域								
地方部门属合计	**1756**	**1027**	**729**	**595**	**68**	**311**	**991**	**386**
按地区分组								
太原市	822	410	412	321	46	223	452	101
大同市	86	44	42	31	3	6	68	9
阳泉市	8	3	5	1			3	5
长治市	125	84	41	41	1	11	66	47
晋城市	6	4	2	5				6
朔州市	7	7		1			2	5
晋中市	237	169	68	60	3	22	134	78
运城市	176	87	89	56	10	20	92	54
忻州市	74	45	29	23	1	4	47	22
临汾市	165	124	41	56	2	16	88	59
吕梁市	50	50			2	9	39	

12-8 自然科学与技术领域机构各类R&D人员折合全时工作量

项目	R&D人员全时当量(人年)	#研究人员	#基础研究人员	应用研究人员	试验发展人员
总 计	**1772**	**931**	**51**	**730**	**991**
按隶属关系分组					
地方部门属	1268	629	42	312	914
省级部门属	1207	604	42	296	869
地市级部门属	61	25		16	45
中央部门属	504	302	9	418	77
中国科学院	504	302	9	418	77
按地区分组					
太原市	1076	623	49	695	332
大同市	55	30			55
阳泉市	3	2			3
长治市	106	32		10	96
晋城市	6	1		6	
朔州市	7	4			7
晋中市	172	29			172
运城市	101	89	2		99
忻州市	59	18			59
临汾市	137	68		12	125
吕梁市	50	35		7	43
按机构学科领域分组					
自然科学领域	55	38	2	9	44
农业科学领域	861	411	18	81	762
医学科学领域	157	82	16	128	13
工程科学与技术领域	699	400	15	512	172
社会、人文科学领域					
按服务的国民经济行业分组					
农、林、牧、渔业	882	428	20	79	783
农业	796	380	3	47	746
林业	9	5	1	1	7
畜牧业	22	10	7	4	11
渔业					
农、林、牧、渔服务业	55	33	9	27	19
采矿业					
煤炭开采和洗选业					
制造业	116	66		33	83
农副食品加工业					
食品制造业					
饮料制造业	1	1		1	
印刷业和记录媒介的复制					
化学原料及化学制品制造业	68	40		32	36
医药制造业	3	2			3
塑料制品业					
非金属矿物制品业					
专用设备制造业					

12-8　续表

项　　目	R&D人员全时当量(人年)	#研究人员	#基础研究人员	应用研究人员	试验发展人员
交通运输设备制造业	35	21			35
电气机械及器材制造业					
通信设备、计算机及其他电子设备制造业					
仪器仪表及文化、办公用机械制造业					
工艺品及其他制造业	9	2			9
建筑业	94	43	6	63	25
房屋和土木工程建筑业	94	43	6	63	25
信息传输、计算机服务和软件业					
软件业					
科学研究、技术服务和地质勘查业	514	308	9	418	87
研究与试验发展	504	302	9	418	77
专业技术服务业	7	4			7
科技交流和推广服务业	3	2			3
质勘查业					
水利、环境和公共设施管理业	9	4		9	
水利管理业	6	2		6	
环境管理业	3	2		3	
卫生、社会保障和社会福利业	157	82	16	128	13
卫生	157	82	16	128	13
文化、体育和娱乐业					
文化艺术业					
体育					
公共管理和社会组织					
国家机构					
中央部门属合计	**504**	**302**	**9**	**418**	**77**
按服务的国民经济行业分组					
科学研究、技术服务和地质勘查业	504	302	9	418	77
研究与试验发展	504	302	9	418	77
地方部门属合计	**1268**	**629**	**42**	**312**	**914**
按地区分组					
太原市	572	321	40	277	255
大同市	55	30			55
阳泉市	3	2			3
长治市	106	32		10	96
晋城市	6	1		6	
朔州市	7	4			7
晋中市	172	29			172
运城市	101	89	2		99
忻州市	59	18			59
临汾市	137	68		12	125
吕梁市	50	35		7	43

12-9 自然科学与技术领域机构R&D经费内部支出按来源分布

项　　目	R&D经费内部支出(千元)	政府资金	企业资金	事业单位资　金	国外资金	其他资金
总　计	**330747**	**216338**	**33904**	**10669**	**3186**	**66650**
按隶属关系分组						
地方部门属	84287	75532	797	4436		3522
省级部门属	81446	73102	500	4436		3408
地市级部门属	2841	2430	297			114
中央部门属	246460	140806	33107	6233	3186	63128
中国科学院	246460	140806	33107	6233	3186	63128
按地区分组						
太原市	287624	175527	33607	8768	3186	66536
大同市	2990	2990				
阳泉市	80	80				
长治市	9421	9010	297			114
晋城市	506	506				
朔州市	311	311				
晋中市	8310	8310				
运城市	12156	10255		1901		
忻州市	2485	2485				
临汾市	5855	5855				
吕梁市	1009	1009				
按机构学科领域分组						
自然科学领域	6599	3514				3085
农业科学领域	57825	55924		1901		
医学科学领域	7314	6664		612		38
工程科学与技术领域	259009	150236	33904	8156	3186	63527
社会、人文科学领域						
地方部门属合计	**84287**	**75532**	**797**	**4436**		**3522**
按地区分组						
太原市	41164	34721	500	2535		3408
大同市	2990	2990				
阳泉市	80	80				
长治市	9421	9010	297			114
晋城市	506	506				
朔州市	311	311				
晋中市	8310	8310				
运城市	12156	10255		1901		
忻州市	2485	2485				
临汾市	5855	5855				
吕梁市	1009	1009				

12-10 自然科学与技术领域机构R&D经费内部支出按活动类型分

项 目	R&D经费内部支出(千元)	基础研究	应用研究	试验发展
总 计	**330747**	**3777**	**213642**	**113328**
按隶属关系分组				
地方部门属	84287	2154	16452	65681
省级部门属	81446	2154	15569	63723
地市级部门属	2841		883	1958
中央部门属	246460	1623	197190	47647
中国科学院	246460	1623	197190	47647
按地区分组				
太原市	287624	3649	211578	72397
大同市	2990			2990
阳泉市	80			80
长治市	9421		555	8866
晋城市	506		506	
朔州市	311			311
晋中市	8310			8310
运城市	12156	128		12028
忻州市	2485			2485
临汾市	5855		621	5234
吕梁市	1009		382	627
按机构学科领域分组				
自然科学领域	6599	128	680	5791
农业科学领域	57825	980	4742	52103
医学科学领域	7314	646	5787	881
工程科学与技术领域	259009	2023	202433	54553
社会、人文科学领域				
地方部门属合计	**84287**	**2154**	**16452**	**65681**
按地区分组				
太原市	41164	2026	14388	24750
大同市	2990			2990
阳泉市	80			80
长治市	9421		555	8866
晋城市	506		506	
朔州市	311			311
晋中市	8310			8310
运城市	12156	128		12028
忻州市	2485			2485
临汾市	5855		621	5234
吕梁市	1009		382	627

12-11 自然科学与技术领域机构R&D经费内部支出按费用类别分

项目	R&D经费内部支出(千元)	经常费支出	人员费用	设备购置费	其他	基本建设费	仪器设备费	土建费
总计	**330747**	**218784**	**92486**	**72988**	**53310**	**111963**	**69756**	**42207**
按隶属关系分组								
地方部门属	84287	80262	54819	8047	17396	4025	2557	1468
省级部门属	81446	77421	53051	7795	16575	4025	2557	1468
地市级部门属	2841	2841	1768	252	821			
中央部门属	246460	138522	37667	64941	35914	107938	67199	40739
中国科学院	246460	138522	37667	64941	35914	107938	67199	40739
按地区分组								
太原市	287624	178192	61390	70260	46542	109432	68693	40739
大同市	2990	2990	2288	317	385			
阳泉市	80	80	40		40			
长治市	9421	9421	5984	1446	1991			
晋城市	506	506	224	100	182			
朔州市	311	311	224		87			
晋中市	8310	8310	6262	449	1599			
运城市	12156	9855	8625	286	944	2301	833	1468
忻州市	2485	2255	1886	130	239	230	230	
临汾市	5855	5855	4685		1170			
吕梁市	1009	1009	878		131			
按机构学科领域分组								
自然科学领域	6599	6599	3471	758	2370			
农业科学领域	57825	55294	39165	4311	11818	2531	1063	1468
医学科学领域	7314	7000	5220	520	1260	314	314	
工程科学与技术领域	259009	149891	44630	67399	37862	109118	68379	40739
社会、人文科学领域								
按服务的国民经济行业分组								
农、林、牧、渔业	59272	56741	40219	4373	12149	2531	1063	1468
农业	53421	50890	37187	3879	9824	2531	1063	1468
林业	396	396	278		118			
畜牧业	1496	1496	1173	51	272			
渔业								
农、林、牧、渔服务业	3959	3959	1581	443	1935			
采矿业								
煤炭开采和洗选业								
制造业	10009	10009	4984	1373	3652			
农副食品加工业								
食品制造业								
饮料制造业	40	40	26		14			
印刷业和记录媒介的复制								
化学原料及化学制品制造业	8110	8110	3926	1076	3108			
医药制造业	245	245	180	6	59			
塑料制品业								

12–11　续表

项　　目	R&D经费内部支出(千元)	经常费支出	人员费用	设备购置费	其他	基本建设费	仪器设备费	土建费
非金属矿物制品业								
专用设备制造业								
交通运输设备制造业	1351	1351	734	252	365			
电气机械及器材制造业								
通信设备、计算机及其他电子设备制造业								
仪器仪表及文化、办公用机械制造业								
工艺品及其他制造业	263	263	118	39	106			
建筑业	5020	5020	3964	900	156			
房屋和土木工程建筑业	5020	5020	3964	900	156			
信息传输、计算机服务和软件业								
软件业								
科学研究、技术服务和地质勘查业	248805	139687	37887	65817	35983	109118	68379	40739
研究与试验发展	246460	138522	37667	64941	35914	107938	67199	40739
专业技术服务业	2265	1085	180	876	29	1180	1180	
科技交流和推广服务业	80	80	40		40			
质勘查业								
水利、环境和公共设施管理业	327	327	212	5	110			
水利管理业	217	217	137		80			
环境管理业	110	110	75	5	30			
卫生、社会保障和社会福利业	7314	7000	5220	520	1260	314	314	
卫生	7314	7000	5220	520	1260	314	314	
文化、体育和娱乐业								
文化艺术业								
体育								
公共管理和社会组织								
国家机构								
中央部门属合计	**246460**	**138522**	**37667**	**64941**	**35914**	**107938**	**67199**	**40739**
按服务的国民经济行业分组								
科学研究、技术服务和地质勘查业	246460	138522	37667	64941	35914	107938	67199	40739
研究与试验发展	246460	138522	37667	64941	35914	107938	67199	40739
地方部门属合计	**84287**	**80262**	**54819**	**8047**	**17396**	**4025**	**2557**	**1468**
按地区分组								
太原市	41164	39670	23723	5319	10628	1494	1494	
大同市	2990	2990	2288	317	385			
阳泉市	80	80	40		40			
长治市	9421	9421	5984	1446	1991			
晋城市	506	506	224	100	182			
朔州市	311	311	224		87			
晋中市	8310	8310	6262	449	1599			
运城市	12156	9855	8625	286	944	2301	833	1468
忻州市	2485	2255	1886	130	239	230	230	
临汾市	5855	5855	4685		1170			
吕梁市	1009	1009	878		131			

12–12　自然科学与技术领域机构R&D经费外部支出按流向分

项　　目	R&D经费外部支出(千元)	流向国内研究机构	流向国内高等学校	流向国内企业	流向境外机构
总　　计	**5990**	**426**	**750**	**4794**	
按隶属关系分组					
地方部门属	1356	426	750	160	
省级部门属	1356	426	750	160	
地市级部门属					
中央部门属	4634			4634	
中国科学院	4634			4634	
按地区分组					
太原市	5564		750	4794	
大同市					
阳泉市					
长治市					
晋城市					
朔州市					
晋中市	426	426			
运城市					
忻州市					
临汾市					
吕梁市					
按机构学科领域分组					
自然科学领域					
农业科学领域	426	426			
医学科学领域					
工程科学与技术领域	5564		750	4794	
社会、人文科学领域					
按服务的国民经济行业分组					
农、林、牧、渔业	426	426			
农业	426	426			
林业					
畜牧业					
渔业					
农、林、牧、渔服务业					
采矿业					
煤炭开采和洗选业					
制造业					
农副食品加工业					
食品制造业					
饮料制造业					
印刷业和记录媒介的复制					
化学原料及化学制品制造业					
医药制造业					
塑料制品业					

12-12 续表

项 目	R&D经费外部支出(千元)	流向国内研究机构	流向国内高等学校	流向国内企业	流向境外机构
非金属矿物制品业					
专用设备制造业					
交通运输设备制造业					
电气机械及器材制造业					
通信设备、计算机及其他电子设备制造业					
仪器仪表及文化、办公用机械制造业					
工艺品及其他制造业					
建筑业	750		750		
房屋和土木工程建筑业	750		750		
信息传输、计算机服务和软件业					
软件业					
科学研究、技术服务和地质勘查业	4814			4794	
研究与试验发展	4634			4634	
专业技术服务业	180			160	
科技交流和推广服务业					
质勘查业					
水利、环境和公共设施管理业					
水利管理业					
环境管理业					
卫生、社会保障和社会福利业					
卫生					
文化、体育和娱乐业					
文化艺术业					
体育					
公共管理和社会组织					
国家机构					
中央部门属合计	**4634**			**4634**	
按服务的国民经济行业分组					
科学研究、技术服务和地质勘查业	4634			4634	
研究与试验发展	4634			4634	
地方部门属合计	**1356**	**426**	**750**	**160**	
按地区分组					
太原市	930		750	160	
大同市					
阳泉市					
长治市					
晋城市					
朔州市					
晋中市	426	426			
运城市					
忻州市					
临汾市					
吕梁市					

12-13 自然科学与技术领域机构R&D课题人员和经费

项目	课题数合计(个)	课题经费内部支出(千元)	投入人员(人年)
总计	**808**	**152381**	**1619**
按隶属关系分组			
地方部门属	581	69145	1212
省级部门属	566	66681	1152
地市级部门属	15	2464	61
中央部门属	227	83236	407
中国科学院	227	83236	407
按地区分组			
太原市	503	119040	958
大同市	32	2648	55
阳泉市	1	80	3
长治市	44	6035	105
晋城市	2	280	6
朔州市	4	311	7
晋中市	62	8167	172
运城市	45	7978	101
忻州市	32	2254	47
临汾市	58	4784	118
吕梁市	25	804	48
按课题来源分组			
中央政府部门下达课题	212	68861	411
地方政府部门下达课题	408	42337	838
企业委托课题	34	17659	66
自选课题	59	13634	137
国际合作课题	11	2381	27
其它课题	84	7510	140
按课题合作形式分组			
与境外机构合作	7	3479	15
与国内高校合作	22	4625	56
与国内独立研究机构合作	44	7894	84
与境内注册的外商独资企业合作	1	593	1
与境内注册的其他企业合作	33	19640	93
独立研究	696	115714	1362
其他	5	437	8

12-13　续表1

项　　目	课题数 合　计 (个)	课题经费 内部支出 (千元)	投入人员 (人年)
按课题学科分组			
自然科学领域	116	32382	206
信息科学与系统科学	3	1091	9
化学	89	28312	152
地球科学			
生物学	24	2979	45
农业科学领域	421	42318	775
农学	403	41274	745
林学	4	297	9
畜牧、兽医科学	14	748	22
水产学			
医学科学领域	73	6536	151
基础医学	7	1724	25
临床医学	20	1859	29
预防医学与公共卫生学	7	1038	21
中医学与中药学	39	1916	76
工程科学与技术领域	195	70555	474
工程与技术科学基础学科	1	360	6
信息与系统科学相关工程与技术			
自然科学相关工程与技术	9	1148	15
测绘科学技术			
材料科学	66	24117	159
矿山工程技术			
冶金工程技术			
机械工程	2	400	8
动力与电气工程			
能源科学技术	18	13645	27
电子与通信技术	5	1351	35
计算机科学技术			
化学工程	62	23208	123
产品应用相关工程技术			
食品科学技术	3	137	5
水利工程	1	217	6
交通运输工程	18	3820	72
环境科学技术及资源科学技术	10	2152	20
管理学			
社会、人文科学领域	3	590	12
艺术学	2	256	9
经济学			
社会学			
新闻学与传播学	1	334	3
体育科学			

12-13 续表2

项 目	课题数合 计(个)	课题经费内部支出(千元)	投入人员(人年)
按课题服务的国民经济行业			
农、林、牧、渔业	456	46315	836
农业	404	41754	754
林业	4	297	9
畜牧业	14	938	22
渔业			
农、林、牧、渔服务业	34	3327	52
采矿业			
煤炭开采和洗选业			
制造业	24	9782	113
农副食品加工业			
食品制造业			
饮料制造业	1	40	1
印刷业和记录媒介的复制			
化学原料及化学制品制造业	15	7890	65
医药制造业	1	245	3
塑料制品业			
非金属矿物制品业			
专用设备制造业			
交通运输设备制造业	5	1351	35
电气机械及器材制造业			
通信设备、计算机及其他电子设备制造业			
仪器仪表及文化、办公用机械制造业			
工艺品及其他制造业	2	256	9
建筑业	23	5020	94
房屋和土木工程建筑业	23	5020	94
信息传输、计算机服务和软件业			
软件业			
科学研究、技术服务和地质勘查业	230	84401	416
研究与试验发展	227	83236	407
专业技术服务业	2	1085	7
科技交流和推广服务业	1	80	3
质勘查业			
水利、环境和公共设施管理业	2	327	9
水利管理业	1	217	6
环境管理业	1	110	3
卫生、社会保障和社会福利业	73	6536	151
卫生	73	6536	151
文化、体育和娱乐业			
文化艺术业			
体育			
公共管理和社会组织			
国家机构			

12-13 续表3

项　　目	课题数合　计(个)	课题经费内部支出(千元)	投入人员(人年)
中央部门属合计	**227**	**83236**	**407**
按课题来源分组			
中央政府部门下达课题	140	58071	264
地方政府部门下达课题	27	1333	38
企业委托课题	33	17537	62
自选课题	16	4004	24
国际合作课题	8	2013	17
其它课题	3	278	3
按课题合作形式分组			
与境外机构合作	7	3479	15
与国内高校合作	9	2761	13
与国内独立研究机构合作	8	2132	12
与境内注册的外商独资企业合作	1	593	1
与境内注册的其他企业合作	26	16669	53
独立研究	175	57538	311
其他	1	64	1
地方部门属合计	**581**	**69145**	**1212**
按地区分组			
太原市	276	35804	551
大同市	32	2648	55
阳泉市	1	80	3
长治市	44	6035	105
晋城市	2	280	6
朔州市	4	311	7
晋中市	62	8167	172
运城市	45	7978	101
忻州市	32	2254	47
临汾市	58	4784	118
吕梁市	25	804	48
按课题来源分组			
中央政府部门下达课题	72	10791	149
地方政府部门下达课题	381	41003	799
企业委托课题	1	122	4
自选课题	43	9630	113
国际合作课题	3	368	10
其它课题	81	7232	138
按课题合作形式分组			
与境外机构合作			
与国内高校合作	13	1864	42
与国内独立研究机构合作	36	5762	72
与境内注册的其他企业合作	7	2971	41
独立研究	521	58176	1050
其他	4	373	7

12-14 自然科学与技术领域机构R&D课题经费按活动类型分类

项　目	课题经费内部支出合计(千元)	基础研究	应用研究	试验发展
总　计	**152381**	**2248**	**80646**	**69487**
按隶属关系分组				
地方部门属	69145	1700	14050	53395
省级部门属	66681	1700	13393	51588
地市级部门属	2464		657	1807
中央部门属	83236	548	66596	16092
中国科学院	83236	548	66596	16092
按地区分组				
太原市	119040	2120	79002	37918
大同市	2648			2648
阳泉市	80			80
长治市	6035		555	5480
晋城市	280		280	
朔州市	311			311
晋中市	8167			8167
运城市	7978	128		7850
忻州市	2254			2254
临汾市	4784		620	4164
吕梁市	804		189	615

12-15 自然科学与技术领域机构R&D课题投入人员按活动类型分

项　目	投入人员合计(人年)	基础研究	应用研究	试验发展
总　计	**1619**	**46**	**640**	**933**
按隶属关系分组				
地方部门属	1213	39	303	871
省级部门属	1152	39	287	826
地市级部门属	61		16	45
中央部门属	406	7	337	62
中国科学院	406	7	337	62
按地区分组				
太原市	958	44	606	308
大同市	55			55
阳泉市	3			3
长治市	105		10	95
晋城市	6		6	
朔州市	7			7
晋中市	172			172
运城市	101	2		99
忻州市	47			47
临汾市	118		12	106
吕梁市	48		6	42

12-16 自然科学与技术领域机构专利及专利所有权转让

项目	专利申请受理数(件)	#发明专利	专利申请授权数(件)	#发明专利	#国外授权	有效发明专利总数(件)	专利所有权转让及许可数(件)	专利所有权转让及许可收入(千元)
总计	**139**	**99**	**87**	**71**		**424**	**4**	**26510**
按隶属关系分组								
地方部门属	63	32	31	16		46		
省级部门属	58	30	28	15		43		
地市级部门属	5	2	3	1		3		
中央部门属	76	67	56	55		378	4	26510
中国科学院	76	67	56	55		378	4	26510
按地区分组								
太原市	131	95	82	68		414	4	26510
大同市								
阳泉市								
长治市	3		1					
晋城市								
朔州市								
晋中市						2		
运城市	3	3	1			5		
忻州市								
临汾市	2	1	1	1		1		
吕梁市			2	2		2		
按机构学科领域分组								
自然科学领域	12	5	7			8		
农业科学领域	26	12	13	9		20		
医学科学领域	2	2						
工程科学与技术领域	99	80	67	62		396	4	26510
社会、人文科学领域								

12-16　续表

项　　目	专利申请受理数(件)	#发明专利	专利申请授权数(件)	#发明专利	#国外授权	有效发明专利总数(件)	专利所有权转让及许可数(件)	专利所有权转让及许可收入(千元)
按服务的国民经济行业分组								
农、林、牧、渔业	28	14	13	9		20		
采矿业								
制造业	27	15	14	6		25		
建筑业	4	1	2	1		1		
信息传输、计算机服务和软件业								
科学研究、技术服务和地质勘查业	77	67	57	55		378	4	26510
水利、环境和公共设施管理业	1		1					
卫生、社会保障和社会福利业	2	2						
文化、体育和娱乐业								
公共管理和社会组织								
中央部门属合计	**76**	**67**	**56**	**55**		**378**	**4**	**26510**
按服务的国民经济行业分组								
科学研究、技术服务和地质勘查业	76	67	56	55		378	4	26510
地方部门属合计	**63**	**32**	**31**	**16**		**46**		
按地区分组								
太原市	55	28	26	13		36		
大同市								
阳泉市								
长治市	3		1					
晋城市								
朔州市								
晋中市						2		
运城市	3	3	1			5		
忻州市								
临汾市	2	1	1	1		1		
吕梁市			2	2		2		

12–17 自然科学与技术领域机构论文、著作及其他科技成果

项目	发表科技论文(篇)	#国外发表	出版科技著作(种)	形成国家或行业标准(件)	集成电路布图设计登记数(件)	植物新品种权授予(项)	软件著作权(件)	新药证书(件)
总计	**1304**	**169**	**65**	**10**		**17**	**2**	
按隶属关系分组								
地方部门属	1096	62	64	10		17	2	
省级部门属	993	18	62	10		17	2	
地市级部门属	103	44	2					
中央部门属	208	107	1					
中国科学院	208	107	1					
按地区分组								
太原市	1056	167	60	9		11	2	
大同市	14							
阳泉市								
长治市	27							
晋城市								
朔州市	1							
晋中市	55		3					
运城市	49	2	1	1		3		
忻州市	37							
临汾市	33		1			3		
吕梁市	32							
按机构学科领域分组								
自然科学领域	58	5	1	8				
农业科学领域	476	7	41	1		17	2	
医学科学领域	266	4	19					
工程科学与技术领域	494	153	4	1				
社会、人文科学领域	10							

12-17　续表

项　　目	发表科技论文(篇)	#国外发表	出版科技著作(种)	形成国家或行业标准(件)	集成电路布图设计登记数(件)	植物新品种权授予(项)	软件著作权(件)	新药证书(件)
按服务的国民经济行业分组								
农、林、牧、渔业	492	12	41	1		17	2	
采矿业	15							
制造业	111	43	1	8				
建筑业	86			1				
信息传输、计算机服务和软件业	13							
科学研究、技术服务和地质勘查业	243	107	2					
水利、环境和公共设施管理业	65							
卫生、社会保障和社会福利业	257	4	18					
文化、体育和娱乐业	17	3	3					
公共管理和社会组织	5							
中央部门属合计	**208**	**107**	**1**					
按服务的国民经济行业分组								
科学研究、技术服务和地质勘查业	208	107	1					
地方部门属合计	**1096**	**62**	**64**	**10**		**17**	**2**	
按地区分组								
太原市	848	60	59	9			2	
大同市	14							
阳泉市								
长治市	27							
晋城市								
朔州市	1							
晋中市	55		3					
运城市	49	2	1	1				
忻州市	37							
临汾市	33		1					
吕梁市	32							

13-1 社会与人文科学领域机构从业人员和科技活动人员按性别和工作性质分

项　目	机构数(个)	从业人员(人)	科技活动人员(人)	#女性	#科技管理	课题活动	科技服务
总　计	**20**	**907**	**737**	**344**	**125**	**475**	**137**
按隶属关系分组							
省级部门属	12	605	470	213	75	313	82
地市级部门属	8	302	267	131	50	162	55
按地区分组							
太原市	18	784	640		101	429	110
大同市	1	86	68		21	28	19
忻州市	1	37	29		3	18	8
按机构学科领域分组							
工程科学与技术领域	1	15	14		3	11	
管理学	1	15	14		3	11	
社会、人文科学领域	19	892	723		122	464	137
艺术学	4	118	93		20	53	20
考古学	3	146	123		30	67	26
经济学	8	445	331		57	239	35
社会学	1	24	24		5	17	2
教育学	2	149	142		9	81	52
统计学	1	10	10		1	7	2

13-2 社会与人文科学领域机构科技活动人员按学历和职称分

项　目	技活动人员(人)	学历					职称		
		博士	硕士	本科	大专	其他	高级	中级	其他
总　计	**737**	**9**	**119**	**413**	**141**	**55**	**240**	**286**	**211**
按隶属关系分组									
省级部门属	470	7	110	249	76	28	163	183	124
地市级部门属	267	2	9	164	65	27	77	103	87
按地区分组									
太原市	640	8	117	381	100	34	226	249	165
大同市	68	1	2	28	29	8	11	26	31
忻州市	29			4	12	13	3	11	15
按机构学科领域分组									
工程科学与技术领域									
管理学									
社会、人文科学领域									
艺术学									
考古学									
经济学									
社会学									
教育学									
统计学									

13-3 社会与人文科学领域机构科技活动收入按来源分

项　　目	科技活动收入(千元)	政府资金	财政拨款	承担政府科研项目收入	非政府资金	#技术性收　入	国外资金
总　　计	**79255**	**66775**	**65496**	**904**	**12480**	**375**	
按隶属关系分组							
省级部门属	64518	52663	51768	520	11855	375	
地市级部门属	14737	14112	13728	384	625		
按地区分组							
太原市	78424	65944	64665	904	12480	375	
大同市							
忻州市	831	831	831				
按机构学科领域分组							
工程科学与技术领域	774	774	774				
管理学	774	774	774				
社会、人文科学领域	78481	66001	64722	904	12480	375	
艺术学	6427	6427	6427				
考古学	14628	2773	2773		11855		
经济学	43173	43172	42327	470	1	375	
社会学	2935	2311	1927	384	624		
教育学	10774	10774	10774				
统计学	544	544	494	50			

13-4 社会与人文科学领域机构科技经费内部支出按费用类别分

项　　目	科技经费内部支出(千元)	科技经费日常支出				科研基建
			人员劳务费	设备购置费	其他日常支出	
总　　计	**86192**	**86192**	**38525**	**2335**	**45332**	
按隶属关系分组						
省级部门属	50640	50640	24931	1947	23762	
地市级部门属	35552	35552	13594	388	21570	
按地区分组						
太原市	64686	64686	33462	2160	29064	
大同市	20100	20100	4148	135	15817	
忻州市	1406	1406	915	40	451	
按机构学科领域分组						
工程科学与技术领域	1119	1119	893		226	
管理学	1119	1119	893		226	
社会、人文科学领域	85073	85073	37632	2335	45106	
艺术学	5817	5817	3174	161	2482	
考古学	35278	35278	12065	764	22449	
经济学	28705	28705	14749	1410	12546	
社会学	2935	2935	1005		1930	
教育学	11814	11814	6155		5659	
统计学	524	524	484		40	

13-5 社会与人文科学领域机构科研仪器设备

项　目	科研仪器设备(千元)	#进口
总　计	**11251**	**1602**
按隶属关系分组		
省级部门属	8094	1602
地市级部门属	3157	
按地区分组		
太原市	10347	1602
大同市	897	
忻州市	7	
按机构学科领域分组		
工程科学与技术领域		
管理学		
社会、人文科学领域		
艺术学		
考古学		
经济学		
社会学		
教育学		
统计学		

13-6 社会与人文科学领域机构课题人员与经费

项目	课题数合计(个)	课题经费内部支出(千元)	#政府资金	投入人员(人年)
总计	**113**	**23974**	**11211**	**314**
按隶属关系分组				
省级部门属	85	20776	8124	258
地市级部门属	28	3198	3087	56
按地区分组				
太原市	113	23974	11211	314
大同市				
忻州市				
按课题活动类型分组				
基础研究	4	976	976	24
应用研究	16	7454	4199	134
试验发展				
研究与试验发展成果应用	9	588	568	17
科技服务	84	14956	5468	138
按课题来源分组				
国家科技项目	7	650	600	17
国家社会科学基金课题	1	112	112	
其它课题	6	538	488	17
地方科技项目	43	6346	5542	104
地方科技攻关计划课题	1	20	20	1
地方社会科学基金课题	1	40	40	2
其它课题	41	6286	5482	100
自选课题	33	4440	4400	136
其它课题	30	12538	669	58
按课题学科分组				
工程科学与技术领域	1	185	185	5
管理学	1	185	185	5
社会、人文科学领域	112	23789	11026	309
艺术学	1	252	252	7
考古学	14	247	207	27
经济学	7	855	744	34
社会学	26	13403	819	52
教育学	55	7490	7462	152
统计学	1	180	180	5

13-7 社会与人文科学领域机构各类R&D人员人数

项　　目	R&D人员(人)	#全时人员	非全时人　员	#女性	学　历			
					博士	硕士	本科	其他
总　　计	**181**	**155**	**26**	**69**	**4**	**63**	**105**	**9**
按隶属关系分组								
省级部门属	181	155	26	69	4	63	105	9
地市级部门属								
按地区分组								
太原市	181	155	26	69	4	63	105	9
大同市								
忻州市								
按机构学科领域分组								
工程科学与技术领域								
管理学								
社会、人文科学领域	181	155	26	69	4	63	105	9
艺术学								
考古学	25	24	1			3	22	
经济学	156	131	25	69	4	60	83	9
社会学								
教育学								
统计学								

13-8 社会与人文科学领域机构各类R&D人员折合全时工作量

项　目	R&D人员(人年)	#研究人员	#基础研究	应用研究	试验发展
总　计	**159**	**123**	**24**	**135**	
按隶属关系分组					
省级部门属	159	123	24	135	
地市级部门属					
按地区分组					
太原市	159	123	24	135	
大同市					
忻州市					
按机构学科领域分组					
工程科学与技术领域					
管理学					
社会、人文科学领域	159	123	24	135	
艺术学					
考古学	24	3		24	
经济学	135	120	24	111	
社会学					
教育学					
统计学					

13-9 社会与人文科学领域机构R&D经费支出按来源分布

项目	R&D经费内部支出(千元)	政府资金	企业资金	事业单位资金	国外资金	其他资金
总计	**8430**	**5175**	**2700**	**555**		
按隶属关系分组						
省级部门属	8430	5175	2700	555		
地市级部门属						
按地区分组						
太原市	8430	5175	2700	555		
大同市						
忻州市						
按机构学科领域分组						
工程科学与技术领域						
管理学						
社会、人文科学领域	8430	5175	2700	555		
艺术学						
考古学	3592	337	2700	555		
经济学	4838	4838				
社会学						
教育学						
统计学						

13-10 社会与人文科学领域机构R&D经费内部支出按活动类型分

项　　目	R&D经费内部支出(千元)	基础研究	应用研究	试验发展
总　　计	**8430**	**976**	**7454**	
按隶属关系分组				
省级部门属	8430	976	7454	
地市级部门属				
按地区分组				
太原市	8430	976	7454	
大同市				
忻州市				
按机构学科领域分组				
工程科学与技术领域				
管理学				
社会、人文科学领域	8430	976	7454	
艺术学				
考古学	3592	112	3480	
经济学	4838	864	3974	
社会学				
教育学				
统计学				

13-11 社会与人文科学领域机构R&D经费内部支出按费用类别分

项目	R&D经费内部支出(千元)	经常费支出				基本建设费		
			人员费用	设备购置费	其他		仪器设备费	土建费
总计	**8430**	**8430**	**5294**	**1123**	**2013**			
按隶属关系分组								
省级部门属	8430	8430	5294	1123	2013			
地市级部门属								
按地区分组								
太原市	8430	8430	5294	1123	2013			
大同市								
忻州市								
按机构学科领域分组								
工程科学与技术领域								
管理学								
社会、人文科学领域	8430	8430	5294	1123	2013			
艺术学								
考古学	3592	3592	1485	383	1724			
经济学	4838	4838	3809	740	289			
社会学								
教育学								
统计学								

13-12 社会与人文科学领域机构R&D课题人员和经费

项目	课题数合计(个)	课题经费内部支出(千元)	投入人员(人年)
总计	**20**	**8430**	**159**
按隶属关系分组			
省级部门属	20	8430	159
地市级部门属			
按地区分组			
太原市	20	8430	159
大同市			
忻州市			
按课题来源分组			
国家科技项目	1	112	
国家社会科学基金课题	1	112	
其它课题			
地方科技项目	6	1608	24
地方科技攻关计划课题			
地方社会科学基金课题			
其它课题	6	1608	24
自选课题	12	4010	112
其它课题	1	2700	22
按课题学科分组			
工程科学与技术领域	1	185	5
管理学	1	185	5
社会、人文科学领域	19	8245	154
语言学	1	252	7
艺术学			
历史学	1	360	10
考古学	4	3592	24
经济学	9	2997	84
政治学	1	180	5
法学	1	360	10
社会学	2	504	14
统计学		60	

13-13 社会与人文科学领域机构R&D课题经费按活动类型分类

项　　目	课题经费内部支出合计(千元)	基础研究	应用研究	试验发展
总　　计	**8430**	**976**	**7454**	
按隶属关系分组				
省级部门属	8430	976	7454	
地市级部门属				
按地区分组				
太原市	8430	976	7454	
大同市				
忻州市				

13-14 社会与人文科学领域机构R&D课题投入人员按活动类型分组

项　　目	投入人员合计(人年)	基 础 研 究	应 用 研 究	试 验 发 展
总　　计	**158**	**24**	**134**	
按隶属关系分组				
省级部门属	158	24	134	
地市级部门属				
按地区分组				
太原市	158	24	134	
大同市				
忻州市				

13-15 社会与人文科学领域机构论文、著作、标准和集成电路布图设计登记

项目	发表科技论文(篇)	#国外发表	出版科技著作(种)	形成国家或行业标准数(件)	集成电路布图设计登记数(件)
总计	**379**		**24**		
按隶属关系分组					
省级部门属	379		24		
地市级部门属					
按地区分组					
太原市	379		24		
大同市					
忻州市					
按机构学科领域分组					
工程科学与技术领域					
管理学					
社会、人文科学领域					
艺术学					
考古学					
经济学					
社会学					
教育学					
统计学					

14-1 科技信息和文献机构从业人员和科技活动人员按性别和工作性质分

项　　目	机构数(个)	从业人员(人)	科技活动人员(人)	#女性	#科技管理	课题活动	科技服务
总　　计	**12**	**329**	**303**	**135**	**55**	**130**	**118**
按隶属关系分组							
省级部门属	3	178	167	73	27	88	52
地市级部门属	9	151	136	62	28	42	66
按地区分组							
太原市	5	215	197	85	30	91	76
大同市	1	27	26	16	5	15	6
阳泉市	1	11	11	1	3	3	5
长治市	1	18	18	8	5	13	
晋城市	1	15	14	8	5		9
运城市	1	14	10	4			10
忻州市	1	15	13	5	4	3	6
临汾市	1	14	14	8	3	5	6
按服务的国民经济行业分组							
农、林、牧、渔业	1	56	52				
制造业	1	40	40				
科学研究、技术服务和地质勘查业	10	233	211				

14-2 科技信息和文献机构科技活动人员按学历和职称分

项　　目	科技活动人员(人)	学历					职称		
		博士	硕士	本科	大专	其他	高级	中级	其他
总　　计	**303**		**10**	**200**	**69**	**24**	**65**	**129**	**109**
按隶属关系分组									
省级部门属	167		6	113	33	15	35	67	65
地市级部门属	136		4	87	36	9	30	62	44
按地区分组									
太原市	197		10	137	35	15	45	75	77
大同市	26			9	14	3	5	14	7
阳泉市	11			6	1	4	2	4	5
长治市	18			10	8		2	4	12
晋城市	14			11	2	1	3	7	4
运城市	10			8	2		3	5	2
忻州市	13			11	2		2	10	1
临汾市	14			8	5	1	3	10	1
按服务的国民经济行业分组									
农、林、牧、渔业									
制造业									
科学研究、技术服务和地质勘查业									

14-3 科技信息和文献机构科技活动收入按来源分

项目	科技活动收入（千元）	政府资金	财政拨款	承担政府科研项目收入	其他	非政府资金	#技术性收入	国外资金
总计	**27673**	**24266**	**16423**	**6487**	**1356**	**3407**	**3257**	
按隶属关系分组								
省级部门属	19028	15978	9840	5142	996	3050	3050	
地市级部门属	8645	8288	6583	1345	360	357	207	
按地区分组								
太原市	21379	18329	11711	5622	996	3050	3050	
大同市	958	958	958					
阳泉市	997	997	692	305				
长治市	1278	1278	818	160	300			
晋城市	1607	1250	850	400		357	207	
运城市	607	607	607					
忻州市	438	438	378		60			
临汾市	409	409	409					
按服务的国民经济行业分组								
农、林、牧、渔业								
制造业								
科学研究、技术服务和地质勘查业								

14-4 科技信息和文献机构科技经费内部支出按费用类别分

项目	科技经费内部支出（千元）	科技经费日常支出	人员劳务费	设备购置费	其他日常支出	科研基建
总计	**26620**	**26620**	**11969**	**1571**	**13080**	
按隶属关系分组						
省级部门属	19388	19388	6334	1426	11628	
地市级部门属	7232	7232	5635	145	1452	
按地区分组						
太原市	21282	21282	7931	1426	11925	
大同市	976	976	866		110	
阳泉市	665	665	353	56	256	
长治市	1036	1036	576	53	407	
晋城市	1093	1093	828		265	
运城市	619	619	583	36		
忻州市	540	540	443		97	
临汾市	409	409	389		20	
按服务的国民经济行业分组						
农、林、牧、渔业						
制造业						
科学研究、技术服务和地质勘查业						

14–5 科技信息和文献机构科研仪器设备

项　目	科研仪器设备(千元)	#进口
总　计	**14720**	
按隶属关系分组		
省级部门属	13370	
地市级部门属	1350	
按地区分组		
太原市	13370	
大同市	588	
阳泉市		
长治市	495	
晋城市		
运城市		
忻州市	267	
临汾市		
按服务的国民经济行业分组		
农、林、牧、渔业		
制造业		
科学研究、技术服务和地质勘查业		

14-6 科技信息和文献机构课题人员与经费

项　目	课题数合计(个)	课题经费内部支出(千元)	#政府资金	投入人员(人年)
总　计	**74**	**8026**	**7806**	**129**
按隶属关系分组				
省级部门属	66	6854	6634	91
地市级部门属	8	1172	1172	38
按地区分组				
太原市	68	7214	6994	109
大同市				
阳泉市	3	157	157	6
长治市	2	330	330	8
晋城市	1	325	325	6
运城市				
忻州市				
临汾市				
按课题活动类型分组				
基础研究				
应用研究	2	330	330	8
试验发展				
研究与试验发展成果应用	36	4290	4290	62
科技服务	36	3406	3186	59
按课题学科分组				
自然科学领域	11	1388	1288	25
信息科学与系统科学	11	1388	1288	25
农业科学领域	12	1516	1516	15
农学	8	892	892	10
畜牧、兽医科学	4	624	624	5
医学科学领域	2	78	78	2
中医学与中药学	2	78	78	2
工程科学与技术领域	35	3986	3986	52
信息与系统科学相关工程与技术	1	325	325	6
冶金工程技术	2	14	14	2
能源科学技术	1	310	310	1
电子与通信技术	1	22	22	1
计算机科学技术	15	1718	1718	23
化学工程	1	20	20	1
食品科学技术	2	89	89	2
管理学	12	1488	1488	16
社会、人文科学领域	14	1058	938	35
法学	1	56	56	1
新闻学与传播学	1	41	41	2
图书馆、情报与文献学	5	567	447	25
教育学	1	123	123	1
统计学	6	271	271	6
按课题服务的国民经济行业				
农、林、牧、渔业	23	2217	2217	29
制造业	2	220		6
科学研究、技术服务和地质勘查业	49	5589	5589	94

14–7 科技信息和文献机构各类R&D人员人数

项目	R&D人员(人)	#全时人员	非全时人员	#女性	学历			
					博士	硕士	本科	其他
总计	**8**	**8**		**3**			**8**	
按隶属关系分组								
省级部门属								
地市级部门属	8	8		3			8	
按地区分组								
太原市								
大同市								
阳泉市								
长治市	8	8		3			8	
晋城市								
运城市								
忻州市								
临汾市								
按服务的国民经济行业分组								
农、林、牧、渔业								
制造业								
科学研究、技术服务和地质勘查业								

14–8 科技信息和文献机构各类R&D人员折合全时工作量

项目	R&D人员(人年)	#研究人员	#基础研究	应用研究	试验发展
总计	**8**	**2**		**8**	
按隶属关系分组					
省级部门属					
地市级部门属	8	2		8	
按地区分组					
太原市					
大同市					
阳泉市					
长治市	8	2		8	
晋城市					
运城市					
忻州市					
临汾市					
按服务的国民经济行业分组					
农、林、牧、渔业					
制造业					
科学研究、技术服务和地质勘查业					

14-9 科技信息和文献机构R&D经费支出按来源分布

项　　目	R&D经费内部支出(千元)	政府资金	企业资金	事业单位资金	国外资金	其他资金
总　　计	**380**	**380**				
按隶属关系分组						
省级部门属						
地市级部门属	380	380				
按地区分组						
太原市						
大同市						
阳泉市						
长治市	380	380				
晋城市						
运城市						
忻州市						
临汾市						
按服务的国民经济行业分组						
农、林、牧、渔业						
制造业						
科学研究、技术服务和地质勘查业						

14-10 科技信息和文献机构R&D经费内部支出按活动类型分

项　　目	R&D经费内部支出(千元)	基础研究	应用研究	试验发展
总　　计	**380**		**380**	
按隶属关系分组				
省级部门属				
地市级部门属	380		380	
按地区分组				
太原市				
大同市				
阳泉市				
长治市	380		380	
晋城市				
运城市				
忻州市				
临汾市				
按服务的国民经济行业分组				
农、林、牧、渔业				
制造业				
科学研究、技术服务和地质勘查业				

14-11 科技信息和文献机构R&D经费内部支出按费用类别分

项　　目	R&D经费内部支出(千元)	经常费支出	人员费用	设备购置费	其他	基本建设费	仪器设备费	土建费
总　　计	**380**	**380**	**280**	**35**	**65**			
按隶属关系分组								
省级部门属								
地市级部门属	380	380	280	35	65			
按地区分组								
太原市								
大同市								
阳泉市								
长治市	380	380	280	35	65			
晋城市								
运城市								
忻州市								
临汾市								
按服务的国民经济行业分组								
农、林、牧、渔业								
制造业								
科学研究、技术服务和地质勘查业								

14-12 科技信息和文献机构论文、著作、标准和集成电路布图设计登记

项　　目	发表科技论文(篇)	#国外发表	出版科技著作(种)	形成国家或行业标准数(件)	集成电路布图设计登记数(件)
总　　计	**74**		**2**		
按隶属关系分组					
省级部门属	22		1		
地市级部门属	52		1		
按地区分组					
太原市	44		1		
大同市	1				
阳泉市	6				
长治市	8		1		
晋城市	5				
运城市	5				
忻州市	5				
临汾市					
按服务的国民经济行业分组					
农、林、牧、渔业					
制造业					
科学研究、技术服务和地质勘查业					

14-13 科技信息和文献机构R&D课题人员和经费

项　　目	课题数合计(个)	课题经费内部支出(千元)	投入人员(人年)
总　　计	**2**	**330**	**8**
按隶属关系分组			
省级部门属			
地市级部门属	2	330	8
按地区分组			
太原市			
大同市			
阳泉市			
长治市	2	330	8
晋城市			
运城市			
忻州市			
临汾市			
按课题学科分组			
自然科学领域	2	330	8
信息科学与系统科学	2	330	8
农业科学领域			
农学			
畜牧、兽医科学			
医学科学领域			
中医学与中药学			
工程科学与技术领域			
信息与系统科学相关工程与技术			
冶金工程技术			
能源科学技术			
电子与通信技术			
计算机科学技术			
化学工程			
食品科学技术			
管理学			
社会、人文科学领域			
法学			
新闻学与传播学			
图书馆、情报与文献学			
教育学			
统计学			
按课题服务的国民经济行业			
农、林、牧、渔业			
制造业			
科学研究、技术服务和地质勘查业	2	330	8

14-14 科技信息和文献机构R&D课题经费按活动类型分类

项　目	经费内部支出合计(千元)	基础研究	应用研究	试验发展
总　计	**330**		**330**	
按隶属关系分组				
省级部门属				
地市级部门属	330		330	
按地区分组				
太原市				
大同市				
阳泉市				
长治市	330		330	
晋城市				
运城市				
忻州市				
临汾市				

14-15 科技信息和文献机构R&D课题投入人员按活动类型分类

项　目	投入人员合计(人年)	基础研究	应用研究	试验发展
总　计	**8**		**8**	
按隶属关系分组				
省级部门属				
地市级部门属	8		8	
按地区分组				
太原市				
大同市				
阳泉市				
长治市	8		8	
晋城市				
运城市				
忻州市				
临汾市				

第三部分
高等学校

15-1 地方高等学校及

学校名称	学校及附院数(所)	教学与科研人员(人)			研究与发展	
		合计	其中：科学家与工程师		合计	其中：科学家
			小计	其中：高级职称		小计
合　计	**21**	**14465**	**13826**	**4947**	**7256**	**7109**
山西大学		982	954	323	935	893
太原科技大学		1363	1309	403	831	805
中北大学		1267	1213	442	953	951
太原理工大学		1825	1802	762	1294	1289
山西农业大学		956	803	281	469	424
山西医科大学		1108	1095	455	838	838
山西医科大学第一医院		1307	1293	400	525	525
山西医科大学第二医院		1378	1378	478	320	320
长治医学院		652	493	153	111	106
山西师范大学		480	445	176	250	249
太原师范学院		283	275	122	41	41
山西大同大学		777	767	300	116	116
晋中学院		166	162	60	35	35
长治学院		142	142	31	56	56
运城学院		257	256	62	24	24
忻州师范学院		235	224	72	77	77
太原电力高等专科学校		324	286	99	68	68
山西中医学院		411	381	122	209	188
吕梁学院		183	183	75		
山西大学商务学院		106	103	21	12	12
太原工业学院		263	262	110	92	92

附院科技活动概况(一)

人员(人年)与工程师		科技经费(千元)				
其中：高级职称	全时当量人员	合计	当年拨入			当年内部支出
			政府资金	企事业单位委托(进入学校财务)	其他	
2849	**5800**	**534587**	**279928**	**211566**	**43093**	**6285**
323	748	127198	75197	42839	9162	625
233	665	52614	18934	30788	2892	
442	762	149771	44275	103496	2000	5460
736	1035	101254	69985	24896	6373	
114	375	22989	17185	4354	1450	200
215	670	35337	25417	30	9890	
177	420	7160	6200	150	810	
90	256	6930	4690	410	1830	
58	88	1598	1312	112	174	
116	200	13323	5843	1964	5516	
23	32	1037	706		331	
46	93	3405	1705	400	1300	
20	28	740	628		112	
26	44	468	328		140	
14	19	479	394		85	
30	61	776	637		139	
17	54	2227	578	1480	169	
122	167	5241	4863		378	
5	10	128	72		56	
42	73	1912	979	647	286	

15-2 地方高等学校及

学校名称	学校及附院数(所)	科技课题			
		课题总数(项)	当年投入人数(人)	当年拨入经费(千元)	当年支出经费(千元)
合计	**20**	**4181**	**5071**	**437930**	**390005**
山西大学		591	684	107839	96756
太原科技大学		395	576	43005	36781
中北大学		597	680	139555	116837
太原理工大学		855	911	77913	73843
山西农业大学		293	350	18889	27030
山西医科大学		406	561	24828	19186
山西医科大学第一医院		210	350	3210	3486
山西医科大学第二医院		194	213	3240	3165
长治医学院		59	74	790	482
山西师范大学		257	167	8481	3199
太原师范学院		17	33	168	357
山西大同大学		91	77	1668	1637
晋中学院		14	23	492	338
长治学院		17	37	180	123
运城学院		8	16	255	148
忻州师范学院		36	51	388	314
太原电力高等专科学校		38	45	1796	1144
山西中医学院		45	150	3911	3860
吕梁学院					
山西大学商务学院		13	8	56	56
太原工业学院		45	65	1266	1263

附院科技活动概况(二)

科技成果及技术转让							成果授奖(项)	
专著		学术论文(篇)		鉴定成果数(项)	技术转让		合计	其中：国家级奖
数量(部)	字数(千字)	合计	国外学术刊物发表		签定合同数(项)	当年实际收入(千元)		
96	**19243**	**9947**	**1610**	**129**	**80**	**2957**	**77**	**1**
6	739	1156	462	11	1	150	10	
3	483	803	73	4	16	334	5	
8	1885	1435	35	20	3	80	7	
9	1619	2234	716	16	59	1932	12	1
3	710	681	18	11			5	
36	9549	841	75	3			6	
4	631	40	35	17			16	
		581	8	18			12	
1	160	217	16	2			1	
2	370	375	69		1	461	2	
		294	20					
9	1210	472	44	7			1	
		91	6					
		82	5					
1	150	216	3					
2	720	130	5					
		100	9					
12	1017	111	6	20				
		36						
		52	5					

15-3 地方高等学校及

项　目	学校及附院数(所)	合计	其中：女性	教师 小计	教授	副教授
合　计	**21**	**14465**	**7663**	**8915**	**1307**	**2212**
自然科学		3477	1821	2942	352	733
工程与技术		5108	2330	3912	579	990
医药科学		4065	2638	1316	281	320
农业科学		591	256	477	72	133
其他		1224	618	268	23	36
博士研究生		1579	631	1363	555	434
硕士研究生		4697	2556	3902	299	663
大学本科		5966	3117	3484	439	1065
大学专科		1541	991	152	14	48
中专		338	247	11		1
高中及以下		344	121	3		1
30岁及以下		2440	1436	1929	2	19
31-35岁		2778	1623	1982	7	154
36-40岁		2432	1438	1317	75	446
41-45岁		2371	1204	1437	310	678
46-55岁		3879	1806	1949	748	811
56-60岁		503	141	250	116	102
61岁及以下		62	15	51	49	2

附院科技人力概况(一)

单位：人

系列			其他技术职务系列					
讲师	助教	其他	小计	高级	中级	初级	其他	辅助人员
3497	**1610**	**289**	**5550**	**1428**	**2121**	**1362**	**149**	**490**
1132	619	106	535	135	208	130	19	43
1686	603	54	1196	294	499	280	28	95
420	238	57	2749	871	1068	707	55	48
182	87	3	114	21	49	29		15
77	63	69	956	107	297	216	47	289
300	67	7	216	161	41	12	2	
1994	800	146	795	221	313	238	22	1
1135	709	136	2482	792	995	565	120	10
59	31		1389	227	556	386	5	215
7	3		327	24	152	107		44
2			341	3	64	54		220
771	948	189	511	3	88	324	63	33
1291	482	48	796	14	310	392	37	43
676	103	17	1115	171	571	283	19	71
401	38	10	934	353	349	133	16	83
333	37	20	1930	761	740	207	13	209
25	2	5	253	118	62	23	1	49
			11	8	1			2

15-4 地方高等学校及附院科技人力概况(二)

单位：人

项目	学校及附院数(所)	总计	科学家和工程师				技术员	辅助人员
			小计	高级	中级	初级		
合计	**21**	**14465**	**13826**	**4947**	**5618**	**3261**	**149**	**490**
自然科学		3477	3415	1220	1340	855	19	43
工程与技术		5108	4985	1863	2185	937	28	95
医药科学		4065	3962	1472	1488	1002	55	48
农业科学		591	576	226	231	119		15
其他		1224	888	166	374	348	47	289
博士研究生		1579	1577	1150	341	86	2	
硕士研究生		4697	4674	1183	2307	1184	22	1
大学本科		5966	5836	2296	2130	1410	120	10
大学专科		1541	1321	289	615	417	5	215
中专		338	294	25	159	110		44
高中及以下		344	124	4	66	54		220
30岁及以下		2440	2344	24	859	1461	63	33
31-35岁		2778	2698	175	1601	922	37	43
36-40岁		2432	2342	692	1247	403	19	71
41-45岁		2371	2272	1341	750	181	16	83
46-55岁		3879	3657	2320	1073	264	13	209
56-60岁		503	453	336	87	30	1	49
61岁及以下		62	60	59	1			2

15-5 地方高等学校及附院科技经费

单位：千元

指　　标	金　　额	指　　标	金　　额
拨入经费	5344587	内部支出经费	542164
科研事业费	51392	人员劳务费	95060
主管部门专项费	55500	业务费	275500
其他政府部门专项费	173036	固定资产购置费	102377
企事业单位委托经费	211566	上缴税金	7854
当年学校科技活动经费	42363	管理费	35290
其他	730	其他	26083

注：本表统计学校及附院数20所

15-6 地方高等学校及附院经费

单位：千元

项　　目	当年拨入	当年支出
合　计	**411463**	**363965**
基础研究	131425	122023
应用研究	271911	224419
试验发展	8127	17523

注：本表统计学校及附院数20所

15-7 地方高等学校及附院R&D成果应用及科技服务经费

单位：千元

项　目	当年拨入	当年支出
合　计	**26467**	**26040**
R&D成果应用	18001	18773
科技服务	8466	7267

注：本表统计学校及附院数20所

15-8 地方高等学校及附院研究与发展机构

项　目	合　计	项　目	合　计
机构数(所)	68	培养研究生(人)	2151
从业人员(人)	1552	当年支出经费(千元)	143420
研究与发展人员(人年)	1109	承担项目数(项)	841

15-9 地方高等学校及附院研究与发展项目

项　目	合计	基础研究	应用研究	试验发展
项目数(项)	3983	1499	2358	126
当年投入人员(人年)	4834	1877	2827	130
参与研究生(人)	5680	2103	3359	218
当年拨入经费(千元)	411463	131425	271911	8127
当年支出经费(千元)	363965	122023	224419	17523

注：本表统计学校及附院数20所

15-10 地方高等学校及附院R&D成果应用及科技服务项目

项　　目	合　计	R&D成果应用	科技服务
项目数(项)	198	111	87
当年投入人员(人年)	236	128	108
参与研究生(人)	296	172	124
当年拨入经费(千元)	26467	18001	8466
当年支出经费(千元)	26040	18773	7267

注：本表统计学校及附院数20所

15-11 地方高等学校及附院国际科技交流

项　目	合　计	项　目	合　计
合作研究		出席人员(人次)	999
派遣(人次)	490	交流论文(篇)	574
接受(人次)	317	特邀报告(篇)	200
国际学术会议		主办(次)	20

注：本表统计学校及附院数20所

15-12 地方高等学校及附院科技成果获奖

项　　目	合　计	特等	一等奖	二等奖
国家最高科学技术奖				
国家自然科学奖				
国家发明奖	1			1
国家科技进步奖				
省部级奖	46		5	41

注：本表统计学校及附院数11所

15-13 地方高等学校及附院科技成果

项　目	合　计	项　目	合　计
出版科技著作		国家自然科学基金重点项	1
数量(部)	96	知识产权与专利	
字数(千字)	19243	专利申请数(项)	317
发表学术论文(篇)		发明专利	263
合计	9947	实用新型	52
#国外学术刊物	1610	外观设计	2
三大检索系统		专利授权数(项)	172
SCIE	956	发明专利	138
EI	734	实用新型	31
ISTP	286	外观设计	3
国家级项目验收(项)	3	专利出售数	
#与其他单位合作	1	合同数(项)	32
项目来源		合同金额(千元)	2220
国家科技支撑计划	1	当年实际收入(千元)	2070
863计划	1	其他知识产权(个)	1

注：本表统计学校及附院数21所

15-14 地方高等学校及附院技术转让

项　目	合同数(项)	合同金额(千元)	当年实际收入(千元)
合　计	**80**	**3112**	**2957**
国有企业	77	2602	2447
外资企业			
民营企业	3	510	510
其他			

15-15 高校人文、社会科学活动人员情况（一）

单位：人

学科分类	合计	女性	按职称划分						
			小计	教授	副教授	讲师	助教	初级	其他人员
合　　计	**8557**	**4857**	**8419**	**783**	**1928**	**3473**	**1837**	**398**	**138**
管理学	1138	583	1107	153	223	466	187	78	31
马克思主义	331	192	331	44	119	131	33	4	
哲学	205	89	204	44	57	58	38	7	1
逻辑学	4	3	3			2		1	1
宗教学	10	4	10	1		7	1	1	
语言学	1333	1022	1326	53	317	515	400	41	7
中国文学	408	231	405	36	93	173	91	12	3
外国文学	123	87	122	3	30	34	51	4	1
艺术学	1010	498	1005	63	158	363	393	28	5
历史学	201	92	198	28	59	77	27	7	3
考古学	9	3	8	4		3	1		1
经济学	774	456	772	96	197	331	116	32	2
政治学	212	112	210	24	58	89	31	8	2
法学	443	255	439	32	83	215	92	17	4
社会学	72	37	72	10	12	25	20	5	
民族学	4	2	4		1	2	1		
新闻学与传播学	96	50	96	11	17	46	18	4	
图书、情报、文献学	639	449	585	30	121	329	19	86	54
教育学	527	304	515	63	131	212	88	21	12
统计学	89	51	89	14	25	38	5	7	
心理学	96	63	96	6	20	40	20	10	
体育学	833	274	822	68	207	317	205	25	11
60岁及其以上	73		72	52	15		1		1
55岁－59岁	331		320	128	125		8	4	11
50岁－54岁	698		665	249	251		8	13	33
45岁－49岁	1213		1188	225	596		21	29	25
40岁－44岁	1303		1275	105	594		42	45	28
35岁－39岁	1376		1358	17	283		118	52	18
30岁－34岁	2061		2049	3	58		657	102	12
29岁及以下	1502		1492	4	6		982	153	10

15-16 高校人文、社会科学活动人员情况（二）

单位：人

学科分类	按最后学历划分			其他人员	按最后学位划分	
	研究生	本科生	其他		博士	硕士
合　计	**3395**	**4618**	**406**	**138**	**546**	**3249**
管理学	480	564	63	31	97	448
马克思主义	159	163	9		14	206
哲学	144	54	6	1	36	116
逻辑学	3			1	1	2
宗教学	7	2	1		1	6
语言学	507	787	32	7	40	548
中国文学	206	186	13	3	43	177
外国文学	37	82	3	1	6	35
艺术学	206	764	35	5	14	212
历史学	129	67	2	3	45	84
考古学	5	3		1	3	3
经济学	409	345	18	2	81	367
政治学	108	96	6	2	24	99
法学	297	141	1	4	27	273
社会学	32	33	7		2	32
民族学	4				1	3
新闻学与传播学	39	54	3		3	40
图书、情报、文献学	88	333	164	54	10	70
教育学	232	273	10	12	59	216
统计学	41	36	12		16	24
心理学	61	34	1		7	61
体育学	201	601	20	11	16	227
60岁及其以上	13	49	10	1	1	12
55岁 - 59岁	52	226	42	11	13	37
50岁 - 54岁	120	454	91	33	51	77
45岁 - 49岁	290	798	100	25	89	268
40岁 - 44岁	436	766	73	28	110	454
35岁 - 39岁	688	623	47	18	140	650
30岁 - 34岁	1142	879	28	12	121	1109
29岁及以下	654	823	15	10	21	642

15-17 高校人文、社会科学研究与发展人员情况（一）

单位：人

学科分类	合计	教授	副教授	讲师	助教	初级	其他人员
合　计	**4076**	**794**	**1175**	**1520**	**450**	**102**	**35**
全时人数	167	66	57	33	9	1	1
非全时人数	3909	728	1118	1487	441	101	34
管理学							
全时人数	28	5	13	8		1	1
非全时人数	625	140	176	221	51	28	9
马克思主义							
全时人数							
非全时人数	145	27	47	58	12	1	
哲学							
全时人数	6	1	1	1	3		
非全时人数	131	41	39	40	9	1	1
逻辑学							
全时人数							
非全时人数	2	1	1				
宗教学							
全时人数							
非全时人数	20	5	4	10	1		
语言学							
全时人数	10	3	4	3			
非全时人数	226	23	84	89	26	2	2
中国文学							
全时人数	12	10	2				
非全时人数	152	25	46	58	21	2	
外国文学							
全时人数	1	1					
非全时人数	32	3	11	13	5		
艺术学							
全时人数	22	9	6	6	1		
非全时人数	211	39	72	68	26	6	
历史学							
全时人数	11	6	3	1	1		
非全时人数	117	23	32	47	7	6	2
考古学							
全时人数	1			1			
非全时人数	18	9	4	3	2		

15-18　高校人文、社会科学研究与发展人员情况（二）

单位：人

学科分类	合计	教授	副教授	讲师	助教	初级	其他人员
经济学							
全时人数	14	4	7	1	2		
非全时人数	463	94	130	178	49	7	5
政治学							
全时人数	5	3	2				
非全时人数	168	33	51	62	17	3	2
法学							
全时人数	5	3	2				
非全时人数	241	45	51	109	27	8	1
社会学							
全时人数	2	2					
非全时人数	155	43	47	50	11	4	
民族学							
全时人数							
非全时人数	9	1	2	5	1		
新闻学与传播学							
全时人数	1		1				
非全时人数	46	4	7	23	11	1	
图书、情报、文献学							
全时人数							
非全时人数	57	8	17	27	2	2	1
教育学							
全时人数	41	14	14	11	2		
非全时人数	780	118	200	304	132	18	8
统计学							
全时人数							
非全时人数	59	16	17	19	2	4	1
心理学							
全时人数							
非全时人数	32	3	6	17	3	3	
体育学							
全时人数	8	5	2	1			
非全时人数	220	27	74	86	26	5	2

15-19 高校人文、社会科学研究与发展机构情况（一）

学科分类	科研活动人员(人)			研究生(人)		
	合计	教授	副教授	合计	博士生	硕士生
合　计	**362**	**122**	**104**	**1185**	**87**	**1098**
管理学	16	6	3	108		108
马克思主义	6	3	3	120		120
哲学	34	23	3	181	61	120
逻辑学						
宗教学	5			3		3
语言学	20	5	2	84		84
中国文学	39	9	9	1	1	
外国文学						
艺术学	33	10	7	161	18	143
历史学	16	4	7	24		24
考古学						
经济学	59	25	18	133	7	126
政治学	6	2	2			
法学	8		4	6		6
社会学	14	3	6	72		72
民族学						
新闻学与传播学	20	3	8			
图书、情报、文献学						
教育学	76	24	29	280		280
统计学						
心理学	4	1	1	12		12
体育学	6	4	1			

15-20 高校人文、社会科学研究与发展机构情况（二）

学科分类	当年科研经费内部支出(百元)		年末固定资产原值(百元)	
	合计	其中：R&D经费	合计	其中：仪器设备
合　　计	**48421**	**37480**	**206597**	**70276**
管理学	412	3692	4896	3900
马克思主义	530	308	268	168
哲学	10302	8787	59568	28000
逻辑学				
宗教学	8	8		
语言学	2102	1787	573	278
中国文学	2833	2620	1096	418
外国文学				
艺术学	6561	3798	87375	14365
历史学	3591	2871	10396	1500
考古学				
经济学	4761	3098	11481	7416
政治学	1968	1453	845	267
法学	70	60	55	55
社会学	2310	1905	5300	2250
民族学				
新闻学与传播学	257	257	2000	1000
图书、情报、文献学				
教育学	8367	6307	21304	10459
统计学				
心理学	90	50	200	200
体育学	560	480	1240	

15-21 高校人文、社会科学研究与发展机构情况（三）

学科分类	研究课题(项)和经费(百元)							
	合计		国家部委级		省市区级		其他	
	课题	经费	课题	经费	课题	经费	课题	经费
合　计	**438**	**72900**	**45**	**19520**	**181**	**43150**	**212**	**10320**
管理学	20	9340	1		10	6530	9	2810
马克思主义	19	720	1		9	500	9	220
哲学	16	20560	5	8640	9	10520	2	1400
逻辑学								
宗教学	1	400	1	400				
语言学	11	2760	2	1500	2	1000	7	260
中国文学	11	5210	3	1760	8	3450		
外国文学								
艺术学	38	4610	5	760	13	3000	20	850
历史学	20	4800	4	1600	9	3000	7	200
考古学								
经济学	52	7680	1		32	5700	19	1980
政治学	6	3200	1	400	4	2700	1	100
法学	3	20			1		2	20
社会学	32	2120	3	800	12	900	17	420
民族学								
新闻学与传播学	4	100			1		3	100
图书、情报、文献学								
教育学	195	9390	15	2100	68	5550	112	1740
统计学								
心理学	5	220			1		4	220
体育学	5	1860	3	1560	2	300		

15-22 高校人文社会科学

学科分类	总数				
	课题数	当年投入人数(人年)	其中研究生	当年投入经费(百元)	当年支出经费(百元)
合　计	**2522**	**1527**	**260**	**366193**	**289487**
管理学	375	280	73	101380	79147
马克思主义	68	38	5	4260	2562
哲学	97	44	7	26565	18731
逻辑学	2	1		400	437
宗教学	12	6	1	540	393
语言学	125	75	7	12643	7991
中国文学	122	62	6	28241	16279
外国文学	17	10		1255	763
艺术学	181	86	3	26276	26853
历史学	109	51	6	23181	14707
考古学	15	5		11830	9210
经济学	261	207	53	47120	42744
政治学	142	63	10	12336	11501
法学	148	79	11	17289	15278
社会学	80	54	10	13817	9130
民族学	8	2		762	106
新闻学与传播学	18	14	3	750	578
图书、情报、文献学	27	11	1	7140	5257
教育学	557	327	48	19303	17114
统计学	22	20	5	2240	2257
心理学	20	10	3	1052	1467
体育学	116	79	9	7814	6983

研究课题情况（一）

基础研究				
课题数	当年投入人数(人年)	其中研究生	当年拨入经费(百元)	当年支出经费(百元)
1285	**755**	**120**	**143205**	**115838**
84	65	15	10620	11220
36	19	3	550	1164
79	37	6	25190	16865
2	1		400	437
9	5	1	540	169
86	48	5	11403	6744
108	53	5	14621	12172
17	10		1255	763
105	54	2	7676	9960
94	44	5	15571	11281
10	4		11830	5786
109	91	24	13895	13136
74	43	9	6474	5879
72	40	6	7405	6226
42	30	5	4447	3682
6	2		350	98
10	8	2	550	383
5	2		150	199
276	153	27	6925	6652
6	4		810	682
11	6	1	252	521
44	37	4	2292	1822

15-23 高校人文社会科学

学科分类	应用研究				
	课题数	当年投入人数(人年)	其中研究生	当年拨入经费(百元)	当年支出经费(百元)
合　计	**1181**	**738**	**136**	**215486**	**170811**
管理学	281	208	57	85990	67239
马克思主义	32	19	2	3710	1398
哲学	17	8	1	1375	1867
逻辑学					
宗教学	2	1			84
语言学	36	25	2	1040	1242
中国文学	14	9	1	13620	4107
外国文学					
艺术学	76	32	1	18600	16894
历史学	14	7	1	7515	3423
考古学	5	1			3424
经济学	149	113	28	33098	29482
政治学	64	18		5762	5618
法学	75	38	5	9385	8802
社会学	37	24	4	9170	5398
民族学	2			412	8
新闻学与传播学	7	5	2	175	170
图书、情报、文献学	20	9	1	6990	5058
教育学	265	164	19	11993	10048
统计学	15	15	5	1430	1525
心理学	7	4	2	800	857
体育学	63	36	4	4422	4169

研究课题情况（二）

实验与发展				
课题数	当年投入人数(人年)	其中研究生	当年拨入经费(百元)	当年支出经费(百元)
56	**34**	**4**	**7502**	**2838**
10	7	1	4770	689
1				
1	1			140
3	2	1	200	5
1			95	4
3	3		127	127
4	2		100	4
1	1		500	250
1			200	50
1	1		25	25
2				
16	9	2	385	414
1	1			50
2				89
9	6	1	1100	992

15-24 高校人文社会科学研究课题情况（三）

项　　目	合计	国家社科基金项目	国家社科基金单列学科项目	教育部人文社科研究项目	高校古籍整理研究项　　目	国　　家自然科学基金项目	中央其他部门社科专门项目	省、市、自治区社科基金项目
课题数(项)	2522	56	14	98	18	10	43	615
当年投入人数(人年)	1527	36	10	55	10	11	21	465
其中：研究生(人年)	260	5	3	7	3	4	3	90
当年拨入经费(百元)	366193	13850	2050	28035	800	6660	6730	47630
其中:当年立项项目拨入经费(百元)	348638	12850	1990	25570	800	6660	6220	39525
当年支出经费(百元)	289487	12705	1891	21325	642	5928	5398	44769
当年新开课题数(项)	1179	17	4	50	4	4	16	254
当年新开课题批准经费(百元)	379011	16600	2600	32610	800	8660	6720	40055
当年完成课题数(项)	584	1	4	4		1	6	165

15-25 高校人文社会科学研究课题情况（四）

项目	课题来源							
	省教育厅社科项目	地、市厅、局等政府部门项目	国际合作研究项目	与港、澳、台合作研究项目	企事业单位委托项目	学校社科项目	外资项目	其他
课题数(项)	247	196	3		372	841		9
当年投入人数(人年)	159	125	1		159	468		7
其中：研究生(人年)	36	19			36	55		1
当年拨入经费(百元)	50521	35930			146757	21870		5360
其中：当年立项项目拨入经费(百元)	47621	35450			145257	21335		5360
当年支出经费(百元)	26327	26347	814		121215	19328		2799
当年新开课题数(项)	168	88			244	325		5
当年新开课题批准经费(百元)	50686	35600			147857	31523		5300
当年完成课题数(项)	42	45	1		72	240		3

15-26 高校人文社会科学学术交流情况

学术交流类别	校办学术会议		学术会议		受聘讲学	
	本校独办数	与外单位合办数	参加人次	提交论文(篇)	派出人次	来校人次
合　　计	**33**	**13**	**607**	**235**	**85**	**504**
国际学术交流	2	3	90	42	6	11
国内学术交流	30	10	512	190	77	491
与港澳台地区学校交流	1		5	3	2	2

学术交流类别	社科考察		进修学习		合作研究	
	派出人次	来校人次	派出人次	来校人次	派出人次	来校人次
合　　计	**167**	**293**	**227**	**83**	**70**	**63**
国际学术交流	17	25	75	13	2	6
国内学术交流	150	238	150	56	67	54
与港澳台地区学校交流		30	2	14	1	3

15-27 高校人文社会科学研究成果情况（一）

学科门类	出版著作(部)					古籍整理(部)	译著(部)	发表译文(篇)	电子出版物(件)
	合计	专著		编著教材	工具书参考书				
		合计	被译成外文						
合　计	**295**	**147**	**2**	**134**	**14**	**1**	**9**	**1**	**8**
管理学	50	14	1	33	3				
马克思主义	8	5		3			1		
哲学	10	8		2					
逻辑学									
宗教学	3	3							
语言学	13	7		5	1		2		
中国文学	19	15		3	1	1			
外国文学	3	2		1					
艺术学	25	15		5	5				7
历史学	14	14						1	
考古学	1			1					
经济学	58	18		36	4				
政治学	12	6		6			4		
法学	17	7		10					
社会学	9	6	1	3					
民族学									
新闻学与传播学	6	2		4					
图书、情报、文献学	1	1							
教育学	17	9		8					
统计学	1			1					
心理学									
体育学	28	15		13			2		1

15-28 高校人文社会科

学科分类	发表论文(篇)				
	合计	国内学术刊物		国外学术刊物	港澳台刊物
		国内外公开发行	国内公开发行		
合　计	**3328**	**3242**	**62**	**21**	**3**
管理学	520	512		8	
马克思主义	81	79	2		
哲学	87	87			
逻辑学					
宗教学	8	8			
语言学	246	237	7	1	1
中国文学	184	180	3	1	
外国文学	57	56	1		
艺术学	403	389	10	2	2
历史学	103	97	6		
考古学	5	5			
经济学	389	382	6	1	
政治学	152	147	3	2	
法学	232	221	6	5	
社会学	65	64	1		
民族学	4	4			
新闻学与传播学	69	67	1	1	
图书、情报、文献学	168	160	8		
教育学	227	224	3		
统计学	34	34			
心理学	30	30			
体育学	264	259	5		

学研究成果情况（二）

获奖成果数(项)				成果应用	
合计	国家级奖	部级奖	省级奖	提交有关部门数	
				合计	其中：被采纳数
9		**7**	**2**	**43**	**31**
1			1	4	2
				2	2
1		1			
				2	2
				2	2
1		1		1	1
2		2		14	13
				1	
1		1		1	
1			1	4	2
1		1		3	2
				1	
				1	1
				2	
				2	1
1		1		3	3

15-29　高校人文社会科学研究成果情况（三）

课题来源	出版著作(部)					古籍整理(部)	译著(部)	发表译文(篇)	电子出版物(件)
	合计	专著		编著教材	工具书参考书				
		合计	被译成外文						
合　　计	**68**	**39**		**25**	**4**	**1**	**2**		
国家社科基金项目	4	4							
国家社科基金单列学科项目									
教育部人文社科研究项目	1	1							
高校古籍整理研究项目									
国家自然科学基金项目	2			2					
中央其他部门社科专门项目	2	1		1					
省、市、自治区社科基金项目	25	15		7	3				
省教育厅社科项目	12	4		7	1		1		
地、市、厅、局等政府部门项目	1			1					
国际合作研究项目									
与港、澳、台合作研究项目									
企事业单位委托项目	6	3		3		1			
学校社科项目	14	11		3			1		
外资项目									
其他项目	1			1					

15-30 高校人文社会科学研究成果情况（四）

课题来源	合计	国内学术刊物		国外学术刊物	港澳台刊物	提交有关部门数	
		国内外公开发行	国内公开发行			合计	其中：被采纳数
合　计	**833**	**806**	**21**	**6**		**19**	**13**
国家社科基金项目	64	63	1				
国家社科基金单列学科项目							
教育部人文社科研究项目	44	44				3	1
高校古籍整理研究项目							
国家自然科学基金项目	10	10					
中央其他部门社科专门项目	15	15					
省、市、自治区社科基金项目	250	243	3	4		3	2
省教育厅社科项目	93	87	5	1		3	3
地、市、厅、局等政府部门项目	28	28				7	5
国际合作研究项目							
与港、澳、台合作研究项目							
企事业单位委托项目	46	46				2	1
学校社科项目	279	266	12	1		1	1
外资项目							
其他项目	4	4					

15-31 高校人文社会科学研究与发展经费情况

经费名称	单位(百元)
上年结转经费	**314731**
当年经费收入合计	**803332**
政府资金投入	490108
科研活动经费	280977
其中：教育部科研项目经费	28035
教育部其他科研经费	9220
中央其他部门科研项目经费	30090
省市自治区社科基金项目	47630
省教育厅科研项目经费	50521
省教育厅其他科研经费	76501
其他各类地方政府经费	38980
科技活动人员工资	181132
科研基建费	28000
非政府资金投入	313224
企、事业单位委托项目经费	146757
金融机构贷款	
自筹经费	161107
国外资金	
其他收入	5360
其中：港澳台地区合作项目经费	
当年经费支出合计	**773005**
转拨给外单位经费	3374
内部支出经费：	769631
科研人员费	209250
业务费	293119
科研基建费	27600
仪器设备费	119021
其中：单价在一万元以上的设备费	22279
图书资料费	95474
管理费	11274
其他支出	13894
当年结余经费	345058
银行存款	328366
暂付款	16692

附　录

主要统计指标解释

主营业务收入 指企业在销售商品、提供劳务等日常活动中所产生的收入总额。

研究与试验发展（R&D） 指在科学技术领域，为增加知识总量、以及运用这些知识去创造新的应用而进行的系统的、创造性的活动，包括基础研究、应用研究、试验发展三类活动。

R&D 人员 指报告期企业内部从事 R&D 活动的人员。包括直接参加 R&D 项目活动的人员，R&D 项目管理人员，以及为 R&D 活动提供资料文献、材料供应、设备维护等直接服务的人员。

研究人员 指 R&D 人员中具备中级以上职称或博士学历（学位）的人员。

R&D 人员全时当量 指报告期企业 R&D 全时人员（全年从事 R&D 活动累积工作时间占全部工作时间的 90%及以上人员）工作量与非全时人员按实际工作时间折算的工作量之和。例如：有 2 个 R&D 全时人员(工作时间分别为 0.9 年和 1 年)和 3 个 R&D 非全时人员(工作时间分别为 0.2 年、0.3 年和 0.7 年)，则 R&D 人员全时当量 = 1+1+0.2+0.3+0.7=3.2(人年)。

R&D 经费内部支出 指企业在报告年度用于内部开展 R&D 活动的实际支出。包括用于 R&D 项目（课题）活动的直接支出，以及间接用于 R&D 活动的管理费、服务费、与 R&D 有关的基本建设支出以及外协加工费等。不包括生产性活动支出、归还贷款支出以及与外单位合作或委托外单位进行 R&D 活动而转拨给对方的经费支出。

日常性支出 指企业在报告年度为开展 R&D 活动而发生的人员劳务费，及其各项管理费用和购买非资产性的材料、物资费用等日常支出。

资产性支出 指企业在报告年度为开展R&D活动而进行建造、购置、安装、改建、扩建固定资产，以及进行设备技术改造和大修理等实际支出的费用。

政府资金 指企业R&D经费内部支出中来自各级政府部门的各类资金。

企业资金 指企业R&D经费内部支出中来自本企业的自有资金和接受其他企业委托而获得的经费。

R&D 经费外部支出 指报告期企业委托外单位或与外单位合作进行 R&D 活动而拨给对方的经费。

R&D 项目 指报告期企业在当年立项并开展研究工作、以前年份立项仍继续进行研究的研究开发项目或课题，包括当年完成和年内研究工作已告失败的研发项目或课题。

企业办研发机构数 指企业自办或与外单位合办，在管理上同生产系统相对独立（或者单独核算）的专门研究开发机构。

研发机构人员 指报告期末企业办研发活动机构中从业人员合计。

机构经费支出 指报告期企业办研发机构用于内部开展研发活动实际支出的总费用，包括机构人员劳务费（含工资）支出、机构业务费支出、管理费支出、固定资产购建支出以及其他维持机构正常工作的日常费用等的支出总和。

新产品 指采用新技术原理、新设计构思研制、生产的全新产品，或在结构、材质、工艺等某一方面比原有产品有明显改进，从而显著提高了产品性能或扩大了使用功能的产品。

专利申请数 指企业在报告期内向国内外知识产权行政部门提出专利申请并被受理的件数。

发明专利申请数 指企业在报告期内向国内外知识产权行政部门提出发明专利申请并被受理的件数。

有效发明专利数 指报告期末企业作为专利权人在报告期拥有的、经国内外知识产权行政部门授权且在有效期内的发明专利件数。

专利所有权转让及许可数 指报告期企业向外单位转让专利所有权或允许专利技术由被许可单位使用的专利件数。

专利所有权转让及许可收入 指报告期企业向外单位转让专利所有权或允许专利技术由被许可单位使用而得到的收入。包括当年从被转让方或被许可方得到的一次性付款和分期付款收入，以及利润分成、股息收入等。

研究开发费用加计扣除减免税 指企业在报告期按有关政策和税法规定税前加计扣除的研究开发活动费用所得税。

高新技术企业减免税 指新技术企业在报告期高按照国家有关政策依法享受的企业所得税减免额。

引进国外技术经费支出 指企业在报告期用于购买境外技术的费用支出，包括产品设计、工艺流程、图纸、配方、专利等技术资料的费用支出，以及购买关键设备、仪器、样机和样件等的费用支出。

引进技术消化吸收经费支出 指对引进技术的掌握、应用、复制而开展的工作，以及在此基础上的创新。引进技术的消化吸收经费支出包括：人员培训费、测绘费、参加消化吸收人员的工资、工装、工艺开发费、必备的配套设备费、翻版费等。

购买国内技术经费支出 指企业在报告期购买境内其他单位科技成果的经费支出。包括购买产品设计、工艺流程、图纸、配方、专利、技术诀窍及关键设备的费用支出。

技术改造经费支出 指企业在报告期进行技术改造而发生的费用支出。技术改造指企业在坚持科技进步的前提下，将科技成果应用于生产的各个领域（产品、设备、工艺等），用先进工艺、设备代替落后工艺、设备，实现以内涵为主的扩大再生产，从而提高产品质量、促进产品更新换代、节约能源、降低消耗，全面提高综合经济效益。

从业人员：指年末直接组织安排工作并支付工资的各类人员总数。包括固定职工、国家有编制的合同制职工、招聘人员和返聘的离退休人员。不包括离退休人员、停薪留职人员。

科技活动人员：指从业人员中的科技管理人员、课题活动人员和科技服务人员。

科技管理人员：指单位领导及业务、人事管理人员。包括：从事科技计划管理、课题管理、成果管理、专利管理、科技统计、科技档案管理、科技外事工作、人事管理、教育培训、财务等与科技活动有关的人员。

课题活动人员：指编制在研究室或课题组的人员。

科技服务人员： 指直接为科技工作服务的各类人员。如从事图书、信息文献、测试、试制、咨询、物资器材供应等工作的人员，以及实验室、试验工厂（车间）、试验农场的人员。不包括司机、门卫、食堂人员、医务人员、清洁工、幼儿园和托儿所的工作人员，以及主要从事生产、经营活动的人员。

科研仪器设备原价： 指固定资产中用于科技活动的科研仪器设备总值。不包括与基建配套的各种动力设备、机械设备、辅助设备，也不包括一般运输工具和专用于生产的仪器设备。若科研与生产共用的仪器设备，则按其使用的情况，统计在主要一方。

基础研究： 是指为了获取关于现象和可观察事实的基本原理的新知识（揭示客观事物的本质、运动规律，获得新发现、新学说）而进行的实验性或理论性研究，它不以任何专门或特定的应用或使用为目的。其成果以科学论文和科学著作为主要形式。

应用研究： 是指为获得新知识而进行的创造性研究。主要针对某一特定的目的或目标。应用研究是为了确定基础研究成果可能的用途，或是为达到预定的目标探索应采取的新方法（原理性）或新途径。其成果形式以科学论文、专著、原理性模型或发明专利为主。

试验发展： 是指利用从事基础研究、应用研究和实际经验所获得的现有知识，为生产新的产品、材料和装置，建立新的工艺、系统和服务，以及对已产生和建立的上述各项作实质性的改进而进行的系统性工作。其成果形式主要是专利、专有技术、具有新产品基本特征的产品原型或具有新装置基本特征的原始样机等。在社会科学领域，试验发展是指把通过基础研究、应用研究获得的知识转变成可以实施的计划（包括为进行检验和评估实施示范项目）的过程。人文科学领域没有对应的实验发展活动。

全时人员： 在报告年度实际从事 R&D 活动的时间占制度工作时间 90%及以上的人员。

人员劳务费： 指以货币或实物形式直接或间接支付给科技活动或 R&D 活动人员的劳动报酬。包括各种形式的工资、补助工资、津贴、价格补贴、奖金、福利、失业保险、养老金、医疗保险、工伤保险、人民助学金等。

设备购置费： 指调查单位在报告年度为开展科技活动或 R&D 活动而用于购买仪器和设备的实际支出。

国外资金： 指调查单位科技活动经费或 R&D 经费内部支出中来自中国境外的企业、大学、国际组织、民间组织、金融机构及外国政府的资金的实际支出。

其他资金： 指从上述渠道以外获得的用于科技活动或 R&D 活动的经费。

课题数： 指调查单位在当年立项并开展研究工作、以前年份立项仍继续进行研究的课题数，包括当年完成和年内研究工作已告失败的课题。

课题经费内部支出： 指报告年度调查单位为进行课题研究而在本单位实际使用的全部经费。包括劳务费、其他日常支出、仪器设备购置费、土地使用和建筑物等。不包括与外单位合作研究而拨给对方使用的经费。

发表科技论文： 指报告年度在学术期刊上发表的最初的科学研究成果。应具备以下三个条件：(1)首次发表的研究成果；(2)作者的结论和试验内被同行重复并验证；(3)发表后科技界能引用。

出版科技著作：指在报告年度经过正式出版部门编印出版的论述科学技术问题的理论性论文集或专著以及大专院校教科书、科普著作。但不包括翻译国外的著作。由多人合著的科技著作，由第一作者所在单位统计。

形成国家或行业标准数：指报告年度调查单位在自主研发或自主知识产权基础上形成的国家或行业标准。

集成电路布图设计登记数：指调查单位向知识产权行政部门提出登记申请并在报告年度被受理登记的集成电路布图设计的件数。

植物新品种权授予数：指调查单位向农业、林业行政部门（审批机关）提出申请并在报告年度被授予植物新品种的项数。

软件著作权数：指调查单位向国家版权局提出登记申请并在报告年度被受理登记的软件著作权数。

新药证书数：指调查单位向国家食品药品监督管理局提出申请并在报告年度被批准的新药证书总数。